Au Cœur de la Parabole

La Méthode AUBRY du second degré

du calcul à la vision

Guy-Noël AUBRY

FSC
www.fsc.org
MIXTE
Papier issu de sources responsables
Paper from responsible sources
FSC® C105338

Édition : BoD · Books on Demand, 31 avenue Saint-Rémy,
57600 Forbach, bod@bod.fr
Impression : Libri Plureos GmbH, Friedensallee 273,
22763 Hambourg (Allemagne)
ISBN : 978-2-3228-5641-1
Dépôt légal : juillet 2026

« Que Ton Nom soit Sanctifié »

La Simplicité est la Sophistication Suprême

(Léonard de Vinci) [1]

[1] Citation attribuée à Léonard de Vinci

Table des matières

Avant-propos : Dans un monde pressé ...

« Dans un monde toujours plus pressé,
la lenteur est-elle une tare ou une vertu ? »

Les plus grandes percées en sciences se sont rarement faites dans la précipitation ou la dispersion, mais dans la persévérance d'un problème longuement tenu dans l'esprit et observé sous des angles variés.

C'est ainsi qu'ont procédé : *Copernic, Galilée, Léonard de Vinci, Newton, Leibniz, Euler, Einstein, Poincaré, Planck, Bohr, Dirac* — ces esprits qui ont fait progresser les sciences et reculer les frontières de la vérité.

Copernic a observé le ciel pendant trente ans avant d'écrire son ouvrage majeur *De revolutionibus orbium coelestium. Einstein* méditait, dès l'âge de seize ans, sur des questions qui le conduiraient plus tard à *la relativité. Planck* a travaillé plus de cinq ans sur le problème du *rayonnement du corps noir* avant d'oser introduire sa célèbre *constante quantique h.*

Ces grands esprits n'ont pas produit plus vite que les autres. Ils ont persévéré plus longtemps sur la même question, jusqu'à ce qu'elle révèle ce que les regards rapides n'avaient pas su voir.

Ce n'est pas une affaire de cadence, mais de **durée d'attention**. Là où la plupart déplacent leur regard, eux le maintiennent fixé sur le même point jusqu'à ce que ce point s'éclaire et éclaire le monde.

Cette patience n'est pas un retard : **c'est une épaisseur temporelle** qui permet à une idée de déployer toutes ses conséquences. Elle n'exclut ni la rigueur ni l'effort intense — elle les suppose, au contraire.

La maîtrise des techniques est un point très important. L'atteinte de cette maîtrise nécessite un investissement initial important. Mais répéter sans cesse à l'identique ne suffit pas à produire *les ruptures conceptuelles* qui font faire des bonds à une discipline.

Il faut souvent, en plus de la maîtrise, cette capacité à s'arrêter, à s'étonner, et à regarder autrement ce que tout le monde croit déjà connaître — comme le vide pour *Pascal* et *Torricelli*, ou le temps absolu pour Einstein. Les véritables ruptures n'émergent pas de l'accumulation, mais le plus souvent d'un changement de regard.

Quand on court vite, on regarde droit devant soi. On évite les obstacles, mais on perd la vision latérale. La vitesse et la précipitation défavorisent la pensée divergente. La précipitation est l'ennemie de l'étonnement. Et sans étonnement, il n'y a que des applications — jamais de révolutions.

Pourtant, peut-on blâmer les esprits pressés dans une société qui impose le dictat de la productivité continue jusque dans ses sphères les plus abouties : chercher, publier au plus vite, breveter rapidement, optimiser ce qui existe déjà ?

Dans un monde qui valorise la vitesse et méprise le temps long, le geste lent devient suspect. On le nomme « procrastination », « perfectionnisme », « improductivité ».

Et pourtant, c'est souvent de cette lenteur apparente — qui est en réalité une patience active et tenace — que naissent les véritables révolutions, celles qui balayent des décennies de travaux faits à la hâte.

Voici l'un des paradoxes de notre temps : la société a besoin d'esprits excellents, et encore davantage de novateurs, mais elle ne sait pas les attendre et rechigne à leur laisser le temps de mûrir. Elle récompense ceux qui vont vite, mais elle n'admire et ne se souvient que de ceux qui ont pris le temps de bâtir leur vision et de proposer un regard nouveau sur le monde.

Que le lecteur nous comprenne bien : nous ne faisons pas ici l'éloge de la lenteur stérile, ni de la paresse ou de la procrastination. Le scientifique amoureux de la vérité ressent une forme d'urgence intérieure, car il sait la finitude de sa vie. Certains des esprits les plus brillants — *Gauss, Euler, Von Neumann* — ont su allier : *vision originale, vitesse d'exécution et productivité exceptionnelle*. C'est ce triptyque idéal que nous encourageons. Il est, selon nous, la quête qu'il faut poursuivre en mathématiques et en sciences. Atteindre les trois est difficile. C'est pourquoi nous pensons que l'originalité et la profondeur doivent primer — et **cette originalité naît souvent d'une lenteur féconde**.

Les grandes découvertes surgissent souvent d'un détail négligé, d'un élément qu'on a pris le temps de regarder différemment. *Galilée, Einstein, Planck* n'ont pas fait plus que les autres — ils ont fait autrement. Et cet « autrement » exige du temps, non pour accumuler, mais pour mûrir et se déployer. L'herbe grandit vite, et les bambous aussi ; mais ce sont le cèdre et le séquoia, qui poussent lentement, que les hommes admirent le plus.

L'originalité, pour se développer, a besoin au départ d'une excellente maîtrise des fondamentaux. La discipline, la répétition, et même le bachotage ne sont donc pas ses ennemis — bien au contraire.

Dans sa phase de construction initiale, une pensée novatrice nécessite plus de répétition, plus de travail, et plus de discipline stratégique qu'on ne le croit. Cette étape de labeur peut sembler paradoxale, mais elle est indispensable pour passer au niveau supérieur.

Le bachotage est à ce titre un excellent moyen de progresser rapidement. Il expose à une multitude de problèmes, oblige à une certaine souplesse mentale et permet l'acquisition de réflexes solides. Mais le drame survient lorsqu'on s'arrête là — lorsqu'on fait une confiance totale à ses réflexes ou qu'on se contente des solutions déjà connues. On croit alors avoir maîtrisé la discipline parce qu'on a résolu des problèmes dont on possédait la correction. C'est une erreur de jugement qui empêche précisément de franchir le palier suivant.

Bien que la répétition, la maîtrise des fondamentaux et l'exposition à des problèmes variés soient indispensables — et nous les encourageons fortement —, elles ne suffisent pas.

Le génie est essentiellement un changement de vision.

Nos écoles et nos universités excellent à former des « améliorateurs », des esprits capables d'atteindre efficacement des cibles existantes. Ils sont nécessaires à notre société. Mais avec des méthodes fondées essentiellement sur la répétition plutôt que sur le sens profond, elles peinent à former des esprits véritablement originaux, qui comprennent réellement ce qu'ils manipulent. Demandez à un bon élève de terminale ce qu'est précisément *l'énergie* en physique, ou pourquoi *la méthode du discriminant* donne les bons résultats — et vous découvrirez souvent son vif embarras. Vous constaterez que ces notions sont plus *intuitivement* utilisées que véritablement *comprises*.

Il faut se rendre à l'évidence : nos structures éducatives (écoles, collèges, lycées, universités et même écoles d'ingénieurs) ne forment que très peu d'archers capables de se demander si nous visons la bonne cible, et encore moins d'en inventer de nouvelles.

Il est vrai que les contraintes des programmes et des examens laissent généralement peu de place à l'exploration approfondie des fondamentaux et des questionnements plus ouverts.

C'est à tous les élèves curieux, et particulièrement à ceux qui se sentent différents — interrogatifs, plus lents, plus rêveurs, ou simplement insatisfaits d'une compréhension mécanique — que ce livre s'adresse tout particulièrement.

GUY-NOËL AUBRY &

Au sujet du livre

Aucune connaissance préalable n'est requise. Nous donnons tous les éléments de compréhension nécessaires, avec **des explications claires et détaillées, des schémas et des exemples concrets.** Que tous se rassurent donc, pour comprendre ce livre, il suffit de savoir lire et effectuer des calculs élémentaires.

Aux élèves de seconde, de première, de terminale et de premier cycle universitaire, nous adressons un message particulier :

Nous les encourageons à ne pas passer directement à la méthode AUBRY, et les invitons à parcourir avec attention les parties de rappels, même s'ils les maîtrisent ou croient les maîtriser.

Nous y présentons des notions fondamentales — *la dérivée première, la dérivée seconde, la concavité, la courbure, l'influence des coefficients a, b et c du trinôme…* — en les approfondissant et en déployant leurs conséquences, ce que le rythme scolaire ne permet pas toujours. Ces éclairages vous seront précieux pour la présentation du Grand Oral ou vos oraux de concours et même pour vos études, pour l'originalité de votre pensée.

Sans trop dévoiler la suite afin de laisser au lecteur le plaisir de la découverte, disons simplement que, dans l'approche proposée ici : la parabole devient l'objet central - Le discriminant se transforme en distance -

Le sommet devient un point de vue - Les racines deviennent des points d'ancrage et prennent une signification géométrique - et, parfois même, des « *paraboles fantômes* » apparaissent…

Nous pensons que cette contribution sera utile aux enseignants comme aux élèves, et à toute personne qui s'intéresse aux mathématiques. Plus qu'une nouvelle méthode, c'est une nouvelle manière de voir le second degré que nous suggérons. C'est pourquoi nous la publions ce jour.

Belles lectures et belles découvertes.

Introduction

Cette *méthode AUBRY ou méthode du Sommet* propose une **alternative géométrique puissante** à la méthode classique de résolution des équations du second degré utilisant le *discriminant* et même à d'autres méthodes moins connues (que nous aborderons brièvement).

Une équation du second degré est un trinôme qui peut s'écrire :
$ax^2 + bx + c = 0$, avec : $a \neq 0$.
Sa représentation graphique est *une parabole.*

On appelle **racines (réelles)** les valeurs de x qui vérifient : $f(x) = 0$.
Ces valeurs de x sont les abscisses des points d'intersection de la parabole avec l'axe des abscisses, quand ces points existent.
Quand les racines sont **complexes**, la parabole n'intercepte pas l'axe des abscisses (et nous verrons en détails ce qui se passe).

Rappelons brièvement ce qu'est le discriminant, avant d'explorer une approche différente fondée sur la géométrie de la parabole.
Le discriminant noté **Δ** et dont la valeur est $b^2 - 4\,a.c$ est un outil pratique pour trouver *la nature des racines* et *leur valeur.*
Les élèves apprennent que :

- Si : $\Delta = b^2 - 4\,a.c > 0$, alors *les racines sont réelles et symétriques* par rapport au sommet. On a : $x_1 = \frac{-b-\sqrt{\Delta}}{2a}$; et : $x_2 = \frac{-b+\sqrt{\Delta}}{2a}$
- Si $\Delta = 0$, alors *la racine réelle est double*. On a : $x = \frac{-b}{2a}$

- Si $\Delta < 0$: alors les deux racines sont *complexes et conjuguées*.

  On a : $\mathbf{x} = \frac{-b \pm i\,.\,\sqrt{-\Delta}}{2\,a}$; avec $i^2 = -1$

La méthode du discriminant est mécanique et simple à enseigner. Cependant, **le discriminant est aveugle** : il ne dit rien de la position de la parabole ; il calcule simplement les racines.

La méthode AUBRY au contraire permettra une visualisation de la parabole, car elle *unit harmonieusement* la géométrie et l'analyse. La valeur des racines sera simplement une conséquence naturelle de cette visualisation.

Cette méthode nous est venue par les observations suivantes :

- Une parabole est un **système à très hautes contraintes** « fermement tenue par son sommet ».[2]

---

[2] Etant aussi physiciens, nous avons appris que les contraintes physiques réduisent le champ des possibles donné par les mathématiques. Par exemple, les conditions aux limites réduisent les degrés de libertés du système ou imposent une forme pour les solutions possibles.

La thermodynamique introduit pour traduire les contraintes de la notion de *variance*. Cette notion de *variance* traduit *le degré de liberté* plus ou moins grand de l'expérimentateur. En physique moderne, *les nombres quantiques* traduisent des contraintes physiques. Ces nombres réduisent le champ des possibles.

Pareillement, *les contraintes de symétries* sont utilisées en électromagnétisme, en mécanique ou en électronique, pour ne citer que ces domaines. Ces contraintes de symétries sont même les bases de toute la physique, comme l'a montré Emmy Noether. La réduction des possibilités est parfois si grande que le système ne peut tout simplement pas exister ; ou encore, il le peut, mais dans *un seul état* qui est alors *la solution* du problème cherché. Dans ce cas, l'étude des contraintes subies par le système est un excellent chemin pour trouver la solution.

Par exemple, dans le problème classique de mécanique quantique du « puit de potentiel infini », l'application des conditions de normalisations - qui traduisent le fait que la probabilité de trouver la particule dans le puit est de 100 % - imposent

- **Une translation horizontale** du sommet entraine la translation de tous les points de la parabole et modifie *les valeurs* des racines, mais pas l'écart entre ces valeurs.

- **Une translation verticale** du sommet modifie non seulement ces valeurs, mais encore potentiellement *la nature des racines* en les faisant passer d'une nature : réelles à complexes.

- La fixation du sommet associé à **une modification de la courbure** de la parabole ("son ouverture") modifie la valeur des racines.

Ces quatre observations suggèrent qu'il existe une relation entre la position des racines, celle du sommet et la courbure de la parabole.

Il ne restait plus qu'à chercher cette relation et à la trouver.

La solution obtenue est *simple* et *élégante*. Elle ne nécessite pas d'utiliser le discriminant, ni de mémoriser des formules. Tout cet apprentissage devient « superflu »,[3] car les éléments qui constituent la méthode AUBRY sont évidents une fois qu'on les a remarqués. De plus, ils peuvent être retrouvés en quelques secondes.

---

l'amplitude de la fonction d'onde. Cette relation entre contraintes et solution est générale, et une multitude d'autres exemples peuvent être trouvés.

C'est exactement le cas pour une parabole : puisqu'une fois que la position du sommet est fixée, tous les points sont fixés et par conséquent les racines aussi. Ainsi les observations mathématiques s'inscrivent dans un champ plus vaste de relation entre contraintes et forme des solutions.

[3] « superflu » dans le sens qu'ils ne sont pas nécessaires à la méthode AUBRY. Toutefois, cela ne veut pas dire qu'il ne faille pas les connaître, car ils font partie de la culture mathématique. Une autre raison de leur nécessité est que cette connaissance de la méthode du discriminant étant la seule (ou presque) que les professeur connaissent, c'est elle uniquement qu'ils peuvent demander, puisqu'ils ne connaissent pas la présente méthode. Cette vérité énoncée ce jour, 13 mai 2026, est vouée à évoluer.

1) Présentation des paraboles et des équations du second degré

1) La parabole est une conique particulière…

Les paraboles appartiennent à une famille plus vaste de courbes appelée **famille des coniques**.

On peut définir une conique à l'aide d'un point fixe *F*, appelé **foyer**, et d'une droite fixe appelée **directrice**. Une conique est alors l'ensemble des points M vérifiant une certaine relation de distance caractérisée par un nombre positif ***e***, appelé **excentricité**.

Selon la valeur de cette excentricité, on obtient :

- une **ellipse** si $\mathbf{0 \leq e < 1}$
- une **parabole** si $\mathbf{e = 1}$
- une **hyperbole** si $\mathbf{e > 1}$

La parabole occupe ainsi une position particulière : elle constitue la frontière entre le monde des ellipses et celui des hyperboles.

Les coniques peuvent également être obtenues par l'intersection d'un plan avec un cône de révolution. Selon l'inclinaison du plan de coupe, on obtient alors une ellipse, une parabole ou une hyperbole.

Cette double approche — *géométrique* d'une part, *analytique* d'autre part — montre déjà la richesse de ces courbes étudiées depuis l'Antiquité.

Les ellipses sont particulièrement présentes dans la nature et les sciences. Les planètes du système solaire décrivent *des trajectoires elliptiques* autour du Soleil, conformément à **la première loi de Kepler**.

On retrouve également cette forme dans de nombreuses réalisations humaines, comme les arènes de Nîmes, certaines pistes d'athlétisme, des stades ou encore certains dispositifs optiques tels que les réflecteurs ellipsoïdaux utilisés en éclairage et en acoustique.

Les hyperboles apparaissent quant à elles dans divers dispositifs techniques comme les réflecteurs de télescopes de type *Cassegrain* ou *Ritchey-Chrétien* pour corriger certaines aberrations optiques.

On les retrouve aussi dans certaines antennes de télécommunications ou encore dans des phénomènes physiques telles que les trajectoires de corps célestes non liés gravitationnellement, comme les météores ou encore dans des structures d'ingénierie, telles que les tours de refroidissement.

Parmi ces trois familles, **la parabole** possède une propriété hautement remarquable : tout rayon lumineux arrivant parallèlement à son axe de symétrie est réfléchi vers un même point appelé **foyer**. Cette propriété explique son utilisation dans les antennes paraboliques, les télescopes à miroir ou encore les fours solaires.

Si le monde des coniques est vaste et fascinant, notre quête nous mènera désormais vers l'essentiel : **la parabole**, ce miroir mathématique dont le sommet cache bien des secrets. Nous considérerons celles qui peuvent être décrites par une fonction $f(x) = ax^2 + bx + c$; avec a non nul, dont **le sommet** jouera un rôle essentiel dans toute la suite de l'ouvrage. Derrière cette courbe familière à certains se cache une structure élégante, étonnamment simple, dont nous allons progressivement dévoiler les propriétés remarquables.

2) Présentation des équations du second degré

En mathématique, **une équation du second degré** ou **équation quadratique** est une **équation polynomiale de degré deux** qui peut se mettre sous la forme : $f(x) = ax^2 + bx + c$ où le coefficient a doit être obligatoirement non nul. **Toutes les équations du second degré ont pour représentation des courbes en forme de *parabole*.**

Cette forme — $ax^2 + bx + c$ — est appelée « **forme développée réduite** ».

Elle est de plus ici **ordonnée**, puisqu'on a ordonné les puissances de x dans l'ordre décroissant, ce qui est l'usage.

Nous verrons qu'il existe *trois autres formes*, c'est-à-dire trois autres manières de présenter les équations du second degré : **la forme canonique**, qui vient de « *kanonikos* » et qui signifie « *fait selon les règles* », **la forme factorisée** et **la forme normalisée**.

Chacune possède son avantage particulier et peut être relié plus immédiatement a une des trois méthodes que nous allons exposer : *la méthode du discriminant*, celle de *Po-Shen-Loh* et *la méthode AUBRY*.

3) Quelques équations du second degré particulières

Cette contrainte de non nullité du coefficient de plus haut degré, a, ne porte ni sur b, ni sur c qui peuvent donc éventuellement être nuls. De sorte que les équations du type : $f(x) = ax^2$ ou $g(x) = ax^2 + c$ ou $h(x) = ax^2 + bx$ sont aussi des équations du *second degré*.

Toutefois pour ces trois types d'équations, **la méthode du discriminant** est superflue pour trouver **les racines du polynôme**.

❖ Equation quadratique particulière : $ax^2 + c = 0$

Pour $ax^2 + c = 0$, il suffit d'isoler x^2 ; ce qui donne : $x^2 = - c/a$

Nous pouvons prendre directement *la racine carrée* (en n'oubliant pas les deux solutions), si du moins le membre de droite est *positif* ; c'est-à-dire si le rapport **c /a** est négatif - autrement dit que *a* et *c* sont de signes contraires. Dans ce cas $\frac{-c}{a} > 0$ et nous pouvons prendre la racine carrée pour trouver la solution, sans avoir à chercher le discriminant : $x = \pm \sqrt{\frac{-c}{a}}$ (si *a* et *c* sont de contraire dans $ax^2 + c = 0$).

Dans le cas contraire, celui où **c /a** est positif, autrement dit que *a* et *c* sont de *même signes,* il faut utiliser *les nombres complexes,* que les élèves de sections générale voient en terminale, et utiliser le fait que $i^2 = -1$.

Puisque $i^2 = -1$, nous pouvons écrire $x^2 = -\frac{c}{a}$ sous la forme : $x^2 = i^2 \left(\frac{c}{a}\right)$

D'où nous tirons la racine : $x = \pm\, i. \sqrt{\frac{c}{a}}$; puisque c/a est ici positif.

Nous pouvons aussi présenter le résultat sous la forme : $x = \pm\, i \sqrt{\left|\frac{c}{a}\right|}$

Ici encore, pas besoin de discriminant.

❖ Equation quadratique particulière : $ax^2 + bx = 0$

Pour $ax^2 + bx = 0$, trouver la solution est encore plus facile.

Une mise en facteur par **x** donne directement : $x.\,(ax + b) = 0$.

De cette mise en facteur, nous tirons directement les deux racines :

$x = 0$ et $x = -b/a$. Ici non plus il n'y a pas besoin du discriminant

Au final, nous n'avons pas besoin d'utiliser la méthode du discriminant pour les équations de type : $f(x) = ax^2 + c$ ou $g(x) = ax^2 + bx$, mais seulement a priori, dans le cas où *a*, *b* et *c* sont non nul.

Mais, même dans ce cas, le recours au discriminant n'est pas toujours nécessaire. En effet, il devient de nouveau superflu si on peut faire *une mise en facteur*. Cette mise en facteur est particulièrement facile dans deux cas classiques :

Il y a **des racines évidentes** — typiquement **1** ou **-1** ou encore **2** ou **-2** (et à la limite **3** ou **-3**) — ou si nous avons repéré un **« carré parfait »**,[4] comme dans : $\mathbf{x^2 + 2x + 1 = 0}$, qui correspond en fait à $\mathbf{(x+1)^2 = 0}$. De cette dernière expression — équivalente à la première, mais plus simple — nous en déduisons la racine double : $\mathbf{x = -1}$ [5]

Au final, en plus des formes particulières $ax^2 + c = 0$ et $ax^2 + bx = 0$ qui ne nécessitent pas de discriminant, les expressions reconnaissables comme *des identités remarquables* : $\mathbf{a^2 - b^2}$; $\mathbf{(a + b)^2}$ et $\mathbf{(a - b)^2}$ ne nécessitent pas non plus de discriminant, si du moins nous les repérons !

❖ **Exemple 1 :** $\mathbf{x^2 - 7 = 0}$

Nous avons l'identité remarquable : $\mathbf{a^2 - b^2}$

Or : $\mathbf{a^2 - b^2 = (a - b).(a + b)}$; le carré suivi du moins a donné l'alerte !

D'après l'identité remarquable : $\mathbf{x^2 - 7 = (x - \sqrt{7}).(x + \sqrt{7}) = 0}$

D'où nous en déduisons directement les racines : $\mathbf{x_1 = -\sqrt{7}}$ et $\mathbf{x_2 = +\sqrt{7}}$

❖ **Exemple 2 :** $\mathbf{x^2 - 8x + 16 = 0}$

Nous repérons le **16** qui est le carré de **4** (première alerte !) et le moins devant le 8, nous pensons éventuellement à l'identité remarquable de type :

---

[4] Le cas du « carré parfait » correspond en fait à $\Delta = 0$

[5] Pareillement, pour l'équation $\mathbf{2x^2 - 12x + 9 = 0}$, la présence du 9 qui correspond à 3^2 nous alerte. Nous vérifions rapidement que cette équation correspond à : $\mathbf{(2x - 3)^2 = 0}$; soit une racine double : $\mathbf{x = 3/2}$

$(a - b)^2 = a^2 - 2a.b + b^2$; avec ici $a = 1$ et $b = 4$

Nous tentons donc de voir si **$x^2 - 8x + 16$** est véritablement égal **à $(x - 4)^2$**

Le développement de **$(x - 4)^2$** confirme que c'est bien le cas.

Nous pouvons donc écrire que : **$x^2 - 8x + 16 = 0$** équivaut à **$(x - 4)^2 = 0$**, ce qui conduit directement au résultat : **$x_{1,2} = 4$** (racine double).

Avec un peu d'habitude, la détection des carrés parfait devient quasi-automatique et le recours au discriminant est de nouveau superflu dans ces cas.

2) Influence des coefficients *a*, *b*, *c* sur la forme et la position de la parabole

1) Paraboles de références : $y = x^2$ et $y = - x^2$. Influence du signe de *a* sur le sens de la parabole

La parabole de référence la plus simple est de la forme : $y = x^2$.

Sa représentation graphique a approximativement une forme de **U**, dont le point le plus bas, **son sommet**, passe par *l'origine* du repère ; c'est-à-dire par le point de coordonnées **(0 , 0)**.

La parabole est ***ouverte vers le haut***. Les branches de la parabole sont dirigées vers le haut et le sommet est son point le plus bas.

Pour parler de manière imagée : La parabole est « droite ». On dira en mathématique que la parabole est de forme **convexe** (nous définirons plus précisément ce terme par la suite).

La parabole $y = - x^2$ lui est symétrique par rapport à l'axe horizontal qui agit comme le ferait un miroir. La parabole est cette fois « renversée ». Plus exactement, elle est **ouverte vers le bas**.

On dira qu'elle est de forme **concave**. Elle a approximativement une forme de **∩**. Cette parabole $y = - x^2$ passe encore par l'origine du repère, qui est de nouveau son sommet, mais qui cette fois constitue *le point le plus haut* atteint par la parabole.

Nous en déduisons une règle importante :

Le signe du coefficient dominant, *a*, détermine *l'orientation* de la parabole.

- **Si $a > 0$, la parabole est dite *ouverte vers le haut*. Elle est de forme *convexe*. Ses branches pointent vers $+\infty$ quand x → $\pm\infty$**
- **Si $a < 0$, la parabole est « *renversée* ». Plus rigoureusement, elle est *ouverte vers le bas*. Sa forme est *concave* et ses branches pointent vers $-\infty$ quand x → $\pm\infty$**
-

2) Parités et propriétés de symétrie de la parabole

Une des propriétés très importantes des fonctions $f(x) = \pm x^2$ décrivant ces deux paraboles de référence : **$y = \pm x^2$** est que cette **fonction est paire**.

Cela signifie que : $f(x) = f(-x)$. Géométriquement, leur représentation graphique est **symétrique par rapport à l'axe des ordonnées**.

Pour une parabole décrite par $ax^2 + bx + c$, l'axe de symétrie n'est pas l'axe (Oy), mais la droite verticale (Sy) qui passe par le sommet.

Nous y reviendrons plus en détails. Cette observation est fondamentale pour la méthode AUBRY. Retenons :

L'axe de symétrie d'une parabole passe toujours par son sommet S

3) Influence du coefficient a sur la parabole – Première approche – Notion de limites

Nous avons déjà vu que le signe de *a* est une donnée très importante, puisqu'elle indique si la parabole est ouverte vers le bas ou vers le haut (concave ou convexe – « droite » ou « renversée »). Le lien entre les deux peut rapidement être établi grâce à ***la notion de limite*** vue en terminale.

Quand **x** devient très grand, le nombre **$a.x^2$** devient lui aussi très grand, si le coefficient ***a*** est positif. Nous observons donc depuis le point origine une croissance quand nous nous déplaçons vers la droite, et cette croissance est d'ailleurs de plus en plus rapide au fur et à mesure que la valeur de x s'accroit. **Pour x qui tend vers l'infini, y tend aussi vers + ∞ pour a > 0**

Comme la courbe est *symétrique*, cela signifie que l'axe vertical agit comme un miroir et que donc la courbe est symétriquement très haute pour les x très négatifs : la parabole est **ouverte vers le haut**.

Si ***a* < 0,** un raisonnement similaire montre que **si x tend vers l'infini, à cause de *a* < 0, la fonction tend cette fois vers - ∞** : les branches de la parabole plongent vers le bas pour les grandes valeurs de **x**.

La symétrie par rapport à l'axe vertical impose que si **x** tend vers moins l'infini, les branches de la parabole plongent aussi vers moins l'infini ; résultat : **la parabole est ouverte vers le bas pour a < 0**

Quand nous passons de $y = x^2$ à $y = a.x^2$, un changement apparaît dans la forme de la parabole. Ce changement de forme est d'autant plus visible que la valeur absolue du coefficient ***a*** s'écarte notablement de 1.

Nous constatons que :

- Pour **$|a| > 1$** la croissance ou la décroissance de la fonction $y = a.x^2$ est plus importante que celle de $y = x^2$,ce qui géométriquement étire verticalement la parabole. Visuellement, cet effet verticale donne l'impression que la parabole se resserre ou s'ouvre horizontalement.
- Et $|a| < 1$ **compresse verticalement** la parabole par rapport à la parabole de référence $y = \pm x^2$. Les variations de la fonction $y = a.x^2$ sont moins importante que celle de $y = \pm x^2$

Ainsi, le coefficient ***a***, en plus **d'orienter** la parabole selon son signe, agit donc comme un **facteur d'étirement vertical** :

- Lorsque **$|a| > 1$**, les ordonnées augmentent *plus rapidement* que pour la parabole de référence **$y = \pm x^2$**, et la parabole **$y = ax^2$** semble plus resserrée horizontalement.
- Lorsque **$0 < |a| < 1$**, les ordonnées augmentent *moins vite* que pour la parabole **$y = \pm x^2$**, et la parabole **$y = ax^2$** paraît plus ouverte.

En effet, pour **$|a| > 1$** la fonction $f(x) = ax^2$ varie plus vite [6] que les fonctions de références $y = \pm x^2$. La parabole représentative de **$y = ax^2$** est plus étroite[7] que celle liée à **$y = x^2$,** ce qui a tendance à resserrer les racines ; c'est-à-dire diminuer l'écart entre elles.[8]

Les racines se rapprochent horizontalement du sommet.

Ainsi : **plus la valeur absolue de *a* est grande ($|a| >> 1$) et plus les racines auront tendance à se resserrer et être plus proches l'une de l'autre** à sommet fixé.

Inversement, si **$|a| < 1$** (tout en étant non nulle), la parabole **$y = a.x^2$** sera plus **évasée** que la parabole décrite par la fonction **$y = x^2$. La parabole a tendance à s'ouvrir comme une fleur. Les variations verticales sont alors moins marquées et *les racines* seront d'autant *plus éloignées* l'une de l'autre horizontalement que *a* est petit**.

---

[6] Cette constatation est tout-à-fait logique, puisque maintenant, avec $y = a.x^2$ quand on se déplace de x selon l'axe horizontal en suivant la parabole, on varie de **$a.x^2$** verticalement. Les variations avec **$y = a.x^2$** sont donc amplifiées d'un facteur ***a***

[7] Dit de manière imagée : les branches de la parabole montent et descendent plus vite que celle représentant simplement $y = \pm x^2$. Elles sont plus verticales.

[8] Cette affirmation est vraie à sommet fixé, ce qui impose dans la pratique de modifier aussi b et c pour que le sommet ne bouge pas quand on fait varier a.

Retenons pour cette première approche du coefficient a que :

> **1) Le *signe* de *a* renseigne sur *l'orientation* de la parabole :**
>
> - **Si a > 0, la parabole est ouverte vers le haut**
> - **Si a < 0, la parabole est ouverte vers le bas**
>
> **2) La valeur absolue de a : $|a|$ est lié à « la rapidité » des variations de la fonction**
>
> - **Si $|a|$ >> 1 les branches de la parabole se resserrent, ce qui a tendance à resserrer l'abscisse des racines au voisinage de celle du sommet. Par conséquent l'écart attendu des racines est « faible »**
> - **Si $|a|$ << 1 la parabole s'évase comme une fleur, ce qui a tendance à *éloigner les racines* l'une de l'autre.**

4) Influence du coefficient *c* sur la parabole

Examinons l'influence du coefficient ***c*** sur la parabole, avant celle de ***b***, car nous aurons besoin des résultats de ce paragraphe pour examiner l'influence du coefficient ***b***.

Si nous ajoutons **le coefficient *c*** à l'équation quadratique $y = a.x^2$, nous obtenons l'équation : $y = ax^2 + c$.

Quels sont les changements provoqués par l'apparition de ce coefficient c ?

Nous observons que **la parabole $y = ax^2$ est translatée verticalement en bloc de la quantité *c* ;** donc vers le haut si $c > 0$ et vers le bas si $c < 0$.

Ce décalage dans tous les cas est égal à la valeur de ***c***.

Au final, **le coefficient *c* translate la parabole selon l'axe (Oy). Il ne modifie ni *la forme* ni *le sens* de la parabole.**

Ce glissement se comprend aisément si nous injectons la valeur **$x = 0$** dans l'équation **: $f(x) = y = ax^2 + c$.** Nous obtenons alors la valeur :

$f(0) = y_C = a.0 + c = c$.

Autrement dit, le point qui auparavant était **O (0, 0)** pour la parabole **ax^2** est maintenant **C (0, c)**. Comme la parabole garde sa forme générale à cause de sa courbure qui vient uniquement de *a*, **toute la parabole est translatée verticalement d'une quantité *c*.**

Nous pouvons voir les choses autrement et dire que :

« **La parabole vue depuis le point *C* de coordonnées (0 , c) - et décrite par l'équation $y = ax^2 + c$ - est la même que celle qui était vue depuis le point *O* et décrite par $y = ax^2$.** Cette observation nous sera utile pour la suite

Le raisonnement demeure le même avec **$f(x) = ax^2 + bx$.**

Si nous ajoutons ***c*** pour obtenir **$f(x) = ax^2 + bx + c$**, la représentation graphique de **$ax^2 + bx$** est elle aussi translatée de ***c***.

Est-ce que cette translation a une incidence sur la valeur des racines ?

La réponse est oui ! Un exemple simple nous en convaincra.

Supposons que : **$c = -1$** et **$a = 1$**. La fonction est donc : **$f(x) = x^2 - 1$**

Nous avons donc *deux racines réelles*, **$x = \pm 1$**, alors que nous n'avions qu'une seule racine (double) pour **$y = x^2$** ; c'est-à-dire quand **c** valait zéro.

Le coefficient *c* a donc une influence sur *le nombre* et sur *la valeur* des racines en modifiant la position du sommet verticalement. Il faudra donc que la formule ou la méthode que nous trouverons tienne compte de ce fait.

Retenons :

- **L'ajout du coefficient *c* à l'équation $y = ax^2$ ou même $y = ax^2 + bx$ *translate* verticalement les représentations graphiques de ces fonctions de la quantité c, ce qui modifie la valeur des racines et potentiellement leur nature.**

- **La parabole vue depuis le point *C* de coordonnées (0 , c) - et décrite par l'équation $y = ax^2 + c$ - est la même que celle qui était vue depuis le point O et décrite par $y = ax^2$.**
  Plus exactement : **La forme de la parabole $y = ax^2 + c$ est identique à celle de $y = ax^2$, mais la position du sommet change.**
  Il passe de O (0, 0) pour $y = ax^2$ à *C* (0, c) pour $y = ax^2 + c$.[9]

5) Influence du coefficient *b* sur la parabole

Si nous introduisons **le coefficient *b*,** pour arriver à la forme complète souhaitée **$y = ax^2 + bx + c$,** nous constatons d'importants changements.

Premièrement : une **modification de l'emplacement de la parabole qui quitte sa position symétrique le long de l'axe y pour se trouver ailleurs dans le plan du repère.**

Nous constatons de plus, en prenant différentes valeurs, que si ***a*** et ***b*** sont tous les deux positifs ou tous les deux négatifs, en bref qu'ils sont de même signe, alors le sommet se retrouve à gauche de l'axe vertical (Oy).

[9] Cette observation préfigure la méthode AUBRY

Ces observations s'expliquent simplement par la formule qui donne l'abscisse du sommet et que nous donnons ici sans justification : $\mathbf{x_S} = \frac{-b}{2a}$

Nous établirons proprement cette relation de trois manières différentes.

Ainsi, **la parabole qui auparavant était symétrique par rapport à l'axe vertical se retrouve toujours symétrique, mais sur un axe parallèle passant par le sommet et situé à l'abscisse $x_S = \frac{-b}{2a}$. Ce décalage du sommet de l'axe (Oy) dû à $b \neq 0$ a une influence directe sur la valeur des racines.**

Les grandes valeurs absolues de ***b*** éloignent le sommet de l'axe (Oy) (le coefficient *a* étant bien sûr fixé). Et de grandes valeurs de ***a*** tendent à l'y ramener (*b* étant cette fois fixé) concentrant tout vers les $x = 0$ et centrant les racines au voisinage de zéro pour des valeurs usuelles de *b*.

Au final : ***a* et *b* agissent en sens contraire l'un de l'autre du point de vue de la position du sommet de la parabole et du resserrement des racines autour du sommet : *b* écarte et éloigne, *a* resserre et recentre.**

Regardons en détail.

L'effet est d'abord *horizontal*. Il modifie la position du sommet $\mathbf{x_S = - b/2a}$ et déplace par conséquent horizontalement l'axe de symétrie verticale de la parabole. Mais *b* agit aussi *verticalement* sur l'ordonnée du sommet.

En effet, puisque $y_S = f(x_S)$, un changement de l'abscisse du sommet implique un changement de son ordonnée, car la fonction est examinée pour un **x** différent de celui d'une fonction où ***b*** serait absent.

En remplaçant **x** par $\frac{-b}{2a}$ dans l'expression $ax^2 + bx + c$, nous obtenons :

$y_S = f\left(\frac{-b}{2a}\right)$ tel que : $y_S = \frac{-b^2}{4a} + \mathbf{c}$.

Cette expression confirme bien le rôle essentiel de ***b*** dans la position verticale du sommet qui intervient au carré. Elle montre aussi que *a* vient tempérer cette effet et que ***c*** conserve son rôle de translation verticale, puisqu'il intervient directement comme terme additif.

La différence fondamentale de comportement entre ***b*** et ***c*** ne se voit pas bien dans cette formule de y_S . Pourtant ***b*** et ***c*** agissent selon deux modalités totalement différentes. Le coefficients c décale toute les valeurs de *f*(x) en bloc et translate simplement la parabole, tandis que l'influence de *b* est d'autant plus marqué que les valeurs considérées de x sont grandes, ce qui entraîne une « déformation » de la parabole. En effet, ***b*** change *les variations locales de la fonction*, mais pas ***c***.

Selon les valeurs de x considérées, les variations de ***f*(x) =** $ax^2 + bx + c$ sont différentes de celles de $g(x) = ax^2 + c$ qui ne diffèrent que de ***bx***, alors que celles de $g(x) = ax^2 + c$ sont les mêmes que celles de $h(x) = ax^2$.

Par exemple, pour la parabole d'équation $y = ax^2 + bx + c$, si on se déplace horizontalement d'une unité en partant de **x = 0**, alors on se déplace verticalement de : $\mathbf{a.(1)^2 + b.(1)}$ soit **a + b** au lieu de ***a*** avec les paraboles $\mathbf{ax^2}$ ou $\mathbf{ax^2 + c}$. Les variations locales sont différentes et dépendent à la fois de ***a*** et de ***b*** pour ***f*(x) = y =** $\mathbf{ax^2 + bx}$ + c.

Nous verrons que **la dérivée** qui mesure "les vitesses de variations au voisinage de **x**" passe de $g'(x) = 2ax$ pour la fonction $g(x) = ax^2 + c$ à $f'(x) = 2ax + b$, pour la fonction $f(x) = ax^2 + bx + c$, ce qui explique les changements de variations. Par contre les dérivées des fonctions ***g* (x)** et ***h* (x)** sont toutes les deux les mêmes et valent **2ax** chacune. Le taux de variation est donc inchangé.

Cependant, si les variations locales changent avec *a et* ***b***, l'influence de ***b*** ne va pas jusqu'à modifier *la concavité* de la parabole qui reste entièrement déterminée par le coefficient dominant ***a***. Nous insistons : *la concavité* demeure la même pour $ax^2 + bx + c$ que pour ax^2 ou $ax^2 + bx$, car elle provient uniquement de ***a***. Cette observation est importante pour la méthode AUBRY. Nous reviendrons plus rigoureusement sur la notion de **concavité** et celle de courbure quand nous aborderons ***la dérivée seconde***.

Une erreur courante est de croire que les variations de $ax^2 + bx + c$ sont forcément plus brutales que celle de $ax^2 + c$ ou que celle de ax^2, c'est-à-dire que l'ajout du terme ***bx*** entraîne forcément des variations plus rapides dans la fonction. Ce n'est pas forcément vrai.

En réalité, l'effet dépend de la valeur de **x** et du signe de ***a*** et ***b***. selon la position considérée, le terme **2a.x** issu du ax^2 et le terme constant ***b*** dans la dérivée peuvent se renforcer ou au contraire se compenser partiellement.

Retenons :

1) L'introduction de *b* dans l'équation $ax^2 + c$ entraine des changements importants dans la fonction et sa parabole représentative.

Elle modifie *les variations de la fonction* et donc *la forme de la parabole* et *déplace le sommet* qui quitte l'axe (Oy) et prend l'abscisse : $x_S = -\frac{-b}{2a}$ **(≠ 0, si *b* ≠ 0).**

2) Les coefficients *a* et *b* agissent en sens contraire l'un de l'autre :

- Plus la valeur absolue de *b* est grande [10] et plus les racines s'éloignent du sommet et celui-ci s'éloigne de l'axe (Oy). *b* a un effet dispersif.

- Plus *la valeur absolue* de *a* est grande et plus le sommet à tendance à être ramené vers l'axe vertical et les racines à se rapprocher.[11] *a* à un effet de recentrement.

---

[10] Toutes choses égales par ailleurs.

[11] Toutes choses égales par ailleurs aussi.

3) Si *a* et *b* sont de *même signe*, la relation $x_S = -b/2a$ indique que le sommet sera *à gauche* de l'axe vertical, et *à droite* pour des signes opposés de *a* et *b*.

4) Les coordonnées du sommet sont : $x_S = \frac{-b}{2a}$ et : $y_S = f(\frac{-b}{2a}) = c - \frac{b^2}{4a}$

Le Sommet est donc à la position S ($\frac{-b}{2a}$, $c - \frac{b^2}{4a}$)[12]

5) En retenant uniquement à l'essentiel des influences de *a*, *b* et *c* :

- ***a* contrôle *la concavité* de la parabole, le centrage et la dispersion**
- ***b* éloigne d'autant plus le sommet des axes que sa valeur absolue est grande. Il a un effet dispersif sur le sommet et sur les racines**
- ***c translate verticalement* toute la parabole en bloc et déplace donc également son sommet.**
- **Les trois coefficients ont un effet sur la valeur et la nature des racines.**

---

[12] Nous établirons rigoureusement ces résultats par la suite.

3) Étude de la fonction $f(x) = ax^2 + bx + c$ décrivant la parabole par la méthode de la dérivée

Maintenant que nous avons examiné de manière qualitative et semi-quantitative l'influence des coefficients *a*, *b* et *c*, regardons de plus près comment se comporte la fonction quadratique. L'analyse a développé des outils pour cela, en particulier la notion de **nombre dérivé** et de **fonction dérivée.**

1) Méthode de la dérivée - Définition du nombre dérivé et signification profonde

La première méthode pour étudier la fonction et la plus classique, celle qui est demandée aux étudiants et aux élèves, est d'utiliser **la notion de dérivée** et de **nombre dérivé**.

Du point de vue mathématique, **le nombre dérivé** est introduit ainsi :

si f est une **fonction définie** sur un intervalle et continue sur cet intervalle (il n'y a pas de rupture dans la courbe) et que x_0 est un point à l'intérieur de cet intervalle, alors les conditions sont réunies et :

La dérivée est la limite du rapport $[f(x_0 + h) - f(x_0)] / h$; avec h une quantité très petite non nulle. On a donc avec les conditions requises :

$$f'(x_0) = \lim_{h \to 0} \frac{f(x0 + h) - f(x0)}{h}$$ [13]

---

[13] Si la valeur trouvée par ce calcul est finie, alors la fonction est effectivement dérivable en ce point. Si elle est infinie, alors la fonction n'est pas dérivable en ce

Mais que signifie ce calcul et à quoi peut-il servir ?

La valeur de la dérivée ***f'*** de la fonction *f* au point particulier $\boldsymbol{x = x_0}$ (c'est-à-dire ***f'***$\boldsymbol{(x_0)}$) indique de quelle quantité la fonction varie - autrement dit augmente ou diminue - quand on se déplace légèrement sur la droite du point $\boldsymbol{x = x_0}$. La grandeur $f'(x_0)$ quantifie la variation de *f quand x* s'accroit légèrement. **Plus exactement, la valeur de la dérivée $f'(x_0)$ mesure *le taux de variation instantané* de la fonction au voisinage immédiat du point x_0. Plus la valeur trouvée pour $f'(x_0)$ est grande et plus la fonction varie rapidement au voisinage de x_0.** Pour parler de manière imagée, la fonction a tendance à « se cabrer » ou à « plonger » rapidement (ou abruptement) au voisinage immédiat de x_0.

Une propriété importante de la dérivée est que : **la valeur $f'(x_0)$ en un point x_0 donné est égale au coefficient directeur de la tangente en ce point.**

En particulier si la fonction atteint *un maximum* ou *un minimum* – ce qui est le cas pour le sommet de la parabole - **la dérivée est nulle en ce point**.[14]

Ainsi, **pour déterminer l'abscisse du sommet, une première méthode est de trouver la valeur de x pour laquelle la dérivée est *nulle*.**

2) Connaissance des dérivées utiles pour le polynôme $ax^2 + b\,x + c$ et justifications conceptuelles de la notion de dérivée

---

point. La continuité est une condition nécessaire à la dérivabilité d'une fonction, mais non suffisante

[14] La réciproque n'est pas vraie. Si quand nous avons un extrémum la dérivée est obligatoirement nulle, par contre nous pouvons avoir une dérivée nulle et pourtant ne pas avoir de maximum ou de minimum. Nous expliquerons tout cela précisément lorsque nous verrons les dérivées (premières) et les dérivées secondes.

L'application de la définition précédente conduit à déterminer des règles d'obtention des dérivées selon le type de fonction que l'on rencontre. Il existe donc des règles assez simples pour calculer des dérivées.

En particulier pour ce qui nous intéresse ici, trois dérivées seulement sont nécessaires [15] :

Premièrement **: La dérivée d'une constante est nulle** : **(cte)′ = 0 :**
Ce résultat est cohérent, puisque la dérivée quantifie des variations d'une fonction et que la constante est une fonction particulière qui par définition ne varie pas, sa variation est donc nulle ; et par conséquent sa dérivée aussi. On a bien : **(cte)′ = 0**

L'application de cette règle au coefficient constant *c* de $\mathbf{ax^2 + bx + c}$ conduit à **(c)′ = 0**.

Deuxièmement : La dérivée de (bx) : **(bx)′ =** ***b***

Supposons ***b*** **>0** pour illustrer nos propos (cette hypothèse ne porte pas préjudice à notre compréhension ; au contraire elle la simplifie sans porter atteinte à la généralisation qui suivra).

L'égalité **(bx)′ =** ***b*** signifie simplement que *le coefficient directeur* est toujours le même quel que soit le point x envisagé. C'est normal, car la pente d'une droite qu'elle soit croissante ou décroissante reste la même et donc ne varie pas, ce qui impose de trouver *une constante* pour la dérivée et que cette constante dépende de l'expression de départ.

---

[15] Ou deux selon le niveau de généralisation auquel on se place.
En effet les dérivées $(ax^2)' = 2ax$ et $(bx)' = b$ présentées dans le corps du texte peuvent être rassemblées sous une formule unique de dérivée : $\mathbf{(k.x^n)' = k.n.\ x^{n-1}}$
avec : **k = cte**, ici **k =** ***a*** ou ***b***. Et **n = 1** pour **bx** et **n = 2** pour $\mathbf{ax^2}$

En effet, puisqu'à chaque intervalle **Δx** égaux la variation demeure la même, *la variation* est donc *constante* quel que soit le **x** considéré (si le pas **Δx** reste le même). Par conséquent la dérivée doit être une constante.

Par exemple pour la fonction f **(x) = - 3x**, à chaque pas **$\Delta x = 1$** on baisse de trois. La variation est donc de **- 3**, c'est pourquoi : f' **(x) = (- 3x)′ = - 3**

<u>Troisièmement</u> : la dérivée de ax^2 : **$(ax^2)' = 2ax$**

La dérivée d'une fonction f **(x) = ax^2** est obtenue en abaissant la puissance d'une unité (la puissance 2 deviendra puissance 1) et en multipliant le nombre devant le x par la puissance abaissée soit ici 2.

Par exemple : la dérivée de **$3x^2$**, soit : **$(3x^2)'$** est : **$3.2\,x^{2-1} = 6x$**.

La dérivée de **$-5x^2$** est **$-10x$** : **$(-5x^2)' = -10x$**

Ce résultat signifie que ***la pente de la tangente*** à la représentation graphique de ***ax^2*** varie selon la valeur de **x** (plus exactement elle lui est proportionnelle). Ici encore le résultat obtenu pour la dérivée s'interprète facilement. Avec une fonction de type ***ax^2*** pour le même intervalle **Δx** = 1, plus on progresse dans les valeurs de **x** plus l'accroissement est important.

Par exemple, si on considère la fonction **$f(x) = 3x^2$**, quand on passe de : **x = 0** à **x = 1**, soit **$\Delta x = 1$**, la fonction passe de : **$f(0) = 0$** à **$f(1) = 3.(1)^2 = 3$**, soit un accroissement de : **3 – 0 = 3.** Mais quand on augmente encore de **$\Delta x = 1$**, passant ainsi de : **x = 1** à **x = 2**, la fonction passe de **$f(1) = 3$** à **$f(2) = 3.(2)^2 = 12$**. L'accroissement pour le même **$\Delta x = 1$** que précédemment est maintenant de : **12 – 3 = 9**, au lieu d'être de **3**.

Un calcul au rang suivant montrerait que *l'accroissement* est de plus en plus grand au fur et à mesure que x augmente. La dérivée doit tenir compte de ce phénomène de croissance (ou de décroissance) selon le signe de ***ax***, d'où l'apparition d'un **x** dans la dérivée.

Nous retiendrons que la dérivée de ax^2 est $2ax$, soit : $(ax^2)' = 2a.x$ [16]

3) Conclusion : expression de la dérivée de la fonction $ax^2 + bx + c$

Munis de ces trois formules, on peut chercher la dérivée de $ax^2 + bx + c$ moyennant une nouvelle règle, elle aussi logique, c'est que les variations des différentes fonctions s'ajoutent quand elles sont réunies dans une même fonction. On aura donc que : $(ax^2 + bx + c)' = (ax^2)' + (bx)' + (c)'$

Maintenant que nous connaissons les règles, nous cherchons la dérivée de $f(x)$, soit : $f'(x) = (ax^2 + bx + c)'$

Nous avons : $(ax^2 + bx + c)' = (ax^2)' + (bx)' + (c)'$

Appliquons les règles des dérivées : $(ax^2)' = 2ax$; $(bx)' = b$ et $(c)' = 0$
Nous avons alors : $(ax^2)' + (bx)' + (c)' = 2ax + b + 0 = 2ax + b$

Au final, retenons que :

La dérivée de : $f(x) = ax^2 + bx + c$ est : $f'(x) = 2ax + b$

---

[16] Plus généralement la dérivée de la fonction : $f(x) = k.x^n$ avec $k = cte$ est :
$f'(x) = k.n\ .\ x^{n-1}$
Le degré de la fonction descend d'une unité à chaque fois et vient multiplier le coefficient k

4) Recherche du maximum de la fonction $ax^2 + bx + c$ – Position du sommet

Si une fonction est *dérivable*[17] au voisinage de x_0 et qu'elle admet *un extrémum* en ce point d'abscisse x_0, alors **la dérivée de la fonction est nulle** en ce point. On a : $f'(x_0) = 0$ [18]

Cherchons la valeur de x pour laquelle la dérivée s'annule. Pour cela il faut résoudre l'équation : $2ax + b = 0$. Nous retrouvons bien : $x = -b / 2a$; valeur qui correspond à l'abscisse x_S du sommet que nous avions précédemment donné sans démonstration, ni explication.

Pour trouver **l'ordonnée y_S du sommet**, il suffit d'utiliser la relation :

$y_S = f(x_S)$ puisque, par définition des propriétés d'une fonction, c'est cette relation qui lie l'abscisse d'un point sur la courbe à son ordonnée.

On a donc : $y_S = a\left(\frac{-b}{2a}\right)^2 + b.\left(\frac{-b}{2a}\right) + c = a.\frac{b^2}{4a^2} - \frac{b^2}{2a} + c$

---

[17] La continuité seule ne suffit pas, il faut de plus que la fonction soit dérivable ; c'est-à-dire que la limite trouvée quand *h* tend vers zéro de la définition initiale soit un nombre fini.

[18] Précisons que l'inverse n'est pas systématiquement vrai. Ce n'est pas parce que $f'(x) = 0$ qu'on a obligatoirement un maximum.

Par exemple la fonction $f(x) = x^3$ a pour fonction dérivée $f'(x) = 3x^2$ qui s'annule pour $x = 0$. En ce point, la fonction x^3 admet **une tangente horizontale**, mais *pas* de maximum. Pour avoir effectivement *un maximum*, une deuxième condition droit être requise, la fonction dérivée doit *changer de signe* de part et d'autre du point critique, ce qui n'est pas le cas ici avec $3x^2$ qui est positif de part et d'autre de la valeur $x = 0$ (du fait du carré). La fonction x^3 est donc **croissante**, même si elle *n'est pas* strictement croissante à cause de cette « pause » qu'elle fait en $x = 0$.

Après calculs, nous trouvons : $y_S = c - \frac{b^2}{4a}$; soit : $y_S = \frac{-b^2 + 4ac}{4a}$

Finalement : $y_S = \frac{-\Delta}{4a}$

Cette formule très importante relie le discriminant et l'ordonnée du sommet. Ainsi, même si ce point remarquable est rarement mis en avant, **le signe de Δ et celui de *a* renseignent sur la position du sommet.**

En particulier, cette relation justifie pleinement pourquoi quand le discriminant Δ = 0, *le sommet* est exactement sur l'axe et que nous n'avons qu'une seule racine réelle double.

La même relation $y_S = \frac{-\Delta}{4a}$ indique aussi que pour $a > 0$:

- Si **Δ > 0, le sommet est *en dessous* de l'axe horizontal**, car $y_S = \frac{-\Delta}{4a} < 0$
- Et, si **Δ < 0, le sommet est *au-dessus* de l'axe horizontal**, car $y_S > 0$

Dans le cas où $a < 0$, la position du sommet par rapport à l'axe est inversée. Cette fois :

- Si **Δ > 0, le sommet est *au-dessus* de l'axe horizontal**, car $y_S = \frac{-\Delta}{4a} > 0$
- Et, si **Δ < 0, le sommet est *en dessous* de l'axe horizontal**, car $y_S < 0$

Retenons :

1) ***L'abscisse du sommet* est donnée par la résolution de $f'(x) = 0$, soit : $2ax + b = 0$.** Nous trouvons : $x_S = -b/2a$

2) **La valeur de *l'ordonnée* y_S est donnée par $y_S = f(x_S)$.**

   Tous calculs faits, nous trouvons : $y_S = \frac{-b^2}{4a} + c$ ou : $y_S = \frac{-b^2 + 4ac}{4a}$

   Soit : $y_S = \frac{-\Delta}{4a}$

   Cette relation relie le discriminant à la position du sommet par rapport à l'axe. Les coordonnées du sommet sont aussi les coordonnées de *l'extrémum* de la fonction.

5) Le sommet est-il un maximum ou un minimum ?

Nous avons trouvé le sommet, mais il faut savoir si :

- Ce sommet est un ***maximum de la fonction*** - la parabole est alors **ouverte vers le bas** (elle est « en forme de montagne »)
- Ou si ce sommet est un ***minimum*** : la parabole est alors ouverte vers le haut « en forme de vallée ».

La méthode classique est de chercher quand $f'(x) > 0$; car $f'(x) > 0$ signale les domaines de **x** ou la fonction est **croissante**.

Cet énoncé est cohérent si on se rappelle que : **la valeur du nombre dérivé donne *le coefficient directeur de la tangente*** à la courbe au point d'abscisse **x** considéré.

Il faut alors chercher pour quelles valeurs de **x** : $f'(x) > 0$.

Soit résoudre : $2ax + b > 0$

Ce qui donne : $2ax > -b$

- Si $a > 0$, l'inégalité précédente nous conduit à : $x > \frac{-b}{2a}$ ($= x_S$) (car diviser par un nombre positif non nul ne change pas le sens des inégalités).

  Donc pour $a > 0$, la fonction est *croissante* pour $x > x_S = \frac{-b}{2a}$

  Et elle sera *décroissante* pour $f'(x) < 0$, soit : $x < x_S$

- Si par contre $a < 0$, l'inégalité $2ax > -b$ conduit à $x < \frac{-b}{2a}$ (l'inégalité change de sens quand on la divise par un nombre strictement négatif).

  C'est maintenant pour $x < \frac{-b}{2a}$ que la fonction est *croissante*.

  Pour $x > \frac{-b}{2a}$ elle sera *décroissante*. Les résultats sont donc inversés.

Conclusion :

Pour ***a* > 0** la fonction est *décroissante* jusqu'au sommet x = $x_S = \frac{-b}{2a}$, puis *croissante* au-delà. Le sommet est alors ***le minimum absolu*** de la fonction.

Pour ***a* < 0**, les résultats sont inversés : la fonction est d'abord *croissante* jusqu'au sommet, puis *décroissante* par la suite. Le sommet est alors ***le maximum absolu*** de la fonction.

Au lieu d'utiliser *la dérivation*, les notions ***de limites***, **de *symétries* et de *continuité*** peuvent sembler *plus intuitives* et plus *directes* pour trouver les variations de la fonction.[19]

Nous avons vu que pour ***a* > 0**, *la parabole est ouverte vers le haut* et le sommet constitue *un minimum absolu*.

Nous pouvons donc conclure directement que la fonction *f* est obligatoirement *décroissante* jusqu'en **x = x_S = -b/2a** et *croissante* au-delà.

Pour ***a* < 0**, **l**es résultats sont inversés. La parabole est ***ouverte vers le bas*** et **le sommet constitue *un maximum absolu*** pour la fonction. La fonction est donc *croissante* pour **x < x_S = -b /2a** et *décroissante* pour **x > x_S**

Nous verrons que *la notion de concavité* permettra également de conclure directement, sans avoir à passer par *la dérivation* ou *les notions de limite* et *de symétrie* que nous venons de voir.

Retenons :

- **Si *a* > 0 : Le sommet *S* est un *minimum absolu*.**
  Aucune valeur de y ne peut *être inférieure* à celle du sommet :

---

[19] La *méthode de la dérivée* est plus générale pour l'analyse des variations des fonctions ; c'est l'outil à privilégier dans une rédaction de copie.

$$y_S = c - \frac{b^2}{4a} \text{ ou : } y_S = \frac{-b^2+4ac}{4a} = \frac{-\Delta}{4a}$$

- **Si $a < 0$: Le Sommet est un *maximum absolu*.**

  Aucune valeur de y ne peut alors *dépasser* : $y_S = c - \frac{b^2}{4a}$

  ou : $y_S = \frac{-b^2+4ac}{4a} = \frac{-\Delta}{4a}$

  ***L'ordonnée y_S du sommet* constitue *une valeur extrêmale* de la fonction $ax^2 + bx + c$. Cette ordonnée du sommet agit comme une *borne de valeurs*. Ce fait est hautement remarquable.**

6) Qu'est-ce que la dérivée seconde et que mesure-t-elle ? Notion de concavité et de convexité

a)Définition de la dérivée seconde et calcul pour la fonction quadratique $f(x) = ax^2 + bx + c$

La dérivée seconde notée f'' est la dérivée de la dérivée première f'.
Nous avons : $f''(x) = (f'(x))'$ [20]

Ainsi pour ***la dérivée première*** nous avions trouvée $f'(x) = 2ax + b$

Et pour ***la dérivée seconde,*** nous trouvons : $f''(x) = (2ax + b)' = 2a = cte$

La dérivée seconde d'une fonction polynôme du second degré est donc une constante égale au double de *a*.

---

[20] La *dérivée seconde* existe si *la dérivée première* existe et que cette dérivée première obtenue est elle-même dérivable (ce qui implique nécessairement sa continuité). Toutes les conditions sont remplies pour les fonctions $ax^2 + bx + c$.

b) Nécessité de la dérivée seconde comme outil d'analyse - Premières interprétations – Concavité et convexité – maximum effectifs et potentiels - Point d'inflexion - Tangentes et approximations

Que mesure cette grandeur $f''(x)$?

La dérivée première en un point x, $f'(x)$ donnait **la valeur du *coefficient directeur* de la tangente en ce point** x. Elle indiquait **le taux de variation instantané** de la fonction (" la vitesse de variation").

Nous avons vu que :

- **Si $f'(x) > 0$, ce taux de variation instantané est *positif*** et la fonction est ***croissante*** au voisinage immédiat de **x**.
- Inversement, si $f'(x) < 0$, **le taux de variation instantané est *négatif*** et la fonction est ***décroissante***.
- Enfin, si $f'(x) = 0$, la fonction *ne varie pas* au voisinage immédiat du point d'abscisse x. En conséquence, nous avons obligatoirement ***une tangente horizontale***.

  De plus, pour $f'(x) = 0$ il y a aussi ***potentiellement*** *un* ***maximum*** ou *un* ***minimum***, mais pas obligatoirement, comme nous le verrons.

Bien que *la dérivée première* donne de précieuses informations, elle ne donne pas toute l'information sur l'évolution de la fonction.

En effet, si la *dérivée première* indique bien quand "la vitesse de variation" est positive ou quand elle est négative, elle n'indique pas *l'évolution de cette "vitesse de variation"* au voisinage immédiat de x. Elle ne dit pas si le taux de variation instantané est constant, continu d'augmenter ou au contraire commence à diminuer.

Par exemple, si on gravit une pente, est-ce que la pente demeure constante le pas d'après ? Ou s'accentue-t-elle ? Ou commence-t-elle à devenir plus douce ?

C'est la dérivée seconde *f "* qui va informer sur *l'évolution* du taux de variation (de "la vitesse de variation").

Si la dérivée seconde est *positive, f"(x) > 0,* la pente *s'accentue*.

Résultat, **la courbe « se creuse » vers le haut** (comme la surface d'un bol posé sur son fond). **On dit que la fonction est *convexe. La tangente* en ce point particulier se retrouve *en dessous* la courbe.**

Si au contraire, **la dérivée seconde est *négative, f"(x) < 0,* la pente *diminue.* La courbe tourne vers le bas** (comme la surface d'un bol renversé). On dit que **la fonction est *concave*** (comme l'intérieur d'une cave). **La *tangente* en ce point particulier se retrouve cette fois *au-dessus* de la courbe.**

Le signe de la dérivée seconde informe donc sur la concavité ou la convexité d'une fonction :

- **Si *f"(x)* > 0, la fonction est *convexe*** (les tangentes sont sous la courbe en ce point).[21]
- **Si *f"(x)* < 0, la fonction est *concave*** (les tangentes sont au-dessus de la courbe en ce point).
- **Si la dérivée seconde est nulle en x, *f"(x) = 0,*** cela veut dire qu'à ce point précis (ou à cet instant précis) la pente cesse momentanément d'augmenter ou de diminuer.[22]

---

[21] Si ***f"(x)* > 0** dans un intervalle de valeurs, alors les tangentes seront sous la courbe pour tout l'intervalle. (La courbe « est portée » par ses tangentes).

De même, si ***f"(x)* < 0** dans un intervalle de valeurs, alors les tangentes seront au-dessus de la courbe pour tout l'intervalle. (La courbe « porté » ses tangentes).

[22] Par contre si ***f"(x) = 0*** sur tout un intervalle et plus seulement en un point, cela signifie que le taux de variation instantané (la "vitesse de variation") de la fonction reste constante sur tout l'intervalle et non plus en un seul point.

Le point correspondant à *f''(x) = 0* est potentiellement un *point d'inflexion* de la courbe en x, si du moins la concavité change effectivement de signe en ce point. Dans ce cas, la fonction passe de *concave* à *convexe* ou inversement, et ***la tangente* à la courbe en ce *point d'inflexion* traverse la courbe.**

Si la dérivée seconde existe dans un voisinage du point et est continue, alors *le point d'inflexion* impose généralement que **$f''(x) = 0$**.

Cette condition n'est toutefois ni suffisante ni universelle.[23]

L'inverse n'est généralement pas vrai : nous pouvons avoir **$f''(x) = 0$** et pourtant ne *pas* avoir de point d'inflexion, mais un **maximum**, comme dans la fonction **$f(x) = ax^4$**, par exemple.

En effet, nous avons : **$f'(x) = 4a.x^3$** et **$f''(x) = 12a.x^2$** ; d'où **$f''(0) = 0$**. Pourtant il n'y a *pas* de point d'inflexion en **$x = 0$**, pour la fonction **ax^4** mais *un extrémum*, car *la concavité* de la courbe ne change *pas* en **$x = 0$**.

La condition **$f''(x) = 0$** pour avoir *un point d'inflexion* en **x** est donc une condition généralement nécessaire, mais <u>non suffisante</u> et non obligatoire.

La tangente est *la meilleure approximation linéaire locale* de la courbe. Elle indique ce que vaudra la fonction un peu plus tard (ou un peu plus loin) *si* les choses perdurent comme évaluées au point **x** (ou à la date t).

La pente demeure alors constante sur tout cet intervalle et la courbe est <u>localement plane</u> dans tout l'intervalle. C'est le cas par exemple sur l'ensemble des réels pour les fonctions **$y = ax + b$**, où **$f''(x) = 0$** partout.

A l'inverse pour la fonction **$y = x^3$**, nous avons **$f''(x) = 0$** uniquement en **$x = 0$**. En **$x = 0$**, la fonction fait **une pause** dans sa croissance, il n'y a *pas* de maximum. Mais, il y **un point d'inflexion**, car le signe de **$f''(x) = (3x^2)' = 6x$** change en **$x = 0$**.

[23] On peut avoir un point d'inflexion et pourtant ne pas avoir **$f''(x) = 0$**, car la dérivée seconde n'existe pas. C'est le cas par exemple de la fonction **$f(x) = x^{1/3}$** qui possède bien un point d'inflexion en **$x = 0$**, mais qui n'a pas de dérivée seconde et qui ne peut donc pas vérifier **$f''(x) = 0$**. Pourtant le point d'inflexion existe bien !

Le résultat évalué un peu plus loin (ou un peu plus tard) par *la tangente* sera d'autant meilleur que l'instant suivant est *proche* dans l'espace ou le temps et que *la pente* de la courbe *ne change pas* ou peu entre les deux points (ou les deux instants) considérés. Cette *dérivée première* est purement **locale**. Elle décrit uniquement ce qui se passe en un point, à un instant donné, et « elle va tout droit », comme un joueur de colin-maillard à qui on a donné une direction et qui avance en ligne droite suivant la direction indiquée. La dérivée première est aveugle à ce qui vient juste après.

Si la pente de la courbe varie, une meilleure évaluation de la valeur réelle nécessite l'usage la dérivée seconde. **L'égalité de Taylor ou développement de Taylor** assure qu'une bonne approximation de la valeur de la fonction un peu plus loin est : $f(x + h) \approx f(x) + f'(x).h + \frac{1}{2} f''(x).h^2 + \ldots$

Cette relation met en jeu $f(x)$ - la valeur de la fonction au point x considéré - et ses dérivées successives liées à des coefficients ($\frac{1}{1!} = 1$; $\frac{1}{2!} = \frac{1}{2}$; $\frac{1}{3!} = \frac{1}{6}$; ...) de plus en plus petits. La dérivée seconde gouverne le premier terme qui explique l'écart entre la courbe et sa tangente. Autrement dit, elle tient compte de ce que la linéarité ne capture pas, du moins en bonne partie.[24]

Cette *dérivée seconde* introduit aussi une forme de ***mémoire***. Elle enrichit l'information locale donnée par la tangente en décrivant comment cette tangente *va évoluer*. Elle capte la **dynamique du changement au voisinage du point x**, et non plus le changement lui-même.

---

[24] En effet, le développement de Taylor met en jeu des dérivées d'ordre de plus en plus grand, donc plus grand que la dérivée d'ordre deux. La dérivée seconde est donc *le premier* terme non linéaire, mais *pas* l'unique.

Elle est comme le joueur de colin-maillard qu'on a lâché avec un léger effleurement, sur la gauche ou sur la droite, et qui au lieu de partir exactement tout droit part en s'en allant légèrement sur la gauche ou sur la droite, en fonction de ce qu'il a perçu subrepticement au moment du lâché.

Ainsi, ***la dérivée seconde* indique non seulement dans quelle direction évolue la fonction, mais aussi comment cette évolution est elle-même en train de changer**.

La dérivée seconde transforme donc une information statique, par exemple la pente est nulle, en une information dynamique : que va-t-il se passer juste après ?

La dérivée seconde est indispensable pour distinguer *un maximum* d'un *minimum*. En effet, pour avoir un extrémum, il faut que $f'(x) = 0$. Mais cette condition ne dit pas si cet *extrémum* est un *maximum* ou un *minimum* et pour tout dire, elle ne dit même pas qu'il y a effectivement un extrémum en ce point. La situation en réalité est plus subtile que beaucoup d'élèvse ne le croient, car il y a des cas certains et des cas délicats.

Si $f'(x) = 0$ et $f''(x) \neq 0$ **nous sommes assurés d'avoir un extrémum local**[25] (si du moins $f''(x)$ est définie au voisinage de x).

- **Cet extrémum sera un maximum pour $f''(x) < 0$.**
- **Un minimum pour $f''(x) > 0$**

En effet, dans le cas où $f''(x) > 0$, cela signifie que **la pente s'accroit** au voisinage de **x**. Cela veut dire que la courbe au voisinage de ce point « se creuse » (ou « se courbe ») vers le haut et donc que cet extrémum est un ***minimum local***.

---

[25] Cet extrémum local est aussi l'extrémum absolu (ou global) pour la fonction polynôme de degré deux.

Inversement, si $f''(x) < 0$, **la pente va décroître** et la courbe « se creuse » (ou « tourne ») vers le bas : le point correspond à un ***maximum local***.

Si $f'(x) = 0$ et qu'en ce même point $f''(x) = 0$, nous ne pouvons rien dire assurément, si ce n'est qu'il y a ***une tangente horizontale*** en ce point.

La pente cesse localement de croître ou décroître à cet instant précis. Il y a comme une « *pause momentanée* » dans la croissance ou la décroissance. Cette « pause » en $f''(x) = 0$ peut correspondre selon les cas à *un point d'inflexion* ou à *un extrémum local*.

La situation est donc potentiellement délicate, dans le cas $f''(x) = 0$, car les deux possibilités – *point d'inflexion* ou *extrémum* - doivent être envisagées.

Si *la concavité* change de part et d'autre du x où $f'(x) = 0$ et $f''(x) = 0$, alors la valeur de x correspond à l'abscisse d'un ***point d'inflexion***.

Si elle ne change *pas* nous aurons un ***maximum*** ou un ***minimum***.

Par exemple pour la fonction $f(x) = ax^3$. $f'(x) = 3x^2$ est nulle en $x = 0$.

Et $f''(x) = 6x$ est nulle aussi pour cette même valeur $x = 0$. Le cas est a priori indéterminé. Mais puisque **$f''(x)$ change de signe en $x = 0$**, vu que pour $x < 0$, nous avons $f''(x) < 0$ et que pour $x > 0$, $f''(x) > 0$, nous avons donc un **point d'inflexion** en $x = 0$, pour la fonction $f(x) = ax^3$.

A l'inverse, **si la concavité *ne* change *pas* de signe de part et d'autre** de la valeur de x où $f'(x) = 0$ et $f''(x) = 0$, alors le point correspondant à x est **un extrémum local**.

C'est le cas par exemple pour la fonction $f(x) = ax^4$.

$f'(x) = 4a.x^3$ et $f''(x) = 12a.x^2$ prennent toutes les deux une valeur nulle en $x = 0$. Le cas est donc a priori indéterminé.

Cependant $f''(x) = 12a.x^2$ étant paire ne change *pas* de signe de part et d'autre $x = 0$. Par conséquent, le point correspondant ne sera *pas* un point d'inflexion, mais un **extrémum** (un *minimum*, si $a > 0$ et un *maximum* dans le cas $a < 0$).

Au final, si la dérivée seconde f'' existe dans un voisinage du point **x** et est continue, alors *un point d'inflexion* implique souvent $f''(x)=0$.

Toutefois, cette condition n'est ni générale ni nécessaire dans tous les cas. En effet, nous venons de voir que nous pouvons avoir $f''(x) = 0$ et avoir **un extrémum**. Nous pouvons même avoir **un point d'inflexion** et **pourtant ne pas avoir $f''(x) = 0$** en ce point, parce que **la dérivée seconde n'est *pas* définie**.

Ainsi, contrairement à ce qu'on entend souvent, $f''(x) = 0$ ne correspond pas obligatoirement à un *point d'inflexion* et un point d'inflexion n'impose pas toujours $f''(x) = 0$.

c) Un exemple tiré de la physique pour mieux comprendre la dérivée seconde : Mouvement accéléré, ralenti ou uniforme

Pour encore mieux ressentir et comprendre *la dérivée seconde*, faisons un détour momentané par la physique.

Si la fonction $f(t)$ représente **la position** d'un mobile dans le temps, par exemple le long d'un axe (Ox), alors $f'(t)$ est la ***vitesse instantanée* à la date *t* du mobile**, celle qu'afficherait un tachymètre (un compteur de vitesse) et $f''(t)$ est **son accélération instantanée** à la même date.

Si $f''(t) = 0$, c'est le cas le plus simple, alors c'est que **l'accélération est *nulle*** à la date ***t*** et au point correspondant.

Pour conclure que *la vitesse reste constante*, il faudrait que le temps défile quelques instants ; et donc du point de vue mathématique que $f''(t)$ soit nulle, non pas en un seul point, mais sur *un intervalle de temps*. Cette observation est subtile et régulièrement passée sous silence, car dans la pratique ce sont toujours des intervalles de temps qui sont considérés et pas des instants isolés. Cependant, en toute rigueur : *accélération nulle* et *vitesse constante* ne sont donc pas deux vérités strictement équivalentes. Elles ne le sont que si nous considérons un intervalle de temps. Plus cet intervalle est grand et plus ces deux assertions se rapprochent, et la déclaration devient vraie.

Si $f''(t) > 0$, nous pouvons être tenté de croire que *le mobile accélère* obligatoirement, comme on le lit souvent.

Cette déclaration n'est pas obligatoirement vraie. Elle ne devient vraie que si **v(t)** - donc $f'(t)$ - et **a(t)** - soit $f''(t)$ - sont de même signe.

Si **v(t)** - donc $f'(t)$ - et **a(t)** – soit $f''(t)$ - sont de signes contraires, $f''(t) > 0$ correspond en réalité à **un ralentissement effectif** de la vitesse !

Un exemple nous en convaincra.

Prenons $f''(t) > 0$; soit une accélération **a(t)** *positive.*

- Cas 1 : $f'(t)$ est de même signe, soit : $f'(t) > 0$ – La vitesse est *positive* (comme l'accélération).

Supposons que le mobile ponctuel *M* parte du centre du repère ($x_0 = 0$), avec *une vitesse initiale* $\mathbf{v_0}$ dirigée vers les x croissants de $\mathbf{10\ m.s^{-1}}$ et une *accélération constante* de $\mathbf{2\ m.s^{-2}}$ dirigée dans le même sens.

On montre en physique que la distance **x(t)** parcourue au cours du temps est donnée par l'équation : $\mathbf{x(t) = \frac{1}{2}\,a.t^2 + v_0.t + x_0}$

Soit ici : $\mathbf{x(t) = t^2 + 10.t + 0}$

Nous retrouvons bien que : $\mathbf{x'(t) = 2.\left(\frac{1}{2}\right) a.t + v_0 = a.t + v_0 = 2.t + 10}$

Ce qui nous donne à $t = 0$: $\mathbf{x'(0) = v_0 = 10\ m.s^{-1}}$. Ce résultat est un critère de validité pour notre équation : $\mathbf{x(t) = \frac{1}{2}\,a.t^2 + v_0.t + x_0}$

Nous trouvons aussi pour *l'accélération* : $\mathbf{x''(t) = (at + v_0)' = a = 2\ m.s^{-2}}$, ce qui est un deuxième critère de validité.

Pour $\mathbf{t \geq 0}$ toutes les équations horaires renvoient des valeurs positives (ou nulles) :

$\mathbf{x(t) = t^2 + 10.t \geq 0}$;

$\mathbf{v(t) = x'(t) = 2.t + 10 \geq 0}$

$\mathbf{a(t) = x''(t) = 2 > 0}$

Cela signifie que la position est toujours positive, ainsi que la vitesse instantanée et l'accélération.

Les vecteurs associés :

- *La position* au cours du temps : $\overrightarrow{OM}(t) = x(t).\vec{i}$
- *La vitesse instantanée* à la date t : $\vec{v}(t) = \overrightarrow{OM}'(t) = \frac{dx}{dt}\vec{i}$
- Et *l'accélération* : $\vec{a}(t) = \overrightarrow{OM}''(t) = (\frac{dx}{dt})'\,\vec{i} = \overrightarrow{cte}$

sont toujours dirigées vers les x *positifs*.

En bref, sous une *accélération positive* $\mathbf{a(t) > 0}$ et avec une *vitesse positive* $\mathbf{v(t) > 0}$, la vitesse augmente ; ce qui est conforme à l'intuition.

Mais voyons ce qui se passe si nous prenons toujours avec $f''(t) > 0$; soit une accélération **a(t)** positive,[26] mais avec cette fois une vitesse initiale dirigée vers les x *négatifs*.

Par exemple, le mobile est lancé depuis le centre du repère *vers la gauche* avec *une vitesse initiale* de norme $\mathbf{v_0 = 10\ m.s^{-1}}$, soit : $\vec{v}(t = 0) = -10\,\vec{i}$

---

[26] Du point de vue physique, une accélération constante $f''(t) = cte$ correspond, d'après les lois de la mécanique, à une force de rappel constante, dirigée ici vers la droite (en sens contraire du vecteur vitesse initiale), car $f''(t) = cte > 0$.

En effet, d'après **la deuxième loi de Newton**, nous avons dans les conditions requises : $\sum \vec{F} = m.\vec{a}$ où $\vec{a}$ est le vecteur accélération du *centre de gravité* à la date *t*.

En reprenant la même accélération **$a(t) = 2$ m.s^{-2}**, nous avons avec **:**

$x(t) = \frac{1}{2} a.t^2 + v_0.t + x_0$; soit : **$x(t) = t^2 - 10.t$**, et **$v(t) = 2t - 10$**, les résultats suivants :

- **$t = 0 \rightarrow v(0) = -10$ m/s**
- **$t = 2$ s $\rightarrow v(2) = -6$ m/s**
- **$t = 4$s $\rightarrow v(4) = -2$ m/s**

Nous constatons que **la vitesse *diminue***, dans le sens classique qu'on lui donne dans le langage courant (c'est-à-dire plus exactement *sa norme*), alors que l'accélération est pourtant *positive*. [27]

Ainsi, une accélération *positive*, n'est pas synonyme de norme de vitesse qui *augmente*. Ce n'est vraie que si la vitesse est aussi positive et plus généralement dans *le même sens* que l'accélération, à la date considérée.

Le cas **$f''(t) < 0$** se traite de manière similaire.

Ici encore, **$f''(t) < 0$** ne signifie pas obligatoirement que le mobile est en train de ralentir. Cette déclaration n'est vraie que si la vitesse est *positive*.

Dans le cas où la vitesse est *négative*, **$f''(t) < 0$** correspond de fait à une *accélération* de la vitesse du mobile.[28]

Dans tous les cas, nous pouvons pour la physique retenir ces deux règles simples et élégantes :

---

[27] En toute rigueur, **la vitesse est un vecteur**. Du point de vue du vecteur, celui-ci augmente bien, parce qu'il passe progressivement de **$-10\,\vec{i}$** à $-2\,\vec{i}$, puis à des valeurs positives de plus en plus grandes.
Il faut donc bien s'entendre sur ce qu'on appelle "la vitesse" : Parle-t-on de **sa norme** (c'est-à-dire déplacement effectué en une seconde) ou de **son vecteur** ?

[28] Nous laissons le soin au lecteur de mener les raisonnements symétriques des précédents pour vérifier par un exemple ces déclarations.

- **Si a(t) et v(t) sont de *même signe*, sur un intervalle de temps - soit *f''*(t) et *f'*(t) de *même signe* sur un intervalle de temps - alors la vitesse *augmente* durant cet intervalle.**
- **Si a(t) et v(t) sont de signes contraires - soit *f''*(t) et *f'*(t) de signes contraires - alors la vitesse *diminue* sur l'intervalle considéré.**

Autrement dit et de façon plus *générale* que sur un seul axe :

- Si $\vec{a}$ (t) . $\vec{v}$ (t) > 0 : **le mobile *accélère* au sens courant (la norme de sa vitesse augmente).**[29]
- Si $\vec{a}$ (t) . $\vec{v}$ (t) < 0 : **le mobile *ralentit* au sens courant (la norme de sa vitesse diminue).**
- Si $\vec{a}$ (t) . $\vec{v}$ (t) = 0 : **la norme de sa vitesse *reste constante*.**[30]

La dérivée seconde en physique ne mesure pas « la vitesse », ceci est le rôle de la dérivée première, mais *l'évolution de la vitesse.*

Ainsi, ***la dérivée seconde* mesure une forme *d'accélération* du phénomène** décrit par la courbe et la fonction. Cette interprétation est utile dans de nombreux autres domaines.

En économie, par exemple, une dérivée seconde positive de la courbe des coûts signifie que les coûts augmentent de plus en plus vite. En biologie, une dérivée seconde positive de la courbe de croissance d'une population signifie que la croissance s'emballe. Etc…

---

[29] Le point dans cette formule (et les suivantes) symbolise *un produit scalaire*.

[30] Mais pas obligatoirement le vecteur vitesse.

Par exemple dans les mouvements circulaires uniformes, la norme de la vitesse est constante, car : $\vec{a}$ **(t).** $\vec{v}$ **(t) = 0**, mais pas le vecteur, car il tourne au cours du temps, en même temps que le mobile.

d) Application à la fonction de degré deux

Munis de toutes ces informations, nous pouvons interpréter plus complètement le résultat selon lequel *la dérivée seconde* d'une fonction quadratique est $f''(x) = 2a$.

Ce résultat signifie que *la vitesse d'évolution* de la pente est constante : la pente augmente régulièrement si **a > 0** et diminue régulièrement si **a < 0**.

Ce résultat est remarquable : Il montre que ***la concavité* de la parabole ne peut pas changer de signe**, car la dérivée seconde ne peut jamais s'annuler pour une fonction quadratique.[31] Par conséquent une fonction quadratique possède ***un seul extrémum*, son sommet**, car il n'y a qu'une seule valeur qui vérifie $f'(x) = 0$; soit : $2ax + b = 0$. Soit : $x = x_S = -b/2a$.

Et elle ne possède ***aucun point d'inflexion***, puisque **sa dérivée seconde** : $f''(x) = 2a$ **(= constante) ne s'annule jamais.**

C'est ce qui distingue fondamentalement *la parabole* des courbes de degré supérieur, qui peuvent posséder plusieurs extrémums et points d'inflexion.

7) Qu'est-ce que la courbure ?

La courbure de la fonction en un point **x** n'est *pas* sa concavité.

Les deux termes ont des significations différentes en mathématique.

---

[31] Ce n'est pas le cas pour une **fonction cubique** : $f(x) = ax^3 + bx^2 + cx + d$.
La dérivée première donne : $f'(x) = 3a\,x^2 + 2b\,x + c$
Et la dérivée seconde : $f''(x) = 6a\,x + 2b$
Cette dérivée seconde peut s'annuler une fois et une seule, pour : $x = -b/3a$.
A cette abscisse très particulière, la concavité de la fonction cubique change de signe. Le point tel que $f''(x) = 0$, soit $x_I = -b/3a$ est le *point d'inflexion* de la cubique. Ce point est unique. La parabole n'en possède pas.

La concavité est une *caractéristique qualitative* de la courbe. Elle renseigne sur l'orientation locale de la courbe et les positions relatives des tangentes. Si la fonction est *localement tournée vers le bas*, alors la forme de la courbe est *localement concave* et *les tangentes sont au-dessus* de la courbe dans tout le domaine considéré. Inversement, si la fonction est *localement tournée vers le haut*, alors la courbe est *localement convexe* et *les tangentes sont en dessous* de la courbe dans le domaine considéré.

La courbure est une *notion quantitative*, liée à la fois à la dérivée seconde et à la dérivée première. Par convention, elle est toujours positive.

Pour une courbe exprimée sous la forme $y = f(x)$, sa valeur est donnée par la relation : **Courbure =** $\kappa(x) = \frac{|f''(x)|}{(1+f'(x)^2)^{\frac{3}{2}}} > 0$ [32]

Nous constatons que la courbure varie selon le **x** considéré et qu'elle est proportionnelle à *la valeur absolue de la dérivée seconde*, mais dépend aussi de la dérivée première.

Pour une parabole, cette relation devient : $\kappa(x) = \frac{|2a|}{(1+(2a.x+b)^2)^{\frac{3}{2}}} \geq 0$

La ***courbure* d'une fonction quadratique est toujours positive et varie en fonction de x**, ce qui n'est pas le cas de la dérivée seconde $f''(x)$, qui est constante et qui peut prendre des valeurs positives ou négatives, puisque : $f''(x) = 2a = cte$. Ainsi, les notions *de courbure, de concavité* et *dérivée seconde,* même si elles sont liées ne sont pas identiques.

Si nous cherchons **la courbure au sommet** de la parabole représentant $f(x) = ax^2 + bx + c$, nous nous trouvons premièrement : $|f''(x)| = |2a|$

---

[32] L'expression de la courbure est différente si on n'a pas $y = f(x)$, par exemple pour les courbes en coordonnées polaires ou les courbes paramétrées.

Et deuxièmement : $f'(x_S) = 0$, car le sommet est *un extrémum.*

Ce qui conduit pour le dénominateur à : $(1 + (f'(x_S))^2)^{3/2} = (1 + (0)^2)^{3/2}$

Soit : $1^{3/2} = 1$

De sorte que *la courbure* au sommet est : $\kappa_S(x_S) = \frac{|2a|}{1}$

La courbure au sommet est simplement égale à $|2a|$, soit la valeur absolue de la dérivée seconde.

Nous retiendrons que *la courbure au sommet* est : $\kappa_S = |f''(x)| = |2a|$

Cette relation est uniquement valable au sommet, soit pour $x = x_S$.

Pour toute autre valeur de **x**, le terme $(1 + (f'(x))^2)^{3/2} > 1$, de sorte que *la courbure est maximale au sommet.*

Conclusion :

- La **courbure** ***au sommet*** **est :** $\kappa_S(x) = |f''(x)| = |2a|$
- Pour toute autre valeur de **x**, la courbure est *inférieure* à cette valeur.

8) Conclusion sur : La dérivée première – La dérivée seconde – La concavité et la courbure – Extrémums – Application à la parabole

Au final, nous obtenons les résultats importants suivants pour les fonctions quadratiques et les paraboles qui les représentent :

1) ***La dérivée première*** **mesure le taux de variation instantané ("la vitesse de variation" de la fonction). Elle permet de déterminer si la fonction est** ***croissante,*** **cas :** $f'(x) > 0$ **Ou décroissante, cas :** $f'(x) < 0$**, et plus exactement le sens de variation local de la fonction sur un intervalle donné.**

2) $f'(x_0)$ **est la valeur du *coefficient directeur de la tangente* à la courbe au point x_0. Cette tangente est la meilleure approximation linéaire de la fonction en ce point.**

Pour une meilleure approximation, il faut utiliser la relation de Taylor : $f(x + h) \approx f(x) + f'(x).h + \frac{1}{2} f''(x).h^2 + \ldots$ **; expression dans laquelle la dérivée seconde constitue la première correction non linéaire.**

3) **Pour une parabole :** $f'(x) = 2a.x + b$.

La pente augmente ou diminue linéairement avec x, selon que *a* soit respectivement positif ou négatif. La pente de la tangente à la courbe au sommet est nulle.

Le sommet est donné pour $f'(x) = 0$ **; soit :** $2a.x + b = 0$

D'où $x_S = -b / 2a$[33]

4) **La dérivée seconde notée** f'' **est la dérivée de la dérivée première** f' :

$$f''(x) = (f'(x))'$$

Elle existe si la dérivée première est dérivable, ce qui est le cas pour les fonctions polynomiales de degré deux.

5) **La dérivée seconde mesure non plus le taux de variation de la fonction (ceci est le rôle de la dérivée première), mais la variation de ce taux de variation ; autrement dit, elle décrit comment la pente évolue localement.** [34] **Est-elle constante ? s'accentue-telle ou s'adoucit-elle ?**

---

[33] Les conditions de validité de cette affirmation sont requises, puisque $f''(x) \neq 0$ pour une parabole, comme nous l'avons indiqué auparavant ; voir aussi la suite.

[34] Ce n'est pas la pente elle-même que mesure la dérivée seconde (la dérivée première le fait), mais "la vitesse" à laquelle cette pente évolue au voisinage de **x**

Dans de nombreux contextes, la dérivée seconde mesure une forme d'accélération du phénomène

6) La concavité est une propriété géométrique *qualitative* de la courbe. Elle indique *dans quel sens* la courbe « se creuse » (ou « se courbe ») dans un intervalle ou au voisinage immédiat d'un point.
   Le signe de la dérivée seconde renseigne sur *la convexité* effective ou sur la *concavité* de la courbe sur cet intervalle ou autour de ce point.

- Si $f''(x) > 0$: La fonction est dite *convexe* et les tangentes sont *en dessous* de la courbe.
- Si $f''(x) < 0$: La fonction est dite *concave.* Les tangentes sont au-dessus de la courbe.

7) Pour une fonction $f(x) = ax^2 + bx + c$, la dérivée seconde est :

$$f''(x) = 2a.$$

   La concavité d'une parabole est donc fixée entièrement par le coefficient a.
   Ce résultat sur la dérivée seconde s'interprète ainsi :
   Dans une parabole le taux de variation de la pente évolue de manière *constante*. C'est une propriété remarquable des paraboles.

- Si $a > 0$, la fonction est *convexe* et les tangentes sont perpétuellement *en dessous* de la parabole. Une parabole *convexe* « est portée » par ses tangentes
- Si $a < 0$, la fonction est *concave* et les tangentes sont perpétuellement au-dessus de la parabole. Une parabole *concave* « porte » ses tangentes.

8) *La courbure* **mesure l'intensité de la déformation au voisinage d'un point x. C'est une information** *quantitative.*
Par convention, *la courbure est positive.*

Elle est définie par la relation : $\kappa(x) = \frac{|f''(x)|}{(1+f'(x)^2)^{\frac{3}{2}}} \geq 0$

Soit pour une parabole : $\kappa(x) = \frac{|2a|}{(1+(2a.x+b)^2)^{\frac{3}{2}}} \geq 0$

9) **Pour une parabole, la courbure est** *maximale au sommet.*
Elle vaut : $\kappa_S(x) = |2a| > 0$, **car** $f'(x_S) = 0$

10) **On a un** *extrémum local* **assurément si :** $f'(x) = 0$ **et** $f''(x) \neq 0$[35]
Ce qui conduit pour une parabole à un *extrémum unique* **: son sommet situé en** $f'(x) = 0$, soit : $x_S = -b/2a$
Et *aucun point d'inflexion,* **car aucune valeur de x ne permet d'avoir** $f''(x) = 0$, **qui est une condition nécessaire pour l'obtention d'un** *point d'inflexion.*

- **si** $a > 0$ **: le sommet est un** *minimum absolu* **de la fonction**
- **si** $a < 0$ **: le sommet est un** *maximum absolu.*

L'ordonnée du sommet est donc une valeur hautement informative sur la valeur finie extrême que peut prendre la fonction $ax^2 + bx + c$

- **Cette ordonnée** y_S **représente** *la valeur maximale* **atteinte par la fonction quadratique si** $a < 0$
- **Et sa valeur** *minimale,* **si** $a > 0$.

[35] Si les fonctions sont deux fois dérivables, ce qui est bien le cas des polynômes de degré deux.

9) Synthèse : Dérivée première – Dérivée seconde – Concavité et Convexité – Vitesse et accélération – Courbure – Application à la parabole

1) La dérivée première

- La dérivée première $f'(x)$ mesure *le taux d'accroissement* de la fonction.
- Plus la dérivée première est grande en un point, plus la tangente tend à être verticale en ce point. $f'(x_0)$ est la valeur du *coefficient directeur de la tangente* à la courbe au point x_0.

- Si $f'(x) > 0$, la fonction est *croissante*
- Si $f'(x) < 0$, la fonction est *décroissante*

- Les extrémums sont potentiellement obtenus pour $f'(x) = 0$. En ce point nous avons une tangente horizontale.

2) La dérivée seconde $f''(x)$

La dérivée seconde f'' est la dérivée de f' : $f'' = (f')'$

C'est une grandeur analytique qui mesure comment évolue la pente localement (au voisinage de x)

- Si $f''(x) > 0$: La pente s'accentue localement, la courbe se creuse (ou se tourne) vers le haut. La courbe sera localement *convexe*.
- Si $f''(x) < 0$: La pente s'adoucit, la courbe se creuse (ou se tourne) vers le bas. La courbe sera localement *concave*.

En physique, si $f(t)$ représente la position sur un axe :

- $f'(t)$ est la vitesse instantanée sur l'axe à la date t : $v(t) = f'(t)$

- ***f''(t)* est l'accélération instantanée à la date *t* : a(t) = *f''(t)***
- **Le mobile *accélère* effectivement si $\vec{a}$ (t). $\vec{v}$ (t) > 0** (sur un intervalle de temps). La norme de sa vitesse augmente (sur cet intervalle de temps).
- **Il *ralentit* pour $\vec{a}$ (t). $\vec{v}$ (t) < 0** (sur un intervalle de temps). La norme de sa vitesse diminue (sur cet intervalle de temps).
- **Et pour $\vec{a}$ (t). $\vec{v}$ (t) = 0, la *norme de la vitesse reste constante*** (pendant l'intervalle de temps considéré).

3) La concavité ou la convexité

La concavité (ou la convexité) est une propriété géométrique qualitative. Elle indique dans *quel sens* la courbe se creuse (ou se courbe) et par conséquent où se trouvent ses tangentes par rapport à elle, mais pas l'intensité de cette déformation locale.

- **Si *f''*(x) > 0 sur un intervalle, la fonction est *convexe* sur cet intervalle et *les tangentes* sont *en dessous* de la courbe. « Une courbe *convexe* est portée par ses tangentes ».**
- **Si *f''*(x) < 0 sur un intervalle, la fonction est *concave* sur cet intervalle et les *tangentes* sont *au- dessus* de la courbe. « Une courbe *concave* porte ses tangentes ».**

4) La courbure

La courbure est une grandeur géométrique *positive ou nulle* qui mesure « la vitesse de déformation » au voisinage de x et plus exactement l'intensité avec laquelle la courbe change localement de direction : $\kappa(x) = \frac{|f''(x)|}{(1+f'(x)^2)^{\frac{3}{2}}} \geq 0$

Une grande courbure signifie que la courbe effectue un « virage serré » vers le haut ou vers le bas. Une faible courbure signifie que la courbe est presque localement plane. L'approximation linéaire de la tangente sera d'autant meilleure que la courbure est faible.

Pour une parabole : **κ (x) =** $\frac{|2a|}{(1+(2a.x+b)^2)^{\frac{3}{2}}} \geq 0$

La courbure est maximale au sommet de la parabole et vaut :

$$\kappa_S(x_S) = \kappa(S) = |f''(x)| = |2a| > 0$$

Quand on s'éloigne du sommet de la parabole, la courbure *diminue* et finit par *tendre vers zéro en l'infini*.

4) Méthode du discriminant - Les trois cas possibles - Discussions

1) Présentation de la formule du discriminant Δ et interprétation géométrique de son signe ou de sa valeur.

La formule pour **le discriminant** est : **$\Delta = b^2 - 4\,a.c$**.

Cette formule est une conséquence directe de la **méthode de la complétion du carré** que nous développons juste après.

Nous insistons ici pour dire que l'usage de la **méthode du discriminant** devient inutile si l'équation du second degré est incomplète en ***a, b*** et ***c*** [36]ou si on a pu faire *une mise en facteur,* par exemple en détectant un carré parfait. Nous verrons aussi bientôt un autre cas d'inutilité de son calcul avec l'expression **$x^2 + Sx + P$** où *S* est la somme des racines et ***P*** le produit

Les élèves apprennent que selon le signe et la valeur de **Δ** plusieurs cas sont discriminés : **$\Delta > 0$; $\Delta < 0$** et **$\Delta = 0$**

> **1) Un $\Delta > 0$ entraine l'existence de *deux racines réelles distinctes*. Cela signifie que la parabole coupe l'axe horizontal *deux fois*[37] et donc que la fonction $f(x) = ax^2 + bx + c$ s'annule *deux fois*.**

[36] Comme nous l'avons montré au début du livre.

[37] La première fois dans un sens et la deuxième fois dans l'autre sens.

2) **Au contraire, un $\Delta < 0$ signifie que la parabole n'atteint jamais l'axe horizontal.**
Elle reste constamment *au-dessus* ou constamment *en dessous* de l'axe horizontal, sans jamais atteindre cet axe des x ni le traverser. Il n'y a *pas* de racine réelle, mais *deux racines complexes conjuguées.* La fonction ne peut jamais être nulle dans les réels.

3) **Le cas $\Delta = 0$ est le cas limite du cas $\Delta > 0$.**
La fonction s'annule une seule fois. La parabole touche donc de sa pointe l'axe horizontal et nous obtenons une racine réelle double.

2) Étude plus détaillée du cas : $\Delta = 0$

Dans ce cas, pour rappel, nous avons **une racine double** de valeur :
$\mathbf{x_0 = -b/2a}$

Du point de vue géométrique, $\mathbf{\Delta = 0}$ signifie que la parabole n'a **qu'un seul point de contact** avec l'axe horizontal ($y = 0$) et ce point de contact unique est obligatoirement **le sommet *S*** de la parabole. Cette valeur **de la solution double** correspond donc aussi à *l'abscisse x_S du sommet.* C'est pourquoi on a : $\mathbf{x_1 = x_2 = x_S = - b/2a}$.

Un $\mathbf{\Delta = 0}$ signale en réalité une factorisation de la forme :
$f(x) = \mathbf{a.(x - x_{double})^2}$ ou $f(x) = \mathbf{a.(x - x_{sommet})^2}$; c'est-à-dire carré parfait qui nous aurait éventuellement échappé.

Par exemple : le trinôme $\mathbf{x^2 + 2x + 1}$ correspond en réalité à $\mathbf{(x + 1)^2}$.

Une fois *l'identité remarquable* repérée ou le carré parfait, le discriminant devient superflu. Le trinôme de l'exemple a pour solution double : **$x = -1$** qui est aussi la position du sommet qui est donné par la relation :

$x_{som} = -b / 2a = -2 / 2 = -1$

Courbe : **$x^2 + 2x + 1$**

$\Delta = 0$

Racine double : **$x = -1$**

Un point de contact avec (Ox)

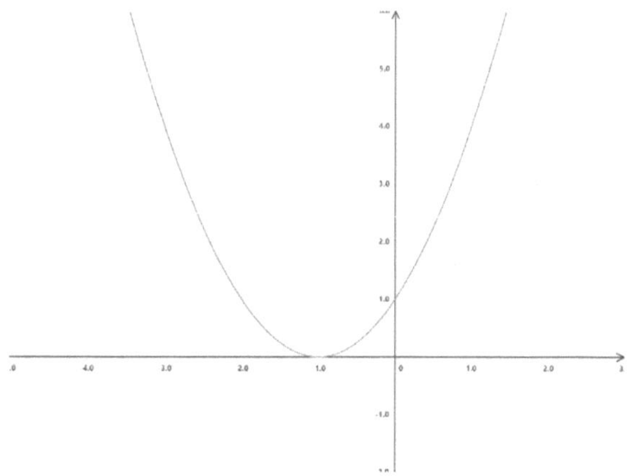

Parfois *une factorisation* est nécessaire pour détecter le carré.

Par exemple, $f(x) = 2x^2 + 4x + 2$ est en réalité : $f(x) = 2 (x^2 + 2x + 1)$

Soit : $f(x) = 2 (x + 1)^2$

Ce qui conduit à la même racine double **$x_S = -1$**

Il faut donc examiner la fonction *en divisant* préalablement toute l'égalité par le coefficient ***a***

3) Étude plus détaillée du cas : $\Delta > 0$

Si : **$\Delta = b^2 - 4\,a.c > 0$**, nous obtenons **deux racines réelles**, de valeurs :

$x_1 = \frac{-b-\sqrt{\Delta}}{2a}$ et : $x_2 = \frac{-b+\sqrt{\Delta}}{2a}$ (en notant $\mathbf{x_1}$ la plus petite des deux valeurs et $\mathbf{x_2}$ la plus grande). [38]

Nous remarquons que :

Les racines trouvées sont symétriques par rapport au sommet de position $x_S = -b/2a$ [39]

❖ Exemple de fonction conduisant à deux racines réelles : **$2x^2 + 3x - 5$**

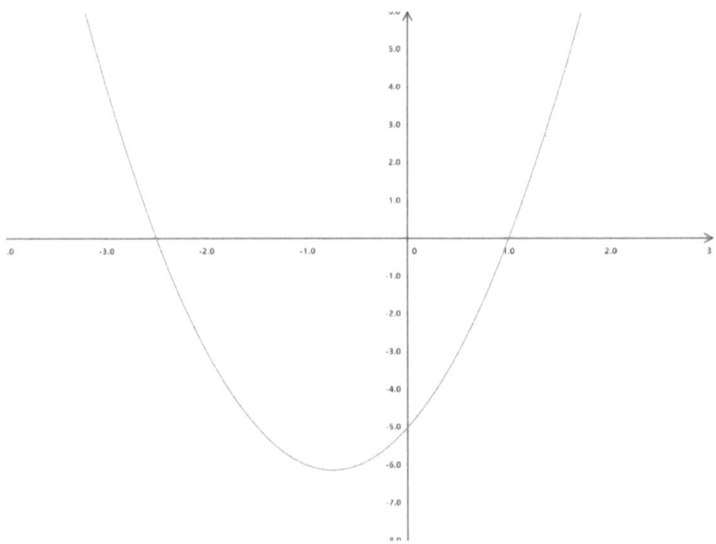

$2x^2 + 3x - 5$
Deux racines : **x = 1**
Et : x = **- 5 / 2**
Deux points de contact avec (Ox) : les racines

[38] Nous remarquons que si nous prenons $\Delta = 0$, nous retrouvons le de la racine double.

[39] Cette observation (en apparence anodine) est fondamentale pour la méthode AUBRY, en particulier pour ce qui est du cas des racines complexes.

4) Étude plus détaillée du cas : $\Delta < 0$

Si $\Delta < 0$, on n'a *pas de racines réelles*, mais ***deux racines complexes conjuguées*** : $x_1 = \frac{-b}{2a} - i\,\frac{\sqrt{-\Delta}}{2a}$ et : $x_2 = \frac{-b}{2a} + i\,\frac{\sqrt{-\Delta}}{2a}$; (avec : $i^2 = -1$).

Les racines complexes sont *toujours* conjuguées. [40]

Du point de vue géométrique, **$\Delta < 0$** signifie que les branches de la parabole n'interceptent jamais l'axe horizontal comme précédemment avec les racines réelles. La parabole reste donc, selon les cas :

- Toujours *au-dessus* de l'axe, si $a > 0$ - elle est alors forcément *ouverte vers le haut* (« droite »)
- Ou toujours *en dessous* de l'axe, si $a < 0$ - elle est alors forcément *ouverte vers le bas* (« renversée »).

Ces observations sont en accord avec l'expression reliant l'ordonnée y_S du sommet au discriminant Delta : $y_S = \frac{-\Delta}{4a}$

Pour $\Delta < 0$, soit $-\Delta > 0$ et $a > 0$, nous avons : $y_S = \frac{-\Delta}{4a} > 0$

Le sommet ***S*** est *au-dessus* de l'axe horizontal.

Or ***S*** est le point *le plus bas* de la parabole quand **a > 0**. Nous en déduisons qu'il n'y a pas d'intersection entre la parabole avec l'axe des réelles, et par conséquent il n'y a aucune racine réelle (mais deux racines complexes).

Si **a < 0** (toujours avec : $\Delta < 0$, soit $-\Delta > 0$), nous avons $y_S = \frac{-\Delta}{4a} < 0$

Le sommet ***S*** se trouve *en dessous* de l'axe horizontal ; or cette fois ***S*** est le point *le plus haut* de la parabole (car a < 0), d'où il vient qu'il n'y a pas

[40] Nous verrons le sens profond de cette conjugaison des racines lors du chapitre sur l'interprétation des racines complexes et leur visualisation.

d'intersection de la parabole avec l'axe des réelles et par conséquent aucune racine réelle dans ce cas aussi. Ainsi avons-nous justifié rigoureusement pourquoi quand $\boldsymbol{\Delta < 0}$, il n'y a pas de racine réelles.[41]

La signification des *racines complexes conjuguées* trouvées nécessite une discussion plus approfondie.

En effet, si dans le cas $\boldsymbol{\Delta > 0}$ et le cas $\boldsymbol{\Delta = 0}$, nous pouvons interpréter les valeurs des racines réelles trouvées comme étant égales aux valeurs des abscisses des points d'intersection[42] de la parabole avec l'axe horizontal, une telle interprétation n'est pas possible ici avec les racines complexes.

On peut s'en convaincre avec l'équation simple : $\mathbf{x^2 + 1 = 0}$ qui conduit à : $\mathbf{x^2 = -1}$. Dans l'ensemble des réels cette équation n'a pas de solution car un carré est toujours positif. Mais il en va autrement dans l'ensemble des complexes.

En utilisant le fait que $\boldsymbol{i^2 = -1}$, nous pouvons écrire directement que :

$\mathbf{x^2 = -1 = i^2 . 1 = \boldsymbol{i}^2}$

Et de $\mathbf{x^2 = \boldsymbol{i}^2}$, nous tirons : $\mathbf{x = \pm \boldsymbol{i}}$

D'où : $\boldsymbol{f}(\mathbf{x}) = \boldsymbol{x^2 + 1}$ a pour racines *les nombres complexes* $\mathbf{x_1 = -\boldsymbol{i}}$ et $\mathbf{x_2 = +\boldsymbol{i}}$

Sa représentation graphique est donnée ci-après :

[41] Cette explication de pourquoi un discriminant négatif correspond obligatoirement à l'absence de racines réelles est rarement conscientisée par les élèves et les étudiants.

[42] Dans le cas $\boldsymbol{\Delta = 0}$ les deux points d'intersection sont **confondus.**

Représentation de : $\mathbf{x^2 + 1 = 0}$

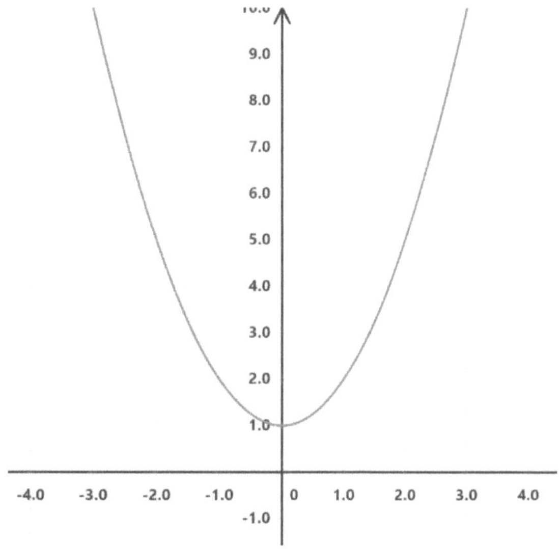

Nous constatons sans surprise que la parabole d'équation $y = \mathbf{x^2 + 1}$ de delta négatif n'intercepte jamais l'axe horizontal.[43]

Alors à quoi peuvent bien correspondre les valeurs complexes trouvées ?

Au niveau le plus fondamental, les racines ne sont pas des points de la parabole qui reste dans le plan réel.

Les racines $\pm\, i$ trouvées sont des nombres du plan complexe qui annulent algébriquement le polynôme : $f(i) = (i)^2 + 1 = -1 + 1 = 0$

Et : $f(-i) = (-i)^2 + 1 = i^2 + 1 = -1 + 1 = 0$

Les valeurs trouvées $\pm\, i$ annulent bien le polynôme.

Ces racines complexes ne correspondent *pas* à des valeurs réelles qui coupent l'axe des réels. **Elles correspondent fondamentalement à des points dans le plan complexe.**

---

[43] Il est logique que $x^2 + 1$ n'intercepte jamais l'axe horizontal (l'axe des réels, puisque la somme de deux nombres positif, dont un est strictement positif (ici 1), ne peut jamais être nul.

Ici ces points ont pour coordonnées : **(0 , - 1)** et **(0 , + 1).**[44]

Nous y reviendrons plus en détail lors de l'exposé de la méthode AUBRY appliquée aux *racines complexes*.

5) Anticipation du signe du discriminant avant tout calcul à l'aide des signes et valeur de *a*, *b* et *c* – Interprétation géométrique

Pouvons-nous anticiper le signe du discriminant Δ ?

La réponse courte est oui dans certains cas !

Puisque $\mathbf{\Delta = b^2 - 4\ a.c}$, nous pouvons affirmer plusieurs propriétés intéressantes :

Premièrement : **si *a* et *c* sont de signes contraires, nous aurons obligatoirement $\Delta > 0$ et donc *deux racines réelles.***

En effet, si ***a*** et ***c*** sont de signe opposé, nous aurons le produit **a.c** négatif et **– 4 a.c positif**, ce qui assure que le discriminant $\mathbf{\Delta = b^2 - 4\ a.c}$ soit *positif*, puisque b^2 est toujours *positif* ou *nul*.

<u>En conclusion</u> : on a bien que **si a et c sont de signe opposé $\Delta > 0$**

Par exemple : pour $f(x) = 3x^2 + 5x - 2$ nous trouverons forcément **deux racines réelles distinctes**, parce les coefficients ***a*** et ***c*** sont de signe opposé, ce qui garantit un delta positif.

De même pour $\mathbf{g(x) = - x^2 + 7x + 4}$, car $a = -1 < 0$ et $c = 4 > 0$

---

[44] Un nombre complexe peut s'écrire $p + qi$ avec p et q qui sont des nombres réels. Dans *le plan complexe*, ce nombre est représenté par le point de coordonnées **(p, q)**. Ici les racines $\pm\ i$ s'écrivent plus complètement $\mathbf{0 - i}$ et $\mathbf{0} + i$. Donc leurs coordonnées dans le plan complexe sont **(0, -1)** et **(0, -1)**.

Deuxièmement, b intervenant par son carré, **le signe de b n'influe pas sur la valeur de Δ.** De sorte que le trinôme $f(x) = 2x^2 - 3x + 4$ et le trinôme $g(x) = 2x^2 + 3x + 4$ qui ne diffèrent que du signe de b auront la même valeur du discriminant Δ.

Troisièmement une grande valeur absolue de b favorise un $\Delta > 0$ (sans toutefois le garantir) et donc *deux racines réelles*. En effet, il ne faut pas croire que si **a** et **c** sont **de même signe** on aura forcément un discriminant négatif. Les trois cas : $\Delta > 0$; $\Delta < 0$ **et** $\Delta = 0$ sont possibles dans ce cas.

Nous pouvons avoir $\Delta > 0$ uniquement si la valeur de b est suffisante pour que $b^2 > 4\,a.c$

A la limite : $b^2 = 4\,a.c$ et $\Delta = 0$.

Et si la valeur de b est insuffisante : $b^2 < 4\,a.c$ et $\Delta = b^2 - 4\,a.c < 0$

Dans tous les cas, **une grande valeur du coefficient b en valeur absolue par rapport à a et à c favorise un $\Delta > 0$** (sans toutefois le garantir), puisqu'il augmente la valeur de b^2 et qu'il favorise par là-même : $b^2 - 4\,a.c > 0$

Par exemple : $f(x) = x^2 - x + 1$; $g(x) = x^2 - 2x + 1$; $h(x) = x^2 - \sqrt{5}\,x + 1$ ne diffèrent que de la valeur de b. Le calcul ci-dessous montre l'influence de la valeur absolue de **b** sur le signe de Δ.

Calculons les différents discriminants pour le montrer :

$f(x) = x^2 - x + 1$; nous avons : $\Delta = (-1)^2 - 4\,(1\text{x}1) = -3 < 0$

$g(x) = x^2 - 2x + 1$; nous avons : $\Delta = (-2)^2 - 4\,(1\text{x}1) = 0$

$h(x) = x^2 - \sqrt{5}\,x + 1$; nous avons : $\Delta = (-\sqrt{5})^2 - 4\,(1\text{x}1) = 5 - 4 = 1 > 0$

Au final : Le discriminant Δ est passé progressivement de *négatif* à *nul* puis à *positif*, par augmentation de la valeur absolue du coefficient b.

Nous constatons donc qu'une augmentation de b en valeur absolue favorise un discriminant positif, $\Delta > 0$ (sans toutefois le garantir !).

Retenons les trois points suivants :

> **1) Si *a* et *c* sont de signes contraires :**
> **Le discriminant b^2 - 4 a.c est obligatoirement *positif*. Il y a *deux racines réelles.***
>
> **2) Si *a* et *c* sont de *même signe,* les trois cas sont possibles :**
> **$\Delta > 0$; $\Delta < 0$ et $\Delta = 0$.**
> **Cependant une grande valeur de b telle que $b^2 > 4$ a.c assure de nouveau deux racines réelles.**
>
> 3) **Le cas limite : $b^2 = 4$ a.c signifie que nous sommes en présence d'un carré parfait qui nous aurait éventuellement échappé.**
> **Nous en tirons une racine double et un point de contact de la parabole avec l'axe horizontal : le sommet**

6) Attache de la parabole au point C (0, c) – Détermination d'un critère se passant du discriminant Δ pour savoir la nature et le nombre de racines distinctes

Comment interpréter géométriquement le fait que le produit a.c < 0 garantisse deux intersections de la parabole avec l'axe horizontal ?

Quand **x = 0**, la fonction $f(x) = ax^2 + bx + c$ prend la valeur *c.*

Par conséquent, le point d'intersection de la parabole avec l'axe des ordonnées est le point de coordonnées **(0, c).** Par commodité et pour son aspect frappant, nous dirons que **C (0, c) est *le point d'attache* de la parabole sur l'axe (Oy).**

Nous avons vu de plus que si **a > 0** la parabole est *ouverte vers le haut.*

Que se passe-t-il si a et c sont de signes contraires ; soit ***a.c* < *0*** *?*

Admettons que **a > 0** ce qui impose par hypothèse d'étude que *c* soit négatif (c < 0).

Nous savons que si **a > 0**, la parabole est ouverte vers le haut.

Ses branches proviennent donc de plus l'infini pour les **x** négatifs – soit *au-dessus* de l'axe horizontal - et doivent atteindre le point **C** situé *sous* l'axe, ce qui impose une première intersection de l'axe horizontal à la descente (« une traversée de l'axe »), du fait de la continuité de la fonction quadratique, soit une première racine. [45]

La courbe devant prendre la valeur plus l'infini pour les grandes valeurs de **x**, cela lui impose *une seconde traversée* de l'axe horizontal et donc une deuxième racine à la remontée. Au final, nous avons bien deux racines pour **a.c < 0** (avec ici le cas **a> 0** et **c < 0**).

Le lecteur se convaincra aisément que le raisonnement est exactement le même dans le cas où le coefficient **a** est **négatif** – donc que la parabole est renversée - et que le point ***C*** est au-dessus de l'axe (donc ***c* > *0***).

Cette fois la représentation graphique « démarre » en bas à droite du centre du repère, monte jusqu'à ***C***, ce qui l'oblige à traverser l'axe horizontal une première fois (première intersection entre la parabole et l'axe horizontal, donc première racine). Puis la courbe doit redescendre ensuite pour rejoindre moins l'infini pour les grandes valeurs de **x**, ce qui impose

---

[45] Ce raisonnement repose sur la continuité de la fonction quadratique et le théorème des valeurs intermédiaires (TVI).

Sous forme condensée, ce raisonnement donne : *f*(0) = c et limite de *f*(x) est du signe de ***a*** quand **x** tend vers $\pm\infty$. Donc si **a.c < 0**, il y a deux racines d'après le TVI.

une seconde traversée (deuxième intersection entre la parabole et l'axe horizontal, donc une deuxième racine).

Au final, nous obtenons bien deux racines dans ce cas aussi : **a.c < 0**, avec **a > 0** et **c < 0**.

Pour bien visualiser l'influence de ***a*** et ***c*** sur la nature des racines, nous présentons trois fonctions avec **la même valeur de *b*** et leur représentation graphique.

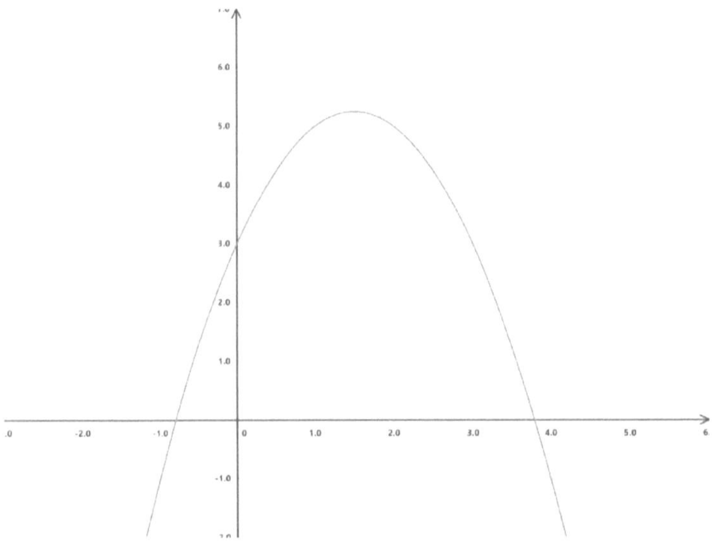

$f(x) = -x^2 + 3x + 3$

a et ***c*** sont **de signes contraires (a < 0 ; c > 0)**, la parabole est ouverte vers le bas, « *renversée* ». Il y a obligatoirement *deux racines réelles*.

Que se passe-t-il si a et c sont de même signe ?

Si ***a*** et ***c*** sont de même signe, nous ne pouvons rien affirmer a priori. Tout dépendra du signe de l'ordonnée du sommet. La parabole peut traverser ou *pas* l'axe horizontal, comme nous allons le montrer.

Si le sommet est *au-dessus* de l'axe horizontal pour ***a*** **> 0**, le sommet étant le point **le plus bas** atteint par la parabole, cela signifie que cette parabole ouverte vers le haut reste constamment *au-dessus* de l'axe des x. Il n'y aura ***pas* de racine réelle**.

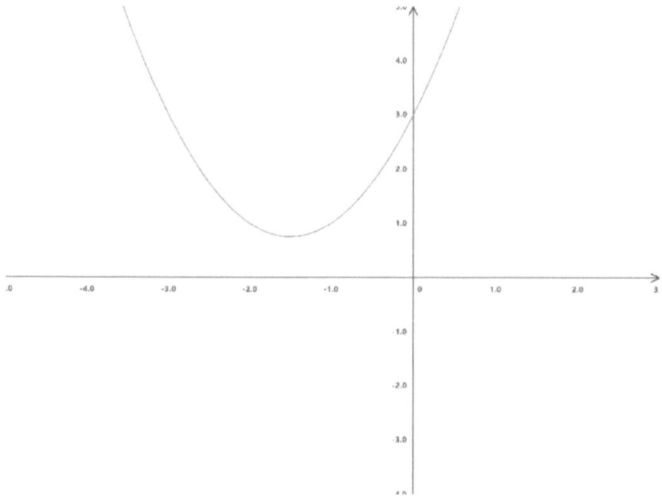

$f(x) = x^2 + 3x + 3$

a et ***c*** sont de même signe, ici **tous les deux positifs** et le sommet est au-dessus de l'axe des abscisses **$y_S > 0$**

La courbe est constamment au-dessus de l'axe.

Pas de racines réelles, mais *deux racines complexes conjuguées.*

Le discriminant est négatif

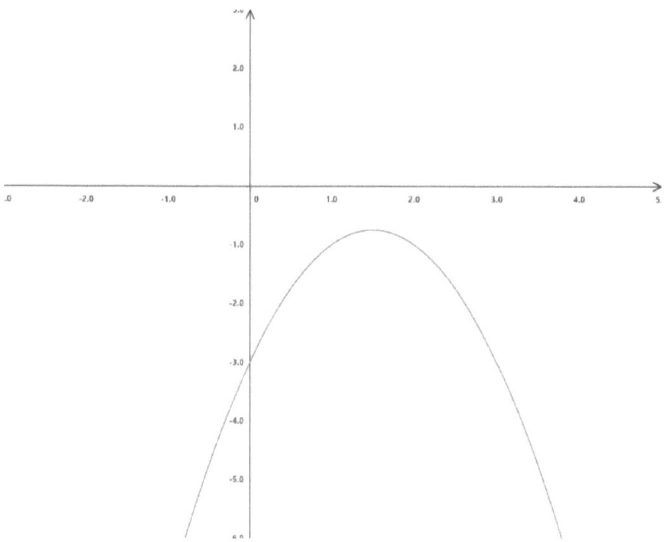

$f(x) = -x^2 + 3x - 3$

Ce cas est le symétrique du précédent. Ici ***a*** et ***c*** sont **tous les deux négatifs** et l'ordonnée du sommet est sous l'axe **$y_S < 0$**

Ici encore pas de racines réelles, mais deux racines complexes conjuguées)

Le discriminant est négatif

(Pour rappel : La valeur de ***b*** a été conservée dans les trois fonctions).

Si le sommet est cette fois *en dessous* de l'axe pour **a > 0**, le sommet étant toujours le point le plus bas pour **a > 0**, cela signifie que cette parabole doit passer à une moment sous l'axe horizontal pour atteindre le sommet. Il y aura deux racines réelles.

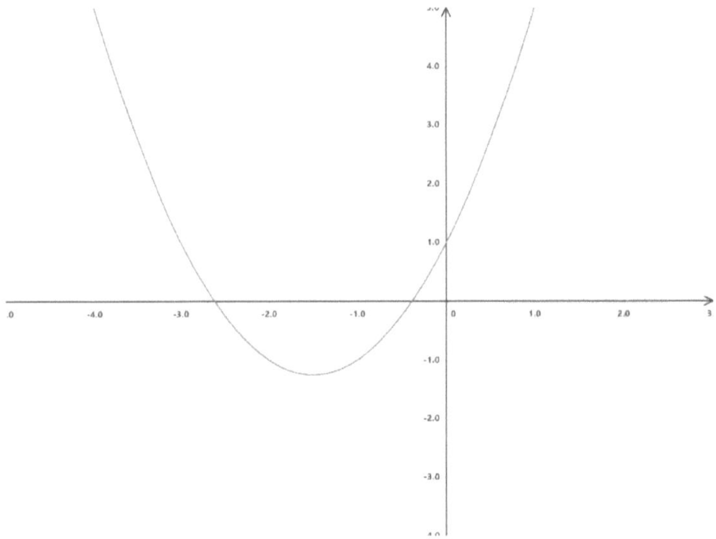

f **(x) = x² + 3x + 1**

a et ***c*** de **même signe**, *mais* le sommet est sous l'axe horizontal $\mathbf{y_S < 0}$. Il y a *deux racines réelles*. Le discriminant **Δ est strictement positif.**

Le cas où **le sommet est directement sur l'axe** est évident : il y aura **une seule *racine double*.**

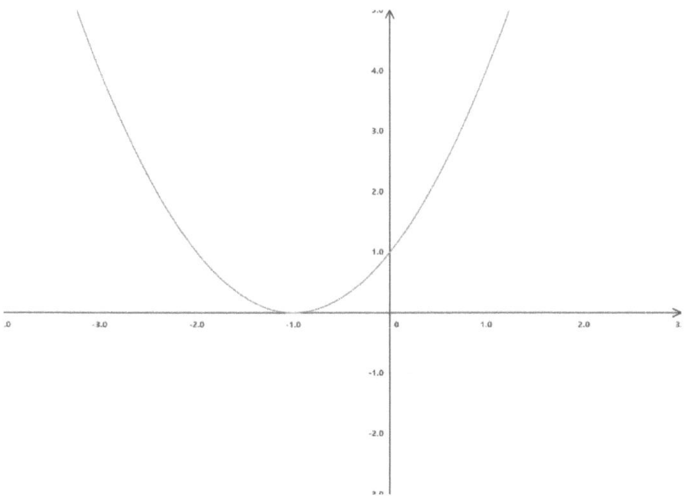

f(x) = x^2 +2x + 1

Le sommet est posé sur l'axe horizontal.
Nous avons une seule racine double confondue avec le sommet.
Le discriminant $\Delta = 0$

<u>Retenons</u> :

Il existe deux règles très simples et très importantes pour savoir si nous aurons deux racines réelles ou pas :

1) **Si *a* et *c* sont de signes contraires, nous avons obligatoirement *deux racines réelles symétriques* par rapport au sommet**

2) **Si *a* et *c* sont de même signe, les trois solutions – *racine double* – *racines réelles symétriques par rapport au sommet* et *racines complexes conjuguées* sont possibles.**
   Une incertitude demeure donc. Pour la lever, il faut calculer *l'ordonnée* y_S du sommet :

- **Si y_S est *de signe contraire* à *a* alors il y a *deux racines réelles*.**
- **Si $y_S = 0$ nous avons une racine réelle double : $x_{doub} = x_S = - b/2a$**
- **Si y_S est *du signe de a* alors il y a *deux racines complexes conjuguées.***

5) Expression du polynôme $ax^2 + bx + c$ sous forme normalisée $x^2 - Sx + P$ – Discussions et intérêts

1) Expression de la somme des racines en fonction de *b* et de *a*

La somme des racines réelle est immédiate.

Elle vaut : $\mathbf{S = x_1 + x_2 = \frac{-b}{a}}$ (relation de Viète sur la somme des racines)

Car : $x_1 = \frac{-b-\sqrt{\Delta}}{2a}$; et : $x_2 = \frac{-b+\sqrt{\Delta}}{2a}$

Cette expression de la **somme des racines** $\mathbf{S = \frac{-b}{a}}$ calculée ici pour des racine réelle est en fait valable dans tous les cas : $\mathbf{\Delta = 0}$; $\mathbf{\Delta > 0}$ et $\mathbf{\Delta < 0}$.

La vérification est particulièrement rapide dans le cas $\mathbf{\Delta = 0}$.

$$S = x_1 + x_2 = \frac{-b}{2a} + \left(\frac{-b}{2a}\right) = \frac{-b}{a}$$

Dans le cas des nombres complexes : $x_1 = p + i\,q$ et $x_2 = p - i\,q$, la somme vaut : $S = 2p$ (qui est un nombre réel). L'application de cette règle (ou le calcul direct) donne : $S = x_1 + x_2 = \frac{-b+i.\sqrt{-\Delta}}{2a} + \frac{-b-i.\sqrt{-\Delta}}{2a} = \frac{-b}{a}$

Les parties imaginaires s'annulent mutuellement.

Conclusion : Nous avons bien dans tous les cas : $S = x_1 + x_2 = \frac{-b}{a}$

2) Expression du produit des racines en fonction *c* et *a*

Nous pouvons vérifier aussi que le produit des racines vaut : $\mathbf{P = \frac{c}{a}}$ (relation de Viète sur le produit des racines).

Cette propriété sur le **produit des racines** $P = \frac{c}{a}$ reste valable dans tous les cas : $\Delta = 0$; $\Delta > 0$ et $\Delta < 0$.

En particulier si nous avons deux nombres complexes conjugués :

$x_1 = p + iq$ et $x_2 = p - iq$, leur produit est :

$P = x_1 . x_2 = p^2 + q^2 \geq 0$. Le produit de *deux nombres complexes conjugués* est toujours nombre réel positif ou nul).[46]

En effet : $P = x_1 . x_2 = (p + iq) . (p - i q)$

$= (p)^2 - (iq)^2$

$= u^2 - i^2.q^2$

$= p^2 - (-1).q^2 = p^2 + q^2 \geq 0$

Nous avons bien : $P = x_1 . x_2 = p^2 + q^2 \geq 0$ pour des *racines complexes conjuguées.*

Si la racine trouvée est *double* : $P = x_1 . x_2 = x_S . x_S = (x_S)^2 = (\frac{-b}{2a})^2 \geq 0$

Conclusion :

Dans tous les cas, le produit des racines est : $P = x_1 . x_2 = \frac{c}{a}$

Un produit de racine positif signal des racines complexes conjuguée ou une racine double (hors cas *b* = 0 ou le produit est alors nul). Le produit négatif n'est donc possible que pour des racines réelles séparées. Attention, les racines peuvent toutefois être réelles et avoir un produit positif.

---

[46] Le fait que pour les racines complexes conjuguées $P = x_1 . x_2 = p^2 + q^2 > 0$ (strictement positif dans le cas des polynômes de degré deux) et donc que $P = c/a = x_1 . x_2 > 0$ pour les racines complexes est en accord avec le fait que nous ne pourrons avoir de racines complexes que si $c/a > 0$, soit *c* et *a* de même signe. Attention, la réciproque n'est pas vraie. Ce n'est pas parce que *c* et *a* sont de même signe qu'obligatoirement nous avons des racines complexes. Nous pouvons avoir tous les cas de figures : racines réelles, racine double et racines complexes conjuguées. En particulier, si $P > 0$ et $q = 0$, nous avons le cas racine réelle double.

3) Expression de $ax^2 + bx + c$ sous la forme $x^2 - S.x + P$

L'équation **:** $ax^2 + bx + c = 0$ peut aussi s'écrire en divisant l'égalité par **a** sous la forme : $x^2 + \frac{b}{a}x + \frac{c}{a} = 0$. Cette expression est *la forme normalisée du polynôme.*

Nous identifions cette expression à **:** $x^2 - S.x + P = 0$ via les égalités de Viète : $\mathbf{S} = \frac{-b}{a}$ et $\mathbf{P} = \frac{c}{a}$

❖ **Exemple :** $f(x) = 4x^2 - 8x - 3 = 0$

f **(x)** peut aussi s'écrire en divisant par 4 (le coefficient *a*) : $x^2 - \frac{8}{4}x - \frac{3}{4} = 0$

Soit en simplifiant : $f(x) = x^2 - 2x - \frac{3}{4} = 0$

La somme des racines vaut : $S = -b/a$; soit $S = 2$

Le produit des racines **P = c /a** se lit directement dans le troisième terme, celui qui est constant ; soit : **P = - 3 / 4** (les deux racines sont donc réelles et de signe opposés).

<u>Retenons</u> :

> En divisant par a l'expression $ax^2 + bx + c = 0$ nous obtenons **la forme normalisée** du polynôme : $x^2 + \frac{b}{a}x + \frac{c}{a} = 0$ que l'on identifie à **:**
> $x^2 - S.x + P = 0$; avec : **S = - b /a qui est *la somme* des racines**
> et **: P = c /a qui est *le produit* des racines.**
>
> **Ces expressions sont valables dans tous les cas : $\Delta > 0$; $\Delta < 0$ et $\Delta = 0$.**
>
> **Même lorsque les racines sont *complexes* (et apparaissent alors sous forme de conjuguées complexes), *leur somme* et *leur produit* restent *réels* (lorsque les coefficients *a, b, c* sont réels), ce qui est une propriété remarquable. De plus P < 0 assure deux racines réelles de signes**

opposés. Le cas racines complexes et le cas racine double n'est possible que si P > 0 (en supposant b ≠ 0).

4) Intérêts de la forme $x^2 - S.x + P$

Cette forme $x^2 - S.x + P = 0$ permet d'anticiper parfois la nature des racines et quelque peu leur signe et leur valeur. Elle est aussi très utile pour effectuer **une vérification rapide des résultats** obtenus ou pour **trouver la deuxième racine,** si nous avons trouvé *une première racine évidente*.

❖ Prenons un exemple : $\mathbf{2x^2 + 3x - 5 = 0}$

Pour $\mathbf{2x^2 + 3x - 5 = 0}$, nous avons la forme normalisée : $\mathbf{x^2 + \frac{3}{2}x - \frac{5}{2}}$

$P = -\frac{5}{2} < 0$, les deux racines sont réelles et de signes opposés.

Nous constatons de plus que la somme des coefficients dans la forme développé vaut zéro : $\mathbf{a + b + c = 0}$. Ce fait signale une racine $\mathbf{x = 1}$ [47]

En effet : $\mathbf{2.(1)^2 + 3.(1) - 5 = 2 + 3 - 5 = 0.}$ Donc : $\mathbf{x = 1}$ est bien racine.

Nous en déduisons la deuxième racine par le produit des racines grâce au relations de Viète : $P = \mathbf{x_1 . x_2 = c/a}$

Ce qui donne ici : $\mathbf{1. (x_2) = - 5/2}$; soit : $\mathbf{x_2 = - 5/2}$

Au final : les deux racines sont **1** et **-5/2**.

---

[47] Une valeur égale de (a + c) et b signalerait une racine évidente égale à -1. En effet : $a(-1)^2 + b.(-1) + c = 0$ donne bien $a - b + c = 0$, soit $a + c = b$.

C'est le cas par exemple pour l'équation : $2x^2 + 6x + 4 = 0$

On a : $a + c = 2 + 4 = 6$ et $b = 6$; soit $a + c = b$. La première racine est donc -1.

Le produit des racines donne la deuxième racine. Il vaut $c/a = 4/2 = 2$;

d'où la seconde racine est telle que : $x_1 x_2 = c/a$ soit : $(-1). x = 2$; d'où $x = - 2$. Conclusion les deux racines sont - 1 et - 2

Nous pouvons vérifier le résultat avec la somme **S = – b / a**

Soit ici : **S = -3 / 2**

Nous pouvons éventuellement vérifier que *f* **(-5/2) = 0** par définition des racines (ce qui est le cas).

Nous avons vu aussi que si le produit **P = c /a est *positif*, nous *ne* savons *pas* a priori si les racines sont *complexes* ou double ou réelles**, les trois cas restent possibles. Mais ***si*** **les racines sont réelles**, cela signifie que les **deux racines réelles sont de *même signe*.**

Par contre, si le **produit *P* de la forme $x^2 - S.x + P$ est *négatif*, cela signale** directement ***deux racines réelles* et de *signe opposé*.**

Il y a deux justifications à ce fait.

Premièrement, nous avons vu que si ***a*** et ***c*** sont de signes opposés – soit **P = c /a < 0** - , alors nous avions obligatoirement une intersection de la parabole avec l'axe horizontal, et par symétrie une seconde, soit *deux racines réelles* (car la parabole est continue et son sommet est un axe de symétrie).

En utilisant le déterminant **$\Delta = b^2 - 4ac$**, nous arrivons à la même conclusion, car si ***a*** et ***c*** sont de signes opposés le discriminant est strictement positif, et donc nous avons bien deux racines réelles.

Mais il y a une raison encore plus fondamentale au fait que si le produit des racines est négatif, nous ne pouvons *pas* avoir de racines complexes, c'est que *le produit de deux nombres complexes conjugués* est obligatoirement positif, car : **$(p + iq).(p - iq) = p^2 + q^2 \geq 0$.**

Il est donc *impossible* d'avoir **$x_1 . x_2 = c/a < 0$** et que les racines soient complexes.

Les cas P > 0 et P < 0 ne sont donc *pas* symétriques.

P **< 0 nous fournit plus d'informations,** car nous savons directement la nature des racines : elles sont **réelles** - et elles sont **de signes opposés**.

Dans le cas **P < 0**, nous pouvons *affiner l'analyse* pour savoir laquelle des deux racines est la plus grande en *valeur absolue* avec la somme **S = - b /a** .

Deux cas concrètement sont possibles pour la somme (le troisième S = 0 est trivial : les racines sont égales et opposées).

- Si le terme devant **x** est **négatif**, c'est que **S > 0**.

  La racine de plus grande valeur absolue est positive ; c'est elle qui est la plus éloignée de l'axe vertical. (Nous sommes toujours dans le cas **P < 0**).

- Si **S < 0**, alors le terme devant **x** est **positif**, et la racine de plus grande valeur absolue est négative. C'est elle qui est la plus éloignée de l'axe vertical (P < 0).

❖ Par exemple, dans l'équation : $\mathbf{x^2 - 2x - \frac{3}{4} = 0}$, le produit des racines vaut : **P = c/a = – 3/ 4 < 0**. Nous avons deux racines réelles *de signe opposé*.

Nous examinons ensuite le signe de la somme, soit le signe devant le x (ou le nombre), il vaut **- 2** qui est négatif. La somme des racines est donc positive et vaut **+ 2**

La plus grande racine en valeur absolue est donc ***positive*** (et la plus petite en valeur absolue négative). La parabole est donc décalée vers *la droite* par rapport à l'axe vertical.

<u>Retenons</u> :

1) **La forme x^2 – S.x + P permet de déterminer rapidement la *deuxième* racine via le produit P = c/a = $x_1 . x_2$** (donc sans calculer le discriminant) si nous avons trouvé une première racine évidente. Les deux cas de **racines évidentes** les plus courants sont : **x = 1**, si la somme des coefficients ***a + b + c = 0*** et **x = - 1,** si nous avons l'égalité : ***a + c = b*** ou ***a – b + c = 0***

2) **Lorsque P = c /a < 0, *les racines* sont *réelles* et de signes opposés (des racines complexes conjuguées sont impossibles).**
   Le signe de leur somme *S* permet alors d'identifier laquelle a la plus grande valeur absolue.

- **Dans le cas P < 0, si le signe devant x est *négatif*, celle de plus grande valeur absolue, donc la plus éloignée de l'axe vertical, est la *racine positive*, d'après x^2 – S.x + P**
- **Dans le cas P < 0, si le signe devant x est positif, celle de plus grande valeur absolue, donc la plus éloignée de l'axe vertical, est la *racine négative.***

3) **Lorsque *P* = c /a > 0, les trois situations sont possibles :**

- **Deux *racines complexes conjuguées***
- **Une *racine réelle double***
- **Deux *racines réelles de même signe***

Cette forme **x^2 - Sx +P** est donc très pratique pour *les vérifier* nos résultats ou encore *déterminer une seconde racine* si nous avons trouvé la première ou encore *anticiper la nature des racines dans les cas favorables.*

Elle est aussi très pratique pour résoudre **des problèmes d'aire et de périmètre** et tous les problèmes où on nous donne la somme et le produit des inconnues, mais nous ne développerons pas ici ce point, bien qu'il soit passionnant. Nous les traitons en exercices. Nous préférons, dans la partie cours, nous concentrer sur les résultats utiles à la méthode AUBRY. Nous renvoyons donc le lecteur curieux directement aux exercices en fin de livre, ou encore aux cours classiques qui traitent de ce sujet.

6) Forme canonique d'une équation du second degré : Présentation - obtention - intérêts et limites

Nous allons maintenant remonter à l'origine de la fameuse formule du discriminant. Pour cela il nous faut examiner ce qu'on appelle *la forme canonique* de l'équation du second degré.

1) Définition de la forme canonique

On appelle **forme canonique** de la fonction $f(x)= ax^2 + bx + c$ l'écriture : $\boldsymbol{f(x) = a\ (x - \alpha)^2 + \beta}$. Avec $\boldsymbol{\alpha}$ et $\boldsymbol{\beta}$ des constantes très importantes dont nous allons bientôt déterminer la signification.

Cette forme canonique est généralement vue en classe de première et débute le cours sur les trinômes du second degré. C'est elle qui conduit au discriminant, en poursuivant les calculs.

2) Obtention de la forme canonique par la Méthode classique de la complétion du carré

La méthode classique d'obtention de la forme canonique s'appelle **la complétion du carré**. Cette méthode repose sur le fait que l'expression quadratique peut être considérée comme le début du développement d'un carré qu'on va astucieusement compléter.

On part de $\boldsymbol{ax^2 + bx + c}$ et la première étape, très simple, consiste à mettre $\boldsymbol{a}$ en facteur. On obtient : $\boldsymbol{ax^2 + bx + c = a\ (x^2 + \frac{b}{a}x + \frac{c}{a})}$ (équation 1)

Deuxièmement on considère que : $x^2 + \frac{b}{a}x$ est le début d'un carré : $(x + \frac{b}{2a})^2$

En effet puisque : $(a + b)^2 = a^2 + 2a.b + b^2$, on a que :

$$(x + \frac{b}{2a})^2 = x^2 + \frac{b}{a}x + (\frac{b}{2a})^2$$

Cette dernière égalité peut être réécrite : $(x + \frac{b}{2a})^2 - (\frac{b}{2a})^2 = x^2 + \frac{b}{a}x$

On remplace donc le terme $x^2 + \frac{b}{a}x$ de l'équation (1) par : $(x + \frac{b}{2a})^2 - (\frac{b}{2a})^2$

Ce qui donne dans un premier temps :

$$ax^2 + bx + c = a\,[\,(x + \frac{b}{2a})^2 - (\frac{b}{2a})^2 + \frac{c}{a}\,]$$

En ne touchant pas au terme $(x + \frac{b}{2a})^2$ mais en développant la deuxième partie, soit : $-(\frac{b}{2a})^2 + \frac{c}{a}$, on trouve dans un premier temps :

$$ax^2 + bx + c = a\,[\,(x + \frac{b}{2a})^2 - (\frac{b^2 - 4\,a.c}{4\,a^2})\,]$$

soit en notant : $\Delta = b^2 - 4a.c$: $ax^2 + bx + c = a\,[\,(x + \frac{b}{2a})^2 - (\frac{\Delta}{4\,a^2})\,]$

Ce qui peut se réécrire en ne faisant porter la mise en facteur par *a* que sur le carré : $ax^2 + bx + c = a\,(x + \frac{b}{2a})^2 - (\frac{\Delta}{4a})$

<u>Retenons</u> :

> **La forme canonique de la fonction $ax^2 + bx + c$ est tel que :**
>
> $$ax^2 + bx + c = a\,(x - a)^2 + \beta = a\,(x + \frac{b}{2a})^2 + (\frac{-\Delta}{4a})$$
>
> **avec $\Delta = b^2 - 4a.c$** D'où : $a = \frac{-b}{2a}$ et $\beta = (\frac{-\Delta}{4a})$

3) Application de la méthode à un cas concret :

Prenons un cas favorable pour commencer : $\mathbf{A(x) = 2x^2 - 4x + 6}$

1) Nous commençons par mettre $\boldsymbol{a} = \mathbf{2}$ en facteur :

   Nous obtenons : $\mathbf{A(x) = 2}\ (\frac{2x^2}{2} - \frac{4x}{2} + \frac{6}{2})$; soit $\mathbf{A(x) = 2\ (x^2 - 2x + 3)}$

2) Nous reconnaissons dans $\mathbf{(x^2 - 2x)}$ le début du développement du carré : $\mathbf{(x - 1)^2}$, car : $\mathbf{(x - 1)^2 = x^2 - 2x + 1}$

   En faisant passer à gauche le $\mathbf{+ 1}$ de l'expression $\mathbf{x^2 - 2x + 1}$ à droite (plus exactement en soustrayant **1** à gauche et à droite ou en appliquant – 1 à l'égalité), nous obtenons la relation : $\mathbf{(x - 1)^2 - 1 = x^2 - 2x}$

3) Nous pouvons alors remplacer $\mathbf{x^2 - 2x}$ par $\mathbf{(x - 1)^2 - 1}$ dans l'équation $2\ (\mathbf{x^2 - 2x} + 3)$. On obtient : $\mathbf{A(x)} = 2\ [\ \mathbf{(x - 1)^2 - 1} + 3\ ]$
   soit : $\mathbf{A(x) = 2\ [\ (x - 1)^2 + 2\ ]}$

   Puis au final en développant le **2** préalablement mis en facteur :
   $\mathbf{A(x) = 2\ (x - 1)^2 + 4}$ qui est la forme canonique de $\mathbf{A(x) = 2x^2 - 4x + 6}$

4) Analyse de la méthode d'obtention de la forme canonique et dévoilement d'une astuce à gain de temps important…

Beaucoup appliquent *la méthode de la complétion* du carré pour obtenir la forme canonique, comme une recette qu'on suit pas à pas. Mais comprendre **la stratégie astucieuse** qui se cache derrière, c'est autre chose. Nous expliquons ici *le pourquoi* des choses, car notre but, plus encore de dévoiler simplement une nouvelle façon d'aborder la résolution de l'équation du second degré est de participer à la formation fine des esprits.

Que s'est-il passé en vérité et qu'avons-nous fait en complétant l'embryon de carré contenu dans $\mathbf{ax^2 + bx}$?

Grâce à cette transformation complétive, nous sommes passés d'une égalité $\mathbf{ax^2 + bx + c = 0}$ où les inconnues **x** se trouvent dans *deux termes séparés* et de plus à *deux degrés différents* à une forme « compacte » :

$\mathbf{a\,(x + \frac{b}{2a})^2 + (\frac{-\Delta}{4a}) = 0}$ où l'inconnue **x** ne se trouve plus qu'à *un seul endroit* (dans le carré) et *à un seul degré* (au carré).

Le problème a donc été grandement simplifié en termes de dispersion et de degrés, car l'inconnue n'apparaît plus qu'en une seule occurrence et sous une seule puissance, d'où une résolution facilitée. La difficulté est d'obtenir justement cette *forme canonique,* et c'est là que le bât blesse, car les étudiants commettent en général beaucoup d'erreurs de calcul. Ce n'est qu'au prix d'entraînements multipliés qu'ils arrivent à trouver la bonne *forme canonique* quelle que soit l'expression $\boldsymbol{ax^2 + bx + c = 0}$ donnée au départ.

L'astuce que nous donnons ici devrait leur faciliter la vie et leur éviter beaucoup d'erreurs dans la recherche de la forme canonique.

Certes notre méthode n'en a pas besoin, mais nous désirons les aider. De plus, même si notre méthode est vraiment *très efficace,* nous sommes bien conscients que certains de nos collègues ne l'accepteront tout simplement pas en dépit de sa simplicité et de son élégance … Et peut-être même à cause de celles-ci.

Pour mettre en œuvre l'astuce liée à la complétion du carré, il suffit de remarquer que nous avons les égalités : $\mathbf{(x^2 - 2kx) = (x - k)^2 - (k)^2}$

ou : $\mathbf{(x^2 + 2kx) = (x + k)^2 - (k)^2}$; selon le signe devant **x**. [48]

---

[48] Le lecteur pourra facilement vérifier ces égalités en développant le carré.

Au final, **le terme dans le carré est donc simplement la moitié du terme devant le x de départ**. Il suffit ensuite de ***compenser*** **hors de la parenthèse au carré en enlevant la même quantité que celle dans la parenthèse** et de l'élever au carré.

En appliquant ce que nous venons de voir à l'égalité qui nous intéresse, soit : $\mathbf{a\ (x^2 + \frac{b}{a}x)}$, nous obtenons : $\mathbf{a\ (x^2 + \frac{b}{a}x) = a\ [\ (x + \frac{b}{2a})^2 - (\frac{b}{2a})^2\ ]}$

Pour l'expression complète avec $\frac{c}{a}$; soit : $\mathbf{a\ (x^2 + \frac{b}{a}x + \frac{c}{a})}$, il suffit d'ajouter simplement le terme $\frac{c}{a}$ à l'expression précédente. Nous obtenons donc :

$$ax^2 + bx + c = \mathbf{a\ (x^2 + \frac{b}{a}x + \frac{c}{a}) = a\ [\ (x + \frac{b}{2a})^2 - (\frac{b}{2a})^2} + \frac{c}{a})$$

Nous développons ensuite le calcul de l'expression : $\boldsymbol{a}.\ \mathbf{[(-(\frac{b}{2a})^2) + \frac{c}{a})]}$ ce qui aboutit sans difficulté à la forme attendue :

$$f\,\mathbf{(x) = a\ (x + \frac{b}{2a})^2 + (\frac{-(b^2 - 4\,a.c)}{4\,a})}$$

Cette astuce de **diviser par deux le terme devant le x** et d'élever le terme obtenu $(x + \frac{b}{2a})$ au carré, soit obtenir $\mathbf{(x + \frac{b}{2a})^2}$ et ensuite de compenser en enlevant le même terme que celui dans la parenthèse au carré (soit ajouter $\mathbf{-(\frac{b}{2a})^2}$) permet d'éviter bien des erreurs dans l'étape la plus difficile de la méthode de complétion. La suite est classique et naturelle pour aboutir à l'expression finale. Il s'agit d'un développement auquel les élèves sont plus habitués, quoiqu'il y ait encore quelques erreurs à ce niveau.

- Donnons un exemple concret : Nous cherchons la forme canonique d'une fonction moins favorable que la première : $f(x) = \mathbf{3x^2 - 5x + 2}$

1) Nous commençons par la mise en facteur du coefficient *a*.

   Nous obtenons facilement : $f\mathbf{(x) = 3\ (x^2 - \frac{5}{3}x + \frac{2}{3})}$

2) Nous divisons sans état d'âme le **5/ 3** devant le **x** par **2**. (C'est ici que notre astuce intervient). Nous obtenons **5/ 6** que nous mettrons dans le carré précédé d'un *moins*, parce qu'il y a un *moins* au départ devant le **x**. Ces deux opérations nous donnent le terme au carré : $\left(x - \frac{5}{6}\right)^2$

3) Nous compensons en soustrayant la même quantité que dans la parenthèse au carré en n'oubliant pas de l'élever au carré, ce qui donne les terme : $\left(x - \frac{5}{6}\right)^2 - \left(\frac{5}{6}\right)^2$

4) Nous tenons compte du terme **3** en facteur et du terme constant $\frac{2}{3}$
Ce qui nous donne à cette étape : $f(x) = 3\left[\left(x - \frac{5}{6}\right)^2 - \left(\frac{5}{6}\right)^2 + \frac{2}{3}\right]$

5) Pour plus de commodité et par souci de vitesse, nous calculons à part (ou sur notre brouillon) la quantité : $-\left(\frac{5}{6}\right)^2 + \frac{2}{3}$
Nous trouvons : $-\left(\frac{5}{6}\right)^2 + \frac{2}{3} = -\frac{25}{36} + \frac{24}{36} = -\frac{1}{36}$

6) Une fois le résultat trouvé, nous injectons dans l'équation de départ. Nous obtenons : $f(x) = 3\left[\left(x - \frac{5}{6}\right)^2 - \left(\frac{1}{36}\right)\right]$

7) Puis en développant pour obtenir la forme canonique, nous obtenons :
$$f(x) = 3\left(x - \frac{5}{6}\right)^2 - 3.\left(\frac{1}{36}\right) = 3\left(x - \frac{5}{6}\right)^2 - \left(\frac{1}{12}\right)$$

Même avec l'astuce, trouver la forme canonique est certes plus rapide et plus sûr, mais nous ne sommes pas à l'abri d'erreurs de calcul et le processus n'est pas instantané non plus. Notre méthode AUBRY au contraire est rapide et facile, les calculs sont évidents et elle prend moins d'une minute !

5) Lien entre le discriminant Δ et la forme canonique - Obtention des différentes formules exposées précédemment et des racines

Une fois la forme canonique $\mathbf{a}\ (x + \frac{b}{2a})^2 - (\frac{\Delta}{4a})$ trouvée, résoudre l'équation $ax^2 + bx + c = 0$ devient beaucoup plus facile. Montrons-le :

Nous partons de cette forme canonique : $a\,(x + \frac{b}{2a})^2 - (\frac{\Delta}{4a}) = 0$

Isolons le carré, nous obtenons : $(x + \frac{b}{2a})^2 = (\frac{\Delta}{4a^2})$

Arrivés à ce stade, nous pouvons prendre la racine[49] de $(\frac{\Delta}{4a^2})$ pour obtenir dans un premier temps $(x + \frac{b}{2a})$ <u>si</u> toutefois **Δ ≥ 0**. C'est donc à ce niveau que cette condition apparaît.

D'où, dans le cas où **Δ ≥ 0**, nous avons : $(x + \frac{b}{2a}) = \pm \sqrt{\frac{\Delta}{4a^2}}$

Puis naturellement : $x = -\frac{b}{2a} \pm \sqrt{\frac{\Delta}{4a^2}}$; soit : $x = -\frac{b}{2a} \pm \frac{\sqrt{\Delta}}{2a}$

Nous obtenons ainsi par *la résolution de la forme canonique* les solutions que nous avions données au début utilisant le discriminant delta.

Les formules donnant les racines selon les trois cas : Δ > 0 ; Δ = 0 ; Δ < 0 sont donc une conséquence immédiate de *l'exploitation de la forme canonique.*

6) Première analyse de la méthode du discriminant

Une fois les formules mémorisées par les élèves, la méthode du discriminant devient *relativement simple*, parce qu'elle est *répétitive*, c'est pourquoi elle est massivement enseignée aux élèves.

---

[49] Plus rigoureusement, appliquer la fonction racine carrée à l'égalité.

Le problème majeur c'est qu'elle **masque la beauté des mathématiques mise en jeu et *l'aspect géométrique* sous-jacent de la parabole**.

Les élèves utilisent le discriminant, mais ne savent généralement pas pourquoi la méthode fonctionne et donne les bons résultats. Ce qu'ils savent, c'est qu'elle leur permettra de trouver les racines… et qu'elle leur donnera des points sur la copie ! La *méthode du discriminant* est donc pour eux comme une **recette magique** qu'on applique sans se poser de question :

1) On calcule le delta : $\Delta = b^2 - 4a.c$
2) Selon la valeur trouvée : $\Delta = 0$; $\Delta > 0$ ou $\Delta < 0$ on applique les formules : pour $\Delta = 0$: $x_S = -\frac{b}{2a}$

   Pour $\Delta > 0$: $x_1 = -b/2a - \sqrt{\Delta}/2a$ et $x_2 = -b/2a + \sqrt{\Delta}/2a$

   Pour $\Delta < 0$: $x_1 = -b/2a - i.\sqrt{-\Delta}/2a$ et $x_2 = -b/2a + i.\sqrt{-\Delta}/2a$

   Et hop ! c'est fait… (quand on connait ses formules !).

L' utilisation purement mécanique du discriminant tend à former des exécutants plutôt que des raisonneurs. Ce n'est pas une critique des enseignants, mais une limite structurelle de la méthode elle-même, ce qui n'est pas le cas de la méthode que nous proposons plus loin.

Elle conduit la plupart des élèves à *appliquer les formules* et à laisser de côté leurs implications géométriques ou analytiques ; c'est-à-dire leurs significations profondes. Notre objectif est ici de montrer que cette méthode du discriminant s'inscrit dans une structure mathématique plus riche. Le propre des bons mathématiciens est la recherche du sens, la finesse de raisonnement et **la capacité à lier les choses entre elles**. [50]

---

[50] Cette capacité de lier les choses entre elles est même la racine du mot intelligence : inter-ligaré = faire des liens.

7) Lien entre la forme canonique et les coordonnées du sommet

Le lecteur attentif aura remarqué que le rapport $\frac{-b}{2a}$ dans le carré n'est rien d'autre que **l'abscisse du sommet** ; valeur qui correspond aussi à l'abscisse de la racine double du cas **Δ = 0**. Par conséquent, nous pouvons aussi écrire la forme canonique de cette façon : $f(x) = a(x - x_S)^2 - (\frac{\Delta}{4a})$

Mais que représente la quantité $(\frac{-\Delta}{4a})$ *?*

Il s'agit de **l'ordonnée du sommet**.

Mais comment le prouver ?

C'est très simple, il suffit de calculer $f(x_S)$.

En se servant de la forme canonique trouvée (c'est plus rapide que de partir de $f(x)$. Nous obtenons avec $x = x_S$:

$y_S = f(x_S) = a(x_S - x_S)^2 - (\frac{\Delta}{4a})$; soit : $f(x_s) = y_S = 0 - (\frac{\Delta}{4a}) = -\frac{\Delta}{4a}$

Ce résultat prouve bien que : $f(x_S) = y_S = -\frac{\Delta}{4a}$

Conclusion : la quantité $-\frac{\Delta}{4a}$ est l'ordonnée du sommet.

Nous pouvons éventuellement réécrire ce résultat en faisant clairement apparaître les coefficients ***a, b*** et ***c*** de la fonction.

$$y_S = -\frac{\Delta}{4a} = -\frac{(b^2 - 4ac)}{4a} = \frac{-b^2}{4a} + \frac{4ac}{4a} = \frac{-b^2}{4a} + c$$

<u>**Conclusion**</u> **:** Nous avons aussi pour l'ordonnée du sommet l'expression : $y_S = \frac{-b^2}{4a} + c$ (résultat que nous avions obtenu précédemment par la méthode de la dérivée).

Retenons :

La forme canonique donne les coordonnées du sommet.

Nous avons :

$$f(x) = ax^2 + bx + c = a\left(x + \frac{b}{2a}\right)^2 + \left(\frac{-\Delta}{4a}\right)$$

Ou : $f(x) = a(x - x_S)^2 + y_S$

avec : $x_S = \frac{-b}{2a}$; et : $y_S = \frac{-\Delta}{4a}$ $\Delta = b^2 - 4a.c$; ou $y_S = \frac{-b^2}{4a} + c$

Remarque : On a généralement intérêt à faire apparaître le plus clairement possible les coordonnées du sommet. C'est pourquoi il est, par exemple, préférable de réécrire l'expression : $f(x) = 3\left(x - \frac{5}{6}\right)^2 - \left(\frac{1}{12}\right)$ sous la forme plus explicite :

$$f(x) = 3\left(x - \left(+\frac{5}{6}\right)\right)^2 + \left(\frac{-1}{12}\right)$$

Les coordonnées du sommet sont alors explicites, $S : \left(+\frac{5}{6} ; \frac{-1}{12}\right)$

8) Exploitation de la forme canonique pour trouver les variations de la fonction sans utiliser la notion de dérivée

Puisque *la forme canonique* donne accès aux *coordonnées du sommet*, elle donne de fait la valeur de y_S qui correspond **au maximum** ou **au minimum** de la fonction et donc des indications sur les variations de la fonction si on combine cette information avec le signe de a.

- Par exemple, de la forme canonique $(x - 2)^2 + 3$, nous pouvons déduire que :

- La parabole est **ouverte vers le haut** (« droite »), car le nombre devant la parenthèse au carré est **positif** : ***a* = 1**
- Le sommet ***S* (2, 3)**
- En couplant les deux informations, nous en déduisons que le **sommet est un minimum,** puisque la parabole est **ouverte vers le haut**.
- Le sommet **(2, 3)** constitue *le minimum* de la fonction, sa valeur *minimale* est **3**. La fonction est **décroissante** dans l'intervalle $]-\infty\ ; 2]$ et **croissante** dans l'intervalle $[2\ ;\ +\infty[$.

❖ Autre exemple avec la forme canonique : $\mathbf{-\,2\,(x + 1)^2 + 6}$

Le coefficient ***a* = - 2** est **négatif** : la parabole est **renversée**.

Le sommet de coordonnées : **S (-1 ; 6)** est donc un **maximum**.

La fonction est par conséquent **croissante** jusqu'à $x_S = -1$ où elle prend sa valeur maximale $y_S = 6$, puis elle devient **décroissante** au-delà de $x_S = -1$

Sur ces deux exemples, on se rend bien compte qu'une exploitation astucieuse de *la forme canonique* permet de se passer de la notion plus générale de dérivée.

9) Conclusion sur la forme canonique : avantages et limitations

La forme canonique fournit beaucoup d'informations sur le trinôme $ax^2 + bx + c$ et sa représentation graphique. Elle permet :

- **De connaître la position du sommet et donc directement l'extrémum de la fonction**
- **De savoir en exploitant le signe de a si cet extrémum est un maximum ou un minimum.**

Elle donne donc accès aussi indirectement aux <u>variations de la fonction</u>. La forme canonique est comme <u>la carte d'identité du trinôme.</u>

Cependant, en dépit de toutes ces qualités, la forme canonique souffre de **quelques *lacunes*** :

Premièrement dans la pratique, l'**expression n'est *pas* si évidente que cela à obtenir**, car les calculs sont délicats et les élèves font beaucoup d'erreurs. Il leur faut un **entraînement assez long** pour y parvenir sans erreur dans tous les cas proposés et un entraînement supplémentaire pour y parvenir rapidement.

Nous verrons que **la méthode du Sommet** que nous proposons pour trouver les racines permet aussi de trouver la forme canonique avec l'avantage que cela ne nécessite *aucun* calcul délicat.

Deuxièmement **la forme canonique, ne donne pas en elle-même *la valeur des racines*. Il faut encore poursuivre les calculs** pour y accéder. Ce fait rend l'obtention des racines assez longue. C'est pourquoi quand on cherche les racines toute la démarche est rarement reprise, mais seulement la fin qui correspond aux formules donnant le discriminant et les racines. D'où l'utilisation généralisée de *la méthode du discriminant*.

Troisièmement, même si cela peut paraitre anecdotique, **la forme canonique ne permet pas d'obtenir la valeur de *l'intersection de la parabole* avec l'axe vertical,**[51] alors que cette valeur est évidente avec la forme : $ax^2 + bx + c$. Cette dernière donne directement la réponse : c'est tout simplement le point de coordonnées **(0 , c).** Ce point a son importance, car c'est « un point de fixation » évident de la parabole dans le plan.

Quatrième lacune, **si la forme canonique donne bien les variations de la fonction, moyennant quelques raisonnements évidents, elle *ne* permet**

---

[51] Du moins simplement.

***pas* de dresser *le tableau de signe* de la fonction.** A contrario, nous montrerons dans le chapitre suivant que le résultat est quasi immédiat avec **la forme factorisée : $a.(x - x_1).(x - x_2)$** ou **$a.(x - x_S)^2$** où **x_1** et **x_2** représentent les racines et **x_S** la racine double, qui correspond aussi à la position du sommet.

7) Formes factorisées des équations du second degré

Nous avons indiqué dans le chapitre précédent que deux des *limitations* de la forme canonique étaient :

- Son incapacité à donner directement *les racines du trinôme*
- et *le signe de la fonction* ; c'est-à-dire quand la parabole est en dessous de l'axe ou au-dessus.

La forme factorisée donnera la réponse à ces questions.

1) Les différentes formes factorisées - valeurs des racines

Les étudiants et les élèves apprennent qu'il y a différents cas pour la factorisation :

Si **$\Delta > 0$** : L'équation **$ax^2 + bx + c$** peut aussi s'écrire **$a(x - x_1)(x - x_2)$** qui s'appelle **la *forme factorisée*** ; de sorte que nous pouvons écrire :
$ax^2 + bx + c = a(x - x_1)(x - x_2)$; *les racines réelles* sont simplement : **x_1** et **x_2**

Si **$\Delta = 0$** : L'équation **$ax^2 + bx + c$** peut s'écrire sous la forme factorisée : **$a(x - x_S)^2$** ; de sorte qu'on peut écrire : **$ax^2 + bx + c = a(x - x_S)^2$**
La racine double est simplement : **x_S**

Si **$\Delta < 0$** : Il n'y a pas de forme factorisée dans les réels, mais il y en a une si on passe aux complexes : **$f(x) = a(x - x_1)(x - x_2)$** ; avec cette fois : x_1 et x_2 les deux racines complexes (conjuguées).

2) Détermination du signe de la fonction grâce à la forme factorisée

Après avoir fait *un tableau de signe* pour le constater et avoir éventuellement représenté les fonctions, les élèves retiennent en conclusion de leur étude que :

- **Si $\Delta > 0$ la fonction est toujours du signe de *a* sauf entre les racines, soit** pour $x \in]x_1 ; x_2[$ avec $x_1 < x_2$.
- **Si $\Delta = 0$, la fonction est du signe de *a* sauf au niveau de la racine double où elle est nulle.**
- **Si $\Delta < 0$, la fonction garde toujours le même signe : celui de *a***

❖ Exemple : soit la forme factorisée ***f*(x) = - 7 (x – 3).(x + 1)**

***a* = - 7** ; les deux racines réelles sont **+ 3** et **- 1** ; ou mieux dans l'ordre croissant : **– 1** et **+3**.

Puisque nous avons une forme factorisée (de ce type) c'est que **Δ** est forcément positif. Comme la fonction est du signe de ***a*** partout sauf entre les racines, nous en déduisons que : la fonction ***f* (x)** est **négative** entre moins l'infini et **– 1** où elle prend la valeur zéro, car ***f* (-1) = 0**, puisque **– 1** est *une racine* et la fonction est aussi **négative** entre **+ 3** et plus l'infini. La fonction est **positive** entre **- 1** et **3** et la parabole est **au-dessus de l'axe** pour cet intervalle de valeur et en dessous à l'extérieur de l'intervalle -1 ; 3.

Pour parler de façon imagée la parabole émerge légèrement au-dessus de l'axe horizontal comme le ferait le dos d'une baleine à la surface de l'eau, si on assimile la parabole à la courbure de son dos et l'axe horizontal à l'étendue des flots.

3) Commentaire sur la forme factorisée

Une fois que les racines ont été trouvées il est facile d'écrire $f(x)$ sous forme factorisée. **La difficulté est justement d'obtenir cette forme factorisée** quand on n'a pas pu repérer un carré parfait ou une identité remarquable. Il faut alors au préalable chercher les racines ce qui retarde l'obtention de cette forme factorisée.

Nous verrons que *la méthode AUBRY* donnant les racines permet d'obtenir cette forme factorisée et qu'elle pourra être couplée avec cette forme factorisée pour augmenter encore sa puissance.

8) Présentation de la méthode AUBRY appliquée aux racines réelles

1) Exposé de deux autres méthodes que la dérivation pour trouver le Sommet de la parabole

a) Première méthode : résolution de $f(x) = c$

Si on ne veut pas recourir à *la méthode de la dérivée*, parce que par exemple cette méthode est exposée assez tardivement (en première), il existe une autre méthode accessible aux élèves de collège (c'est un de ses avantages).[52]

Cette méthode s'appuie sur une constatation importante : **l'axe (Sy) qui passe par le sommet est l'axe de symétrie de la parabole.**[53]

Par conséquent tout point de la parabole situé à une ordonnée ***y*** possède un point qui lui est symétrique par la symétrie d'axe **(Sy)** qui est à la même hauteur. Pour le dire de manière visuelle, tout point ***M*** situé sur une branche de la parabole possède un point miroir *M'* situé sur l'autre branche, et donc à égale distance de lui par rapport à l'axe (Sy). Le sommet *S* est le

---

[52] L'autre avantage est de faire un lien intime entre la géométrie via la notion de symétrie et l'analyse en exploitant la fonction f(x) pour un point spécial.

[53] L'axe (Sy) est aussi la droite d'équation $x = x_S$

seul point de la parabole qui est le miroir de lui-même et l'abscisse du sommet se trouve à la verticale du milieu du segment horizontale [MM']. D'où nous avons : $\mathbf{x_S} = \frac{x_M - x_{M'}}{2}$

Or, nous avons un point ***M*** très particulier et simple à notre disposition que nous connaissons déjà : c'est le point ***C* (0, c) ;** point d'intersection de la parabole avec l'axe vertical des ordonnées. Si nous pouvions trouver l'autre point ***C'*** de la parabole situé symétriquement par rapport à l'axe (Sy) - donc à la même hauteur que lui - nous pourrions alors trouver facilement l'abscisse du sommet. Cette abscisse recherchée est simplement la moitié de la distance **CC'** ; soit : $\mathbf{x_S} = \frac{x_C - x_{C'}}{2}$; soit avec $\mathbf{x_C = 0}$: $\mathbf{x_S} = \frac{x_{C'}}{2}$

Mais comment obtenir ce fameux point C'?

C'est en réalité *très simple*, puisque les deux points ***C*** et ***C'*** sont à la même hauteur ***c***, il suffit de résoudre l'équation $f(\mathbf{x}) = \mathbf{c}$.

Nous avons donc : $ax^2 + bx + c = c$

D'où en soustrayant l'égalité par *c*, nous obtenons : $ax^2 + bx = 0$

Après une mise en facteur évidente, nous trouvons : $x\ (\ ax + b\ ) = 0$

D'où nous en déduisons les solutions : $\mathbf{x = 0}$ (sans surprise, c'est le point C sur l'axe vertical que nous connaissions déjà !) et plus intéressant :

$\mathbf{x_{C'}} = \frac{-\,b}{2\,a}$

C'est cette deuxième valeur qui est l'abscisse de C' que nous cherchions.

Puisque nous savons que l'axe (Sy) passe par le milieu de [CC'], nous en déduisons facilement la position du sommet dont l'abscisse est située au milieu du segment [CC'] et nous trouvons : $\mathbf{x_S} = \frac{x_{C'}}{2} = \frac{-\,b}{2\,a}$

<u>Au final</u> : L'abscisse du sommet de la parabole peut être trouvée en résolvant dans un premier temps : $f(\mathbf{x}) = \mathbf{c} = \mathbf{ax^2 + b\ x + c}$

Soit en simplifiant par **c** de chaque côté : $0 = ax^2 + bx$

Ce qui conduit après une mise en facteur évidente par **x** à deux solutions : $x = 0$ et $x = -b/a$

Le sommet est le milieu du fait de la symétrie de la parabole par rapport à l'axe (Sy), soit : $x_S = -b/2a$

Il s'agit donc d'une méthode simple et élégante ne nécessitant pas l'apprentissage des dérivées, et donc a priori plus accessible.

Mais il existe une autre méthode redoutablement plus rapide utilisant la symétrie et les relations de Viète.

b) Deuxième méthode : Utilisation de la symétrie et de la relation de Viète sur la somme

La deuxième méthode n'ayant pas besoin de la dérivée pour trouver les coordonnées du sommet utilise la notion de symétrie et les relations de Viète. Nous savons que la somme des racines est $S = -b/a$.

Or, l'abscisse du sommet est le milieu de tous les points pris deux à deux symétriquement l'un par rapport à l'autre selon l'axe (Sy), ce qui est le cas des racines. Le projeté du sommet se trouve donc au milieu du segment défini par x_1 et x_2 et par suite : $x_S = -b/2a$.

Cette méthode est particulièrement rapide !

Nous déterminons ensuite **l'ordonnée du sommet** à l'aide de *la notion de fonction* (vue en quatrième et en troisième) via la relation $y_s = f(x_S)$, ce qui conduit tout calcul fait à l'expression : $y_S = \frac{-b^2+4ac}{4a} = \frac{-\Delta}{4a}$

Ou encore, en développant les calculs pour bien mettre en évidence la translation opérée par le coefficient *c*, quand on passe de $g(x) = ax^2 + bx$ à $f(x) = ax^2 + bx + c$, nous trouvons : $y_S = \frac{-b^2}{4a} + c$

Nous retiendrons au final pour le sommet : $S\,(\frac{-b}{2a}, \frac{-b^2}{4a} + c)$.

Ou : $\mathbf{S}\,(\frac{-b}{2a}, \frac{-\Delta}{4a})$ Ou encore : $\mathbf{S}\,(\frac{-b}{2a}, f(x_S))$

Les trois coefficients *a, b,* et *c* interviennent donc sur la position du sommet et donc aussi sur la valeur des racines, puisque la parabole se dispose autour de son sommet.

2) Recherche d'un critère simple pour déterminer le nombre et la nature des racines – Les deux réponses les plus simples

a) Réponse complète

Nous rappelons ici un résultat important que nous avions énoncé :

Le sommet d'une parabole est *un minimum* pour *a* > 0 et un maximum pour *a* < 0.

Prenons **a > 0** pour raisonner (cette hypothèse simplifie l'exposé, mais ne restreindra pas la généralité de la conclusion que l'on tirera).

Pour déterminer si les branches de la parabole vont intercepter l'axe horizontal, il suffit simplement de calculer y_S et vérifier que $y_S < 0$. Dans ce cas nous aurons *deux racines réelles*.

En effet ***a* > 0** impose que la parabole est ouverte vers le haut et qu'elle doit « descendre » jusqu'à la valeur y_S. Si cette valeur est négative, cela impose à la parabole de passer sous l'axe (Ox) pour rejoindre le sommet ; d'où les deux racines réelles.

Dans le cas où y_S aurait été positif (toujours avec ***a* > 0**), la parabole aurait pu « atteindre le sommet », sans avoir à descendre en dessous de l'axe horizontal et nous n'aurions pas eu de racines réelles, mais *deux racines complexes conjuguées*.

Un raisonnement similaire avec ***a* < 0** impose que y_S soit *positif* si on veut avoir *deux racines réelles,* car la courbe partant de moins l'infini doit obligatoirement franchir l'axe horizontal pour atteindre le sommet ***S*** d'ordonnée <u>y_S</u> *positive,* avant de replonger vers moins l'infini pour les grandes valeurs de **x** (x qui tendent vers $\pm \infty$).

<u>Conclusion</u> :

1) Dans tous les cas, **si nous voulons avoir *deux racines réelles,*[54] il faut que le signe de y_S soit *le contraire* de celui de *a*** :

- **si $a > 0$, alors $y_S < 0$**
- **si $a < 0$, alors $y_S > 0$**

Ou encore : **$a \cdot y_S < 0$, équivaut à deux racines réelles.**

2) **Si *a* et y_S sont de *même signe,* soit $a \cdot y_S > 0$, nous avons *deux racines complexes conjuguées.***

3) **Si $y_S = 0$, équivaut à *une racine double réelle.***

b) Deuxième réponse extrêmement rapide et sans calcul, mais applicable à 50 % des cas

Nous pouvons même nous passer du critère précédent et donc du calcul de y_S dans un premier temps en examinant uniquement le signe de ***a*** et de ***c***. Nous avions dit en examinant la formule du discriminant **$\Delta = b^2 - 4a.c$** que si ***a*** et ***c*** sont de signes contraires, alors obligatoirement le discriminant était positif et que nous avions deux racines.

[54] Ces racines sont symétriques par rapport au sommet.

Cependant, comme notre méthode prétend ne pas recourir au discriminant, nous ne pouvons pas en toute rigueur l'utiliser en disant que nous ne l'utilisons pas : ce serait une contradiction. Il nous faut donc prouver par des arguments logiques que si ***a*** et ***c*** sont de signes contraires, alors obligatoirement, nous aurons *deux racines réelles* (toujours symétriques par rapport au sommet).

Prenons **a > 0** pour raisonner :

La parabole part de plus l'infini et descend jusqu'au point **C (0, c)** ; point que l'on peut obtenir facilement en calculant f **(0) = a.0**^{2} **+ b.0 + c = c**.

Si **c < 0** cela oblige la fonction à prendre une valeur négative en ce point alors qu'elle était positive au préalable, ce qui implique de fait, par continuité, qu'elle a pris la valeur zéro - et donc une racine réelle – d'après le théorème des valeurs intermédiaires. La symétrie par rapport à l'axe (Sy) ou l'étude de la limite en **x = +** ∞ impose une deuxième annulation de la fonction et donc une deuxième racine.

Autrement dit, lorsque **a > 0**, la parabole tend vers **+**∞ lorsque **x**→ − ∞**.** Comme elle passe par le point ***C*** **(0, c)** et que **c < 0**, la fonction prend au moins *une valeur négative*. Comme elle prend aussi des valeurs positives pour |x| suffisamment grand, elle doit forcément couper l'axe horizontal au moins une fois de chaque côté du sommet, ce qui nous donne bien *deux racines réelles.*

Le lecteur vérifiera aisément que le cas symétrique, soit $a < 0$ et $c > 0$, impose aussi une intersection entre la parabole et l'axe horizontal, et donc obligatoirement *deux racines réelles* de nouveau.

Nous avons donc justifié, sans recourir au discriminant, que **si *a* et *c* sont de signes contraires, alors obligatoirement nous avons *deux racines réelles***.

Par contre, **si *a* et *c* sont de même signe, nous ne pouvons rien dire a priori, sinon qu'il y a un risque d'avoir** *des racines complexes*, toutefois sans certitude.

En effet si **a > 0** et **c > 0**, cela veut dire simplement que la fonction est positive en **x = 0**, mais cela ne signifie pas qu'elle ne puisse pas prendre de valeur négative, car ***C* (0, c)** n'est pas son point le plus bas, c'est le sommet.

Nous ne pouvons donc conclure rapidement que dans la moitié des cas (ce n'est pas si mal !) : si ***a*** et ***c*** sont de signes contraires ; et ne pouvons rien affirmer avec certitude s'ils sont de même signe.

Conclusion :

> **Si *a* et *c* sont de *signes contraires* nous avons obligatoirement *deux racines réelles***
>
> **Si *a* et *c* sont *de même signe* nous ne pouvons *pas* conclure, sinon dire qu'il y a *une possibilité de racines complexes*.**
>
> **Dans ce deuxième cas (*a* et *c* de même signe) le calcul de y_S est nécessaire et il faut *a* et y_S de signes contraires pour avoir *deux racines réelles.***

3) Quelle est l'équation de la parabole vue depuis son sommet ?

Nous avions indiqué auparavant que l'équation $g(x) = y = ax^2 + c$ vue depuis le sommet ***S* (0, c)** – dans ce cas - était la même que la parabole d'équation $h(x) = y = ax^2$ vue depuis l'origine **(0, 0).**

Il en va de même lorsqu'on passe de l'équation $g(x) = y = ax^2 + c$ à l'équation complète : $f(x) = y = ax^2 + bx + c$

Autrement dit :

Vu depuis le point S de coordonnées S (x_S, y_S) soit : S ($\frac{-b}{2a}$, $\frac{-b^2}{4a} + c$), la parabole $y = ax^2 + bx + c$ a pour équation $Y = a.X^2$; avec Y et X les coordonnées des points de la parabole dans le repère S (x_S, y_S).

La raison principale est que *la forme* de la parabole donnée par sa dérivée seconde $f''(x) = 2a$ n'est pas modifiée quand nous passons de : *$g(x) = ax^2 + c$ à $f(x) = ax^2 + bx + c$*

Pour le démontrer rigoureusement, il faut procéder à **un changement de repère**. Nous appelons x et y les coordonnées d'un point M quelconque dans le repère $(O, \vec{i}, \vec{j})$. Nous appelons X et Y les coordonnées du même point M dans le repère $(S, \vec{i}, \vec{j})$, avec x_S et y_S les coordonnées de S dans le repère de référence $(O, \vec{i}, \vec{j})$.

Vectoriellement, nous pouvons écrire : $\overrightarrow{OM} = \overrightarrow{OS} + \overrightarrow{SM}$

Avec : $\overrightarrow{OM} = x . \vec{i} + y . \vec{j}$; $\overrightarrow{OS} = x_S . \vec{i} + y_S . \vec{j}$; et $\overrightarrow{SM} = X . \vec{i} + Y . \vec{j}$

En remplaçant ces égalités dans $\overrightarrow{OM} = \overrightarrow{OS} + \overrightarrow{SM}$, nous obtenons :

$$(x . \vec{i} + y . \vec{j}) = (x_S . \vec{i} + y_S . \vec{j}) + (X . \vec{i} + Y . \vec{j})$$ [55]

D'où nous tirons le système de transition suivant :

$x = x_S + X$; soit : $x = X - (\frac{-b}{2a})$ **et :** $y = y_S + Y$

Nous injectons ces nouvelles expressions de **x** et **y** dans : $y = ax^2 + bx + c$

55 Les parenthèses de cette égalité ne sont pas nécessaires, elles ont été mises pour faciliter la lecture de l'égalité.

Nous obtenons : $\mathbf{Y} + y_S = \mathbf{a}\,(\mathbf{X} - \frac{b}{2a})^2 + \mathbf{b}.\,(\mathbf{X} - \frac{b}{2a}) + \mathbf{c}$

En développant, nous trouvons : $\mathbf{Y} + y_S = \mathbf{a}.\mathbf{X}^2 - \mathbf{b}\mathbf{X} + \frac{b^2}{4a} + \mathbf{b}.\mathbf{X} - \frac{b^2}{2a} + c$

Après calculs (simplification des termes - b.X et + bX et calcule des constantes $+ \frac{b^2}{4a}$ et $- \frac{b^2}{2a}$), nous trouvons : $\mathbf{Y} + y_S = \mathbf{a}.\mathbf{X}^2 + (\frac{-b^2}{4a} + c)$

En identifiant : $(\frac{-b^2}{4a} + c)$ à y_S, nous pouvons simplifier par y_S (en fait soustraire par y_S de part et d'autre) et nous trouvons finalement : $\mathbf{Y} = \mathbf{a}.\mathbf{X}^2$

Bien que l'équation dans le nouveau repère ai une formulation analytique différente, la forme même de la parabole n'a pas changée, car c'est de la même parabole dont il s'agit. En effet, le repère centré sur le sommet *S* (x_S, y_S) a été obtenu par *translation des axes* ; or une translation ne modifie ni les distances des points entre eux, ni les angles (elle effectue un simple glissement). Donc ni la courbure, ni la concavité, ni la dérivée seconde ne sont affectées par ce changement de repère et ce positionnement au sommet pour observer la parabole.

Conclusion :

1) **La parabole d'équation $y = ax^2 + bx + c$ dans le repère $(O, \vec{i}, \vec{j})$ a pour équation $Y = a X^2$ dans le repère $(S, \vec{i}, \vec{j})$.**
X et Y sont les coordonnées dans le nouveau repère $(S, \vec{i}, \vec{j})$,[56] tels que : $X = x - x_S = x - (\frac{-b}{2a})$; soit : **$X = x + \frac{b}{2a}$** ; et **$Y = y - y_S$**

2) **Toute parabole est localement une parabole centrée en son sommet. Les coefficients *b* et *c* ne modifient que sa position dans**

56 Le repère centré au sommet) a été obtenu par translation des axes

le plan, tandis que *a* détermine entièrement son ouverture et sa courbure.

3) **L'ordonnée du sommet est :** $y_S = f(x_S) = \left(\frac{-b^2}{4a} + c\right)$

Cette expression de l'ordonnée met bien en évidence ce que nous avions constaté sur les effet de ***a***, ***b*** et ***c***. Soit principalement :

- L'effet de *translation verticale* opérée par le coefficient **c sur toute la parabole et donc sur son sommet (via y_S)**
- Le fait que ***a*** et ***b*** interviennent dans la valeur de y_S avec une influence inverse l'une de l'autre. Une grande valeur absolue de ***b*** tend à éloigner le sommet du centre du repère (***a*** et ***c*** étant fixés), tandis qu'une grande valeur absolue de *a* tend à l'y ramener (***b*** et ***c*** étant cette fois fixés).

4) Comme vue précédemment, nous avons aussi en développant les calculs sur y_S :

$$y_S = \frac{-\Delta}{4a}$$

Relation qui est *le lien principal* entre la méthode AUBRY et celle du discriminant.

4) Exposé de la méthode AUBRY du second degré pour les racines réelles.

a) Travail en distances

Nous avons maintenant tous les éléments qui nous sont nécessaires pour un exposé serein et limpide de la méthode AUBRY. Nous avons montré que : Vue depuis le sommet, la parabole $ax^2 + bx + c = 0$ suit une équation épurée de la forme : $Y = a.X^2$; avec : $Y = y - y_S$ hauteur mesurée depuis l'ordonnée du Sommet Et : $\mathbf{X = x - x_S}$ distance mesurée depuis l'abscisse du sommet.

Nous savons aussi que l'existence de *racines réelles, doubles* ou *complexes* dépend uniquement de la position du sommet, via y_S, et de l'orientation de la parabole donnée par le signe de a.

Le critère très simple pour détecter les racines réelles est que a et y_S soient de *signe opposé*. La parabole traverse alors l'axe des abscisses deux fois et il y a *deux racines réelles symétriques* par rapport au sommet dans ce cas ; ces résultats étant directement liés à la continuité de la fonction polynomiale de degré deux et au théorème des valeurs intermédiaires qui assure que toute fonction continue qui change de signe s'annule au moins une fois entre les deux points considérés.

A l'inverse, si a et y_S sont de *même signe*, la parabole ne traverse jamais l'axe des abscisses. Elle reste constamment au-dessus de l'axe pour a et y_S positif ou constamment en dessous de l'axe pour a et y_S négatif. Nous avons *deux racines complexes* conjuguées dans ce cas.

Enfin, si y_S est *nul*, quel que soit le signe de a nous aurons *une racine double réelle*.

Prenons un cas favorable pour commencer, celui de *deux racines réelles* (nous généraliserons plus tard).

Supposons par exemple : $a > 0$, ce qui implique $y_S < 0$.

Dans cette configuration, nous savons qu'il y aura **deux racines réelles situées par défintion en $y = 0$** et qu'elles sont placées symétriquement par rapport au sommet et un peu "au-dessus" de celui-ci.

Mais où exactement ? C'est là tout l'enjeu du problème !

Cette équation $\mathbf{Y = a.X^2}$ signifie que les déplacements verticaux et horizontaux sont liés. Fixer **Y** impose de fait de fixer $\mathbf{X^2}$ et donc **X**.

Nous travaillons dans un premier temps **en distance** pour simplifier, ce qui revient à prendre des valeurs absolues. L'ordonnée du sommet est à une distance y_S sous l'axe horizontal (dans la configuration choisie).Cela signifie que cette axe est à la distance $|y_S|$ du sommet, soit : $|Y| = |y_S|$

Pour franchir la distance verticale $|Y| = |y_S|$ en parcourant la courbe d'équation $Y = a.X^2$, il faut parcourir la distance horizontale $d = |X|$ (en notant d la distance horizontale qui sépare l'abscisse du sommet de l'abscisse des racines). De sorte qu'on se retrouve avec une équation très simple à résoudre en distance : $|y_S| = a.d^2$

Ce qui conduit à : $d = \sqrt{\frac{|y_S|}{a}}$; car ici a est positif.

Si cette fois nous envisageons le cas $a < 0$ et $y_S > 0$, c'est-à-dire l'autre configuration à racines réelles, par le même raisonnement, nous arrivons à l'équation : $y_S = |a|.d^2$

Ce qui conduit à : $d = \sqrt{\frac{y_S}{|a|}}$; car ici a est négatif.

Au final, pour tous les cas de *racines réelles*, soit a et y_s *de signe opposé*, en travaillant en distance et sans se soucier du signe de a, nous avons à résoudre $|y_S| = |a|.d^2$ pour trouver *la distance* qui sépare les racines du sommet sur l'axe horizontal : $d = |x - x_S|$

De là nous en déduisons simplement les deux racines via les relations symétriques : $x_1 = x_s - d$ et $x_2 = x_s + d$

Soit : $x_1 = -\frac{b}{2a} - d$ et $x_2 = -\frac{b}{2a} + d$

D'où pour conclure, en explicitant d en fonction de y_S et a :

$$x_1 = x_S - \sqrt{\frac{|y_S|}{|a|}} \quad \text{et} \quad x_2 = x_S + \sqrt{\frac{|y_S|}{|a|}}$$

Ou encore sous une forme condensée : $\mathbf{x_{1,2} = x_S} \pm \sqrt{\frac{|y_S|}{|a|}}$

Le travail en valeur absolue évite de traiter séparément tous les cas.

La formule trouvée pour la méthode AUBRY est particulièrement sobre et élégante. Elle utilise uniquement *les coordonnées du sommet* et *le coefficient dominant* $\boldsymbol{a}$.

b) Lien avec le discriminant habituel et les coefficients *a, b* et *c*

La relation précédente peut s'exprimer de deux autres façons équivalentes. Selon l'expression choisie, l'emphase est mise sur un point ou un autre.

Nous avons, par exemple avec : $y_S = -\frac{b^2}{4a} + c$ et $x_S = \frac{-b}{2a}$

$\mathbf{x_{1,2} = x_S} \pm \sqrt{\frac{|y_S|}{|a|}}$ devient : $\mathbf{x_{1,2}} = \frac{-b}{2a} \pm \sqrt{\frac{\left|-\frac{b^2}{4a} + c\right|}{|a|}}$

cette expression utilise uniquement les coefficients de la fonction.

Ou encore en poursuivant les calculs : $\mathbf{x_{1,2}} = \frac{-b}{2a} \pm \sqrt{\frac{\left|-\frac{b^2}{4a} + \frac{4ac}{4a}\right|}{|a|}}$

Soit : $\mathbf{x_{1,2}} = \frac{-b}{2a} \pm \sqrt{\frac{\left|\frac{-\Delta}{4a}\right|}{|a|}}$

Ce qui conduit finalement après de rapides calculs à : $\mathbf{x_{1,2}} = \frac{-b}{2a} \pm \frac{\sqrt{\Delta}}{2a}$

c) Conclusion sur le travail en distance

La position des racines ne dépend que de la position du sommet via x_S et y_S et de la forme de la parabole via le coefficient a.

En travaillant en distance, la position des racines réelles peut être donnée par les relations :

$$x_{1,2} = x_S \pm \sqrt{\frac{|y_S|}{|a|}} \quad \text{ou} \quad x_{1,2} = -\frac{b}{2a} \pm \sqrt{\frac{|f(x_S)|}{|a|}} \quad \text{ou} \quad x_{1,2} = \frac{-b}{2a} \pm \sqrt{\frac{\left|\frac{-b^2}{4a} + c\right|}{|a|}}$$

En explicitant y_S nous pouvons retrouver la formule habituelle liée au discriminant : $x_{1,2} = \frac{-b}{2a} \pm \frac{\sqrt{\Delta}}{2a}$; avec : $\Delta = b^2 - 4\,a.c$

Remarques :

- Nous avions pris une parabole de forme convexe (ouverte vers le haut, **$a > 0$**) et un y_S sous l'axe horizontal ($y_S < 0$). Faisons maintenant l'inverse, toujours pour trouver *deux racines réelles* (pour l'instant).

Nous prenons donc une parabole renversée ($a < 0$) avec le sommet au-dessus de l'axe ($y_S > 0$). Dans cette configuration, nous savons que nous avons encore *deux racines réelles*, puisque a et y_S sont encore de signes contraires.

Depuis le sommet *S* nous devons cette fois *descendre* pour rejoindre les racines au lieu de monter. Mais, puisque nous travaillons en distance, monter ou descendre sont équivalents ; il nous suffit de travailler *en valeur absolue*, c'est là un des avantages de la méthode : sa simplicité.

La quantité de laquelle nous devons descendre est $|y_S|$. Puisqu'on décrit la parabole $\mathbf{Y = a.X^2}$, cette dénivellation verticale $|y_S|$ est obligatoirement liée au déplacement horizontal *d* par la relation $|y_S| = |a|.d^2$

Nous prenons la valeur absolue de ***a*** pour assurer le bon signe à l'égalité. De nouveau, ***d*** est la distance séparant l'abscisse du sommet de l'abscisse des racines. Ici encore retrouvons la même formule :

$$d = \sqrt{\frac{|y_S|}{|a|}} \text{ ; avec } x_{1,2} = x_s \pm d \text{ comme précédemment.}$$

Il n'y a aucune différence de traitement dans ces deux configurations donnant lieu à des racines réelles :

- $a > 0$ et $y_S < 0$ soit une *parabole ouverte vers le haut,* avec *le sommet sous l'axe horizontal*

- ou $a < 0$ et $y_S > 0$, soit une *parabole ouverte vers le bas* (« *renversée* »), avec le *sommet au-dessus de l'axe horizontal.*

d) Travail plus précis avec les signes – Retour sur le critère racines réelles

Pour ceux qui ne désirent pas travailler en distance, mais en tenant compte rigoureusement des signes (nous ne le conseillons pas par souci de simplicité et de gain de vitesse), il faut revenir aux égalités de passage :

$X = x - x_S = x + b/2a$ et : $Y = y - y_S$ et injecter ces relations dans l'équation de la parabole vue depuis le sommet, soit : $Y = a.X^2$

Nous obtenons dans un premier temps : $y - y_S = a.\ (x + \frac{b}{2a})^2$

Nous cherchons le x tel que $y = 0$, car les racines sont situées sur l'axe.

Nous nous retrouvons donc à résoudre l'équation : $0 - y_S = a.\ (x + \frac{b}{2a})^2$

D'où nous tirons facilement que : $(x + \frac{b}{2a})^2 = \frac{-y_S}{a}$

Puis dans le cas où y_S et a sont de *signes contraires* (pour garantir que la grandeur sous la racine à venir soit bien positive) : $(x + \frac{b}{2a}) = \pm \sqrt{\frac{-y_S}{a}}$

D'où nous tirons immédiatement que : $\mathbf{x} = -\frac{b}{2a} \pm \sqrt{\frac{-y_S}{a}}$

Au final, le résultat est identique à celui trouvé par des considérations de distance seules : $\mathbf{x}_{1,2} = -\frac{b}{2a} \pm \sqrt{\frac{|y_S|}{|a|}}$

L'expression $\sqrt{\frac{-y_S}{a}}$ n'a de sens que si le rapport : $\frac{-y_S}{a}$ est positif, ce qui impose de nouveau que $\boldsymbol{a}$ et $\boldsymbol{y_s}$ de signes contraires. Nous retrouvons ici par *des considérations analytiques* la condition trouvée précédemment par des *considérations géométriques.* L'analyse et la géométrie parlent d'une même voix. Elles deviennent *deux lectures complémentaires* qui dialoguent sur un même objet.

Voici donc au final la méthode complète et détaillée pour les racines réelles :

1) **Nous calculons l'abscisse x_S du sommet via la relation $x_S = \frac{-b}{2a}$**

2) **Nous en déduisons y_S que nous calculons par la relation $y_S = f(x_S)$**
   Ou nous utilisons le résultat de $f\left(\frac{-b}{2a}\right) = y_S = -\frac{b^2}{4a} + c$ [57]

---

[57] Cette forme met bien en évidence la translation opéré par le coefficient c quand on passe de : $f_1(\mathbf{x}) = \mathbf{ax^2 + bx}$ à $f_2(\mathbf{x}) = \mathbf{ax^2 + bx + c}$, et le rôle des deux autres coefficients $\boldsymbol{a}$ et $\boldsymbol{b}$.
En particulier si $\boldsymbol{b} = \mathbf{0}$, nous retrouvons le fait que le sommet est sur l'axe (Oy) et que son ordonnée est $\boldsymbol{c}$. Soit **S (0, c)**.
En particulier aussi, si **a >> b** le sommet se rapproche du centre du repère selon l'axe horizontal et du point **C (0, c)**.

3) **Nous déterminons la distance d séparant les racines cherchées de x_S par la relation $|y_S| = |a|.d^2$ (c'est ici la clef de la méthode), ce qui conduit à :** $d = \sqrt{\frac{|y_S|}{|a|}}$; avec d distance séparant l'abscisse du sommet de l'abscisse des racines
4) **Nous en déduisons directement les deux racines par les relations symétriques :** $x_{1,2} = x_s \pm d$ et : $x_S = -\frac{b}{2a}$

$$x_1 = -\frac{b}{2a} - \sqrt{\frac{|y_S|}{|a|}} \qquad \text{et} \qquad x_2 = -\frac{b}{2a} + \sqrt{\frac{|y_S|}{|a|}}$$

La clef de la Méthode AUBRY est donc de combiner la position du sommet avec la croissance quadratique vue depuis ce sommet pour rejoindre les racines.

Cette méthode se distingue par sa simplicité qui participe à sa beauté et à son efficacité.

Un autre avantage de la méthode est qu'en ces temps de concours *sans calculatrice*, nous pouvons même trouver les racines du polynôme sans utiliser de racine carrée.[58] Il suffit pour cela de quelques essais et erreurs pour résoudre à la main l'équation : $|y_S| = |a|.d^2$. C'est un argument très fort pour la méthode AUBRY, car résoudre $|y_S| = |a|\, d^2$ *par essais-erreurs* est souvent plus rapide que d'appliquer la formule du discriminant avec des radicaux. De plus, cette approche développe *le sens numérique et l'intuition des ordres de grandeur*.

---

[58] Il est cependant possible d'extraire une racine carrée à la main, mais cela prend en général plus de temps que quelques essais et erreurs dans la résolution de : $|y_S| = |a|.d^2$

Prenons un exemple : f **(x) = 2x² - 12x + 10**

$x_S = - b/ 2a = \frac{12}{4} = 3$

$y_S = f(3) = 2.(9) - 36 + 10 = 28 - 36 = - 8$

L'idée est de trouver d tel que : $|ys| = |a|.d^2$; soit ici : $|-8| = 2.d^2$

Nous trouvons facilement : $d^2 = 4$, car : 4.2 = 8

Nous en déduisons que $d = 2$ (pour rappel, d est une distance)

Avec : $x_{1,2} = x_S \pm d = 3 \pm 2$

Il vient pour les deux racines réelles : $x_1 = 5$ et $x_2 = 1$

Vérifications rapides :

Produit = $x_1.x_2 = 5$, conforme à : $c/a = 10/2 = 5$

Somme = **5 + 1 = 6,** conforme à : $-b/a = 12/2 = 6$, tout est correct.

Nous avons effectivement tout résolu sans recourir à une calculatrice.

5) Traitement de trois exemples à racines réelles

Prenons des exemples pour illustrer la méthode.

Nous détaillons bien de nouveau le premier exemple pour que le lecteur assimile parfaitement la méthode (quoique nous la pensions assez simple). Nous irons un peu plus vite par la suite pour mieux mettre en valeur l'efficacité de la méthode AUBRY.

❖ Supposons que l'on désire trouver les racines de : $f(x) = x^2 - 4x - 5$

1) Nous calculons l'abscisse du sommet x_S via la relation : $x_S = - b/2a$

   Cela nous donne ici : $x_S = - (- 4) / 2 = 4/2 = 2$

Remarque : Il est plus rapide de prendre mentalement le contraire du coefficient b (soit **+ 4** au lieu de **– 4**) et de poursuivre le calcul (soit effectuer directement **4 /2**), plutôt que de mettre effectivement le signe moins, comme nous l'avons fait précédemment).

2) Nous calculons y_S via la relation $y_S = f(x_S)$

Nous avons ici : $f(2) = (2)^2 - 4(2) - 5 = 4 - 8 - 5 = \mathbf{-9}$

Ou encore, nous utilisons la relation établie : $y_S = \frac{-b^2}{4a} + c$

Soit : $y_S = \frac{-b^2}{4a} + c = \frac{-(-4)^2}{4} - 5$; d'où : $y_S = \frac{-16}{4} - 5$; $y_S = -9$

Nous trouvons dans les deux cas le même résultat : L'ordonnée du sommet se trouve donc à *neuf unités sous l'axe* des x

Puisque a est positif, nous allons remonter depuis le sommet situé sous l'axe horizontal et trouver effectivement *deux racines réelles.*

3) Nous calculons *d* selon le raisonnement simple suivant :

Il nous faut monter de **9** unités pour rejoindre l'axe (Ox) où se trouvent les racines et cette croissance de **9** se fait selon la loi quadratique :

$|y_S| = |a| \cdot d^2$ avec *d* distance entre x_S et x_1 ou x_2

Puisque l'équation de départ est : $x^2 - 4x - 5$), la relation devient ici :

$9 = 1.\, d^2$; d'où nous en déduisons $d^2 = 9$. Soit : $d = \sqrt{9} = 3$ [59]

4) Maintenant que nous avons la position x_S du sommet et l'écart ***d*** *entre* le sommet et chacune des racines, nous avons toutes les informations qui nous sont nécessaires pour conclure.

Les racines sont : $x_{1,2} = x_S \pm d$

Soit : $x_1 = 2 - 3 = -1$ et : $x_2 = 2 + 3 = 5$

---

[59] **Pour** rappel, nous avons choisi de considérer que ***d*** est une distance, donc : $d \geq 0$. C'est pourquoi nous n'avons *pas* pris la valeur négative -3 pourtant acceptable du point de vue mathématique.

Nous pouvons vérifier nos résultats par exemple avec **le produit des racines** égal à **c/a** ; ce qui donne ici d'une part **: c /a =** -5/1 = **- 5**, (l'équation de départ est : $\mathbf{x^2 - 4x - 5}$)

Et d'autre part : $\mathbf{x_1 . x_2 = -1 . (5) = -5}$

Nous avons bien : $\mathbf{x_1 . x_2 = c / a}$

La somme **S = -b /a = - (- 4) /1 = 4** est aussi conforme, car $x_1 + x_2 = 4$

Conclusion : Le résultat est conforme. La méthode fonctionne et elle fonctionne même très bien.

Si nous reprenons en appliquant directement les formules, nous avons **:**

$x_{1,2} = x_s \pm \sqrt{\frac{|f(x_S)|}{|a|}}$; avec $x_S = \frac{-b}{2a}$

Soit : $x_{1,2} = x_s \pm \sqrt{\frac{|f(x_S)|}{|a|}} = \frac{4}{2} \pm \sqrt{\frac{|f(2)|}{|1|}}$

D'où : $x_{1,2} = 2 \pm \sqrt{\frac{9}{1}} = 2 \pm 3$ (avec $f(2) = -9$ et $|f(2)| = 9$)

Nous retrouvons bien les deux solutions $\mathbf{x_1 = -1}$ et $\mathbf{x_2 = 5}$

❖ **Deuxième exemple :** $\mathbf{f(x) = 2x^2 + 4x - 6}$.

Prenons un second exemple, avec toujours pour l'instant *un discriminant delta positif*. Nous verrons par la suite que le cas **Δ = 0** ne pose aucun problème, et que le cas **Δ < 0** nécessite un léger ajustement de la méthode.

Nous avons : $\mathbf{f(x) = 2x^2 + 4x - 6}$.

La valeur positive choisie pour ***a*** et négative pour ***c*** assure que nous avons bien deux racines réelles (le calcul de delta serait positif : Δ > 0).

Avec la méthode AUBRY appliquée rapidement, nous obtenons :

$x = -1 \pm \sqrt{\frac{|f(-1)|}{|a|}} = -1 \pm \sqrt{\frac{8}{2}} = -1 \pm 2$

Soit : $\mathbf{x_1 = -3}$ et : $\mathbf{x_2 = +1}$

C'est très rapide ! Le plus long est de calculer f **(-1)** !

En détaillant un peu plus :

1) Le sommet est en : $\mathbf{x_S = - b/2a}$ = – 4 / 4 = **- 1**
2) f **(-1)** = 2 (-1)² + 4 (-1) - 6 = 2 – 4 – 6 = 2 – 10 = **- 8** (c'est le plus long)

3) Il nous faut monter de **8** selon la loi : $|y_S| = |a|\, x^2$; soit ici : $8 = 2d^2$
   D'où : $d^2 = 4$ et $d = 2$. (Ce calcul peut même être fait de tête ; il est vrai que le cas est favorable, mais cela arrive !).

Ou encore, maintenant que nous avons compris la logique, nous appliquons directement la formule : $d = \sqrt{\frac{|f(x_S)|}{|a|}} = \sqrt{\frac{|-8)|}{|2|}} = \sqrt{4} = 2$

4) Nous en déduisons les racines via la relation : $\mathbf{x_{1,2} = x_S \pm d}$
   Soit ici : $\mathbf{x_{1,2} = -1 \pm 2}$; d'où : $\mathbf{x_1 = -3}$ et : $\mathbf{x_2 = 1}$

Nous *vérifions nos résultats* par acquit de conscience.

Le plus rapide est de remarquer que ***1*** est **racine évidente,** car la somme des coefficients est nulle (nous aurions pu le voir dès le départ ce qui aurait simplifié la résolution).

Le produit des racines doit être égal à : $\mathbf{x_1.x_2 = c/a}$

Nous avons d'une part pour : **c /a** = - 6/2 = **- 3**

Et d'autre part : $\mathbf{x_1 . x_2}$ = **1 . (- 3) = - 3** ; ce qui valide bien nos résultats puisque nous avons bien $\mathbf{x_1.x_2 = c/a}$

En toute rigueur, il faut aussi calculer la somme des racines **S = - b / a**.

Nous laissons au lecteur le soin de vérifier le critère de la somme.

Une autre méthode de vérification est de calculer f **(x)** pour chacune de nos racines et vérifier si nous obtenons bien f **(x) = 0**.

Avec **- 3**, par exemple, nous obtenons : f **(-3) = 2 (-3)² + 4 (-3) – 6**

Soit : f **(-3)** = 2 (9) - 12 – 6 = 18 – 18 = **0** ; ce qui valide nos résultats.

La méthode fonctionne toujours très bien.

❖ **Troisième exemple :** $f(x) = \frac{1}{2}x^2 - x - 4$

Nous notons au préalable que ***a*** et ***c*** sont de signes contraires, nous aurons donc **deux racines réelles** distinctes. (Ce cas correspond à un $\Delta > 0$).

1) Nous cherchons le sommet : $\mathbf{x_S = -b / 2a = \frac{+1}{2.\frac{1}{2}} = 1}$

   $y_S = f(x_S) = f(1) = \frac{1}{2}(1)^2 - (1) - 4 = \mathbf{-9/2\ (= -4{,}5)}$

Nous sommes dans le cas ***a*** et y_S de signe opposé ($\boldsymbol{a.\ y_S < 0}$), nous aurons *deux racines réelles* symétriques par rapport au sommet.

2) Nous appliquons l'idée fondamentale : regarder la loi de croissance quadratique depuis le sommet.
   Nous devons nous déplacer de 4,5 unités sur l'axe vertical, selon la loi de croissance : $\boldsymbol{|y_S| = |a|.d^2}$; soit : $\mathbf{4{,}5 = \frac{1}{2}d^2}$; ou : $\mathbf{\frac{9}{2} = \frac{1}{2}d^2}$
   Soit : $\mathbf{9 = d^2}$; nous trouvons : $\mathbf{d = 3}$

3) Nous en déduisons immédiatement les racines par la formule :
   $\mathbf{x_{1,2} = x_S \pm d}$; soit : $x_1 = 1 - 3 = \mathbf{-2}$ et : $x_2 = 1 + 3 = \mathbf{4}$

La vérification s'effectue, par exemple, en calculant $f(-2)$ et $f(4)$ qui doivent donner zéro ou encore par le produit et la somme des racines.

Par exemple : $f(-2) = \frac{1}{2}\mathbf{(2)^2 - (-2) - 4 = \frac{1}{2}.\ 4 + 2 - 4 = 2 + 2 - 4 = 0}$

Ce qui valide bien notre résultat.

Nous laissons au lecteur le soin de vérifier l'autre racine via $f(4)$ ou encore les deux racines par le produit **c /a** et la somme **-b /a**.

9) Extension de la méthode AUBRY aux racines complexes

1) Exposé de la méthode pour les racines complexes

Qu'arrive-t-il si notre critère de départ n'est pas respecté ? C'est-à-dire, si le coefficient a et l'ordonnée du sommet y_S sont de **même signe**. Prenons par exemple une configuration où : $a > 0$ et $y_S > 0$.

Géométriquement, le sommet de la parabole se situe au-dessus de l'axe des abscisses et les branches de la parabole divergent vers l'infini. En conséquence, la courbe ne traverse jamais l'axe des réels : il n'y a donc **aucune racine réelle**. C'est ici que l'ensemble des nombres complexes et son célèbre nombre i, défini par $i^2 = -1$, viennent à notre rescousse pour révéler des racines invisibles dans le plan réel.

Reprenons notre équation vue depuis le sommet *S*. Son équation n'a pas changé, elle est : $Y = aX^2$; soit encore avec les formules de changements de repère : $y - y_S = aX^2$

Nous cherchons toujours les points d'intersection avec l'axe horizontal soit la valeur de X qui assure $y = 0$, ce qui revient à résoudre : $0 - y_S = aX^2$

Soit : $X^2 = \frac{-ys}{a}$

La difficulté ici (que nous lèverons bientôt) est que $\frac{-ys}{a}$ est négatif, puisque a et y_S sont de même signe, ce qui est problématique dans l'ensemble des réels et interdit de prendre simplement la racine. Nous sommes obligés de passer dans l'ensemble des complexes. Puisque $i^2 = -1$, nous pouvons aussi écrire $\mathbf{X^2} = \frac{-y_S}{a}$ sous la forme : $\mathbf{X^2} = i^2 \frac{y_S}{a}$ ce qui nous permet de prendre la racine et de trouver : $\mathbf{X} = \pm\, i \sqrt{\frac{y_S}{a}}$ de sorte que le nombre sous la racine soit effectivement positif dans le cas où a et y_S sont tous les deux de même signe.

Nous remarquons non sans une certaine excitation que le nombre sous la racine est identique à l'expression trouvée précédemment, dans le cas réel, lorsque nous travaillions en distance : $d = \sqrt{\frac{|y_S|}{|a|}}$

La seule différence typographique est le i devant.

En exploitant le fait que X est l'écart entre l'abscisse des racines et celle du sommet, soit : $\mathbf{X = x - x_S}$, nous avons : $\mathbf{x - x_S} = \pm\, i \sqrt{\frac{y_S}{a}}$

Puis, avec : $\mathbf{x_S} = -\frac{b}{2a}$: $\quad \mathbf{x_{1,2}} = -\frac{b}{2a} \pm i \sqrt{\frac{y_S}{a}}$

<u>Conclusion sur la méthode AUBRY</u> :

Pour toute équation du second degré, la distance horizontale entre le sommet et chaque racine est : $d = \sqrt{\frac{|y_S|}{|a|}}$

Cette distance est nulle pour la racine double, *réelle* lorsque les racines sont réelles et elle devient la norme de la partie imaginaire lorsque *les racines sont complexes conjuguées*. Ce résultat est hautement remarquable, car il est unique pour toutes les configurations : *racines réelles*, double ou *complexes conjuguées*.

Que les racines soient *réelles* ou *complexes conjuguées*, la démarche est la même, ce qui rend la méthode AUBRY particulièrement sobre, élégante et efficace.

1) **Nous observons les signes de a et c pour savoir directement si nous avons des racines réelles ou pas (nous le saurons de toute façon par la suite ; cette étape est facultative).**

- **Si a et c sont de signes contraires, nous pouvons directement conclure à l'existence de deux racines réelles (de signes opposés).**
- **Si a et c sont de même signe, nous ne pouvons pas conclure sans avoir la valeur de y_S**

2) **La position du sommet est donnée par la relation $x_S = -\frac{b}{2a}$**
Ce résultat est le résultat final si *la racine est double* (cas $y_S = 0$)
Et c'est la première partie du résultat dans tous les cas.

3) ***L'ordonnée* du sommet est donnée par une des trois relations :**

$$y_S = f(x_S) \qquad \text{ou} \qquad y_S = \frac{-b^2}{4a} + c \qquad \text{ou} \qquad y_S = \frac{-\Delta}{4a}$$

- **Si $y_S = 0$, *la racine est double* et forcément réelle.** (Ce cas n'est possible que si a et c sont de même signe). **Nous avons alors : $x_{1,2} = x_2 = -\frac{b}{2a}$**

  Les racines et le sommet sont *confondus* : la parabole touche l'axe horizontal au niveau de "sa pointe" : le sommet

- **Si $a \cdot y_S < 0$ (a et y_S sont de *signes contraires*), nous avons *deux racines réelles symétriques* par rapport au sommet. Les solutions sont alors de la forme : $x_{1,2} = x_S \pm d = -\frac{b}{2a} \pm d$**

  Avec d distance réelle déterminée par : $d = \sqrt{\frac{|y_S|}{|a|}} > 0$

- **Si $a \cdot y_S > 0$ (a et y_S sont de même signe), nous avons deux racines complexes conjuguées** (ce cas n'est possible que si ***a*** et ***c*** sont de même signe). [60] **Les solutions sont de la forme :**

$$x_{1,2} = x_S \pm i\, d = -\frac{b}{2a} \pm i\sqrt{\frac{|y_S|}{|a|}}$$

La parabole ne traverse pas l'axe horizontal et reste toujours au-dessus pour $a > 0$ et $y_S > 0$ ou en dessous pour $a < 0$ et $y_S < 0$

4) **Dans tous les cas, la distance entre les racines et le sommet se trouve en résolvant l'équation de la forme $Y = a.X^2$ qui est l'équation de la parabole vue du sommet, ou encore, en appliquant les relations de changement de repère : $0 - y_S = aX^2$**
Avec : $X = x - x_S = x + \frac{b}{2a}$ et : $Y = y - y_S$
En travaillant en distances (donc en valeurs absolues), nous obtenons dans tous les cas : $d = \sqrt{\frac{|y_S|}{|a|}}$
Avec d : distance entre les racines et le sommet : $d = |X| = |x - x_S|$

2) Prenons un exemple : $7x^2 + 3x + 1$

Le coefficient ***a* = 7** et ***c* = 1** de *même signe* nous alertent sur des éventuelles *racines complexes*. Avec la méthode AUBRY nous n'utilisons pas

---

[60] Si les racines sont complexes alors assurément ***a*** et ***c*** sont de mêmes signes, mais la réciproque n'est pas vraie. Nous pouvons avoir **a** et ***c*** de même signes et avoir des racines réelles (tous les cas sont possibles). Le véritable critère pour avoir des racines complexes est que **$a \cdot y_S > 0$** (a et y_S de même signe). Le fait que ***a*** et ***c*** soient de même signe est un indice, qui reste à confirmer. Ce n'est pas un critère d'obtention assuré de racines complexes.

le discriminant.[61] **Le critère est le signe du produit a.y_S** : si **a.y_S > 0**, alors nous aurons effectivement *deux racines complexes* (conjuguées). Il nous faut donc trouver le signe de y_s. (Nous aurons aussi besoin de sa valeur pour notre méthode).

1) Cherchons les coordonnées du sommet :

$$x_S = -\frac{b}{2a} = \frac{-3}{2.7} = \frac{-3}{14}$$

$$y_S = f(x_S) = 7.\left(\frac{-3}{14}\right)^2 + 3.\left(\frac{-3}{14}\right) + 1$$

Soit : $$y_S = 7.\left(\frac{9}{196}\right) - \left(\frac{9}{14}\right) + \left(\frac{196}{196}\right)$$

$$= \frac{63}{196} - \frac{126}{196} + \frac{196}{196} = \frac{19}{28} > 0$$

2) Analyse de la situation : $a = 7 > 0$ et $y_S = \frac{19}{28} > 0$ sont de même signe, donc les racines sont *complexes conjuguées* ($a \,.\, y_S > 0$).

3) Calcul de la distance : $d = \sqrt{\frac{|y_S|}{|a|}} = \sqrt{\frac{|19/28|}{|7|}} = \sqrt{\frac{19}{28.7}} = \sqrt{\frac{19}{196}} = \frac{\sqrt{19}}{14}$

4) Ecriture des solutions qui se trouvent dans le plan complexe à égale distance du sommet[62] : $x_{1,2} = x_S \pm i\,d = -\frac{b}{2a} \pm i\sqrt{\frac{|y_S|}{|a|}}$

Soit : $x_{1,2} = \frac{-3}{14} \pm i\,\frac{\sqrt{19}}{14}$

Nous avons donc au final : $x_1 = \frac{-3}{14} - i\,\frac{\sqrt{19}}{14}$ et : $x_2 = \frac{-3}{14} + i\,\frac{\sqrt{19}}{14}$

---

[61] Avec le discriminant, nous avons : $\Delta = b^2 - 4ac = 9 - 28 = -19 < 0$
Ce résultat indique la présence de *deux racines complexes conjuguées*.
Les deux méthodes conduisent à la même conclusion sur la nature des racines.

[62] Plus exactement, les solutions complexes ont pour partie réelle l'abscisse du sommet et pour module imaginaire la quantité d.

Les solutions complexes ont pour *partie réelle* l'abscisse du sommet et pour *module du décalage imaginaire* par rapport au sommet la quantité *d*.

Nous pouvons vérifier nos résultats avec *la somme* et *le produit des racines*. La somme *S* doit être égale à : $-b/a = \frac{-3}{7}$

Nous avons: $S = x_1 + x_2 = (\frac{-3}{14} + i\,\frac{\sqrt{19}}{14}) + (\frac{-3}{14} - i\,\frac{\sqrt{19}}{14}) = \frac{-3}{14} + \frac{-3}{14} = \frac{-3}{7}$

Et pour le produit : $P = c/a = \frac{1}{7}$

Soit : $P = x_1 . x_2 = (\frac{-3}{14} + i\,\frac{\sqrt{19}}{14}) . (\frac{-3}{14} - i\,\frac{\sqrt{19}}{14})$

$$= (\frac{-3}{14})^2 - (i\,\frac{\sqrt{19}}{14})^2 = \frac{9}{196} + \frac{19}{196} = \frac{28}{196} = \frac{1}{7}$$

Conclusion : nos résultats sont exacts, car les sommes et les produits obtenus pour les racines vérifient les relations de Viète.

Commentaires : Notre approche prise ici avec des nombres qui ne sont pas particulièrement favorables sépare élégamment la recherche de l'axe de symétrie, qui donne la partie réelle : $-\frac{b}{2a} = \frac{-3}{14}$, de la mesure de l'écartement de la courbe dans l'univers complexe : la partie imaginaire : **i.** $\frac{\sqrt{19}}{14}$. La solution prend *un sens géométrique* palpable pour l'élève ou l'étudiant.

3) Prenons trois autres exemples

❖ Commençons par : $f(x) = x^2 - 4x + 13$

Le $a = 1$ et le $c = 13$ de même signe nous alertent sur des éventuelles *racines complexes*. De plus $c = 13$ est un nombre assez grand. Ces deux éléments favorisent des *racines complexes*. Cependant ces considérations, si elles sont des indices intéressants, ne sont pas suffisantes. Il faut trouver le signe de y_s (dont nous aurons de toute façon besoin) et vérifier si $\boldsymbol{a.y_S > 0}$. Dans ce cas, nous aurons effectivement *deux racines complexes conjuguées*.

1) Cherchons les coordonnées du sommet :

$$x_S = -\frac{b}{2a} = 4/2 = \mathbf{2} \quad ; \quad y_S = f(x_S) = (2)^2 - 4.(2) + 13 = 4 - 8 + 13 = \mathbf{9 > 0}$$

Analyse de la situation : $\mathbf{a > 0}$ et $\mathbf{y_S > 0}$ sont de même signe, donc les **racines sont *complexes* :** $\mathbf{a.y_S > 0}$

2) Calcul de la distance : $d = \sqrt{\frac{|y_S|}{|a|}} = \sqrt{\frac{|9|}{|1|}} = \mathbf{3}$

3) Ecriture immédiate des solutions : $\mathbf{x_{1,2} = x_S \pm i\, d} = -\frac{b}{2a} \pm i\sqrt{\frac{|y_S|}{|a|}}$

   Soit : $\mathbf{x_{1,2} = 2 \pm 3i}$

Commentaires :

La résolution est *particulièrement rapide*. La méthode AUBRY est sobre et efficace ; il n'est pas besoin de chercher un « gros » discriminant, ni de manipuler des fractions complexes ![63] Ce sont **deux avantages importants**.

❖ Prenons un troisième exemple. $\boldsymbol{f(x) = -x^2 + 2x - 2}$

Le $\boldsymbol{a = -1}$ et le $\boldsymbol{c = -2}$ de même signe nous alertent sur des *éventuelles racines complexes*. Cependant ce critère n'est pas suffisant, il faut trouver le signe de y_s et vérifier le signe (ou la valeur) du produit $a.y_S$

1) Cherchons les coordonnées du sommet :

$$x_S = -\frac{b}{2a} = -2/(-2) = \mathbf{1} \quad ; \quad y_S = f(x_S) = -(1)^2 + 2.(1) - 2 = -1 + 2 - 2 = \mathbf{-1 < 0}$$

---

[63] Nous laissons le soin à nos lecteurs de vérifier le résultat par la somme et le produit des racines.

Analyse de la situation : $a = -1 < 0$ et $y_S = -1 < 0$ sont de même signe, donc les racines sont *complexes conjuguées* : $a.y_S > 0$

2) Calcul de la distance : $d = \sqrt{\frac{|y_S|}{|a|}} = \sqrt{\frac{|-1|}{|-1|}} = 1$

3) Ecriture immédiate des solutions : $x_{1,2} = x_S \pm i\, d = -\frac{b}{2a} \pm i \sqrt{\frac{|y_S|}{|a|}}$

Soit : $x_{1,2} = 1 \pm i$ [64]

Commentaire : La résolution est ici encore *très rapide*. La méthode est *très simple* et *très efficace*. Dans la pratique, il suffit de calculer d sans se soucier des signes en prenant simplement *la valeur absolue* ; cette opération peut se faire mentalement, ce qui est un avantage.

❖ Prenons un quatrième exemple : $f(x) = 2x^2 - 8x + 8$

Le $a = 2$ et le $c = 8$ de même signe nous alertent sur des éventuelles *racines complexes*. Cherchons le signe de y_s

1) Les coordonnées du sommet sont :

$x_S = -\frac{b}{2a} = 8/4 = 2$; $y_S = f(x_S) = 2 . (2)^2 - 8 . (2) + 8 = 2. (4) -16 +8 = 0$

Analyse de la situation : $y_S = 0$. Nous sommes dans le cas particulier de *la racine double*. Ce n'est pas la peine de calculer la distance d (elle est nulle).

Un éventuel calcul fait malgré tout donne : $d = \sqrt{\frac{|y_S|}{|a|}} = \sqrt{\frac{|0|}{|2|}} = 0$

2) Nous obtenons dès l'étape 1 avec la valeur particulière $y_S = 0$:

$x_{1,} = x_2 = -\frac{b}{2a} = 2$

---

64 Vérification à la charge de nos chers lecteurs.

Commentaires :

Nous aurions pu remarquer que l'équation **f(x) = 2 x^2 - 8x + 8 = 0** aurait pu aussi être réécrite sous la forme : **f(x) = 2 (x^2 – 4x + 4)** Le terme constant **4** donne l'alerte pour la recherche d'un éventuel *carré parfait.*

Ici : **$(x - 2)^2$** convient, car : **$(x - 2)^2 = x^2 - 4x + 4$**

Dans ce cas nous pouvons écrire l'équation **$2\ (x^2 - 4x + 4) = 0$** sous la forme **$2 . (x - 2)^2 = 0$.**

D'où nous tirons que **x = 2** est *racine double* de l'équation de départ.

Nous constatons que même dans le cas d'un *carré parfait* (qui est un cas particulièrement simple du trinôme du second degré), **la méthode AUBRY reste compétitive**, puisque dès le calcul de $f(x_S)$ nous pouvons aboutir à la solution.

3) Signification et visualisations des racines complexes – « Parabole fantôme » ou « miroir »

Nous cherchons dans un premier temps la signification *des racines complexes.*

Lorsque **$a.y_S > 0$** (ou encore le discriminant est strictement négatif), les racines du trinôme sont *complexes*. Contrairement au cas réel, les valeurs des racines ne peuvent pas s'interpréter comme les abscisses de points d'intersection de la parabole avec l'axe horizontal — car cette intersection n'existe tout simplement pas.

Prenons l'exemple le plus simple : **$x^2 + 1 = 0$.**

Dans l'ensemble des réels, cette équation est sans solution, car un carré est toujours positif ou nul.

Dans l'ensemble des complexes, en revanche, on utilise la définition **$i^2 = -1$** pour écrire : **$x^2 = -1 = i^2$**, ce qui donne : **$x = \pm\, i$.**

Ces deux valeurs annulent bien le polynôme.

En substituant $\mathbf{x = i}$, nous obtenons : $\mathbf{(i)^2 + 1 = (-1) + 1 = 0}$

Ces racines + ***i* et -*i*** ne correspondent *pas* à des points sur l'axe réel.

Elles correspondent à **des points du plan complexe** : (0, +1) et (0, −1).

Ces points sont situés sur l'axe imaginaire, à une distance d'une unité de l'axe réel, dans la direction imaginaire.

❖ « **Parabole fantôme** » ou « **parabole miroir** »

Nous pouvons donner *une interprétation géométrique* frappante à ce résultat qui nous permettra de « visualiser les solutions ».

Si nous faisons pivoter la parabole $y = x^2 + 1$ d'un demi-tour (180°) autour de son sommet, nous obtenons *une parabole renversée* qui, elle coupe en revanche l'axe réel. Ses racines réelles sont : $\mathbf{x = \pm 1}$.

Ces valeurs ont une *forme similaire aux racines complexes* : $\mathbf{x = \pm i}$, à ceci près que le facteur i a "transporté" les solutions de l'axe réel vers l'axe imaginaire.

Ce n'est pas un hasard, parce que **multiplier par *i* dans le plan complexe, c'est effectuer une rotation de 90° dans le sens direct.**

Ainsi, appliquer i une fois fait pivoter chaque point d'un quart de tour. L'appliquer deux fois soit : $i \,.\, i = i^2 = -1$ correspond à **un demi-tour**.

<u>En conclusion</u> :

La rotation de 180° de la parabole et le passage de **± 1** à **±** i sont donc deux faces du même phénomène.

❖ Considérons maintenant le trinôme $f(x) = x^2 + 2x + 5$

Son sommet a pour abscisse : $x_S = - b/2a = - 2/2 = - 1$

Et pour ordonnée : $y_S = f(x_S) = f(-1) = (-1)^2 + 2.(-1) + 5 = 1 - 2 + 5 = 4$

Le coefficient $a = 1 > 0$ et $y_S = 4 > 0$ sont de *même signe*, donc les racines sont *complexes conjuguées*. Un calcul du discriminant le confirmerait, si besoin : **$\Delta = 4 - 20 = -16 < 0$**. Les racines sont effectivement *complexes*.

En appliquant les formules classiques du discriminant, nous avons :
$x_{1,2} = \frac{-b \pm i.\sqrt{-\Delta}}{2a}$; soit : $x_1 = -1 - 2i$ et $x_2 = -1 + 2i$

La méthode **AUBRY** conduit au mêmes résultats : $x_{1,2} = x_S \pm i\, d$,

avec : $x_S = -1$, et : $d = \sqrt{\frac{y_S}{a}} = \sqrt{\frac{4}{1}} = 2$ (nous avons enlevé les valeurs absolues, car a et y_S sont de même signe).

D'où : $x_{1,2} = -1 \pm 2i$

Soit : $x_1 = -1 - 2i$ et $x_2 = -1 + 2i$ (les résultats sont bien les mêmes).

Ces racines sont des points du plan complexe situés à *2* unités de l'axe réel, de part et d'autre, avec une *partie réelle* commune égale à −1, qui est précisément *l'abscisse du sommet* de la parabole.

En appliquant la même rotation de 180° autour du sommet, nous obtenons la parabole fantôme : $g(x) = -x^2 - 2x + 3$.

Ces racines sont *très rapidement identifiables* via la somme des coefficients $a + b + c = 0$ qui indique qu'une racine est **$x = 1$**

Le produit des racines **$P = c/a = -3$** fournit la seconde : **$x = -3$**

Ces racines sont ici réelles, car nous avons fait pivoter la parabole liée à $f(x)$ pour obtenir celle de $g(x)$. Les branches de $g(x)$ pointent dans la bonne direction pour obtenir des racines réelles, contrairement à celle de $f(x)$, c'est pourquoi les racines de $g(x)$ sont *réelles* alors que celles de $f(x)$ sont *complexes*.

L'abscisse du sommet de la parabole fantôme g(x) est : **$x_S = -b / 2a = -1$**

Il est sans surprise identique à celui de la parabole d'origine, puisque **les deux paraboles partagent le même sommet.**

Les racines de $g(x)$, $x = 1$ et $x = -3$, sont, elles situées à **2** unités du sommet, comme dans la véritable solution, mais au lieu d'être dans une direction imaginaire, elles sont pour $g(x)$ le long de l'axe réel. Nous retrouvons donc **la même distance de 2 unités**, qu'elle soit mesurée dans *la direction imaginaire* pour *les racines complexes* ou le long d'un axe réelle pour les racines de « *la parabole fantôme* » ou « *parabole miroir* ».

L'opérateur *i* n'est donc pas une simple astuce de calcul : il opère une rotation de 90° qui déplace les solutions du plan réel vers le plan complexe, en conservant les distances.

Les racines complexes et *les racines "fantômes"* sont les deux visages d'une même réalité géométrique, simplement orientées dans des directions perpendiculaires.

Ainsi, munis de cette constatation, nous pouvons « visualiser » les racines en effectuant mentalement une rotation de 180° de la parabole initiale (celle sans racines réelles) autour de son sommet pour obtenir sa *parabole miroir ou fantôme* ayant des racines à valeurs réelles, qui transportées par ***i*** correspondent aux véritables racines complexes de la fonction de départ.

Cette rotation de 180° autour du sommet est une symétrie centrale de centre *S*. Elle est mentalement plus facile à concevoir comme la combinaison de deux symétries réalisées dans un ordre indifférent. Par exemple une symétrie par rapport à l'axe horizontal **(Sx)** passant par S, puis une symétrie par rapport à l'axe vertical **(Sy)** passant par *S*.

Mais comme la parabole possède elle-même comme axe de symétrie l'axe **(Sy)**, cette seconde symétrie ne change rien dans la pratique et **la rotation de 180°autour du sommet équivaut dans le cas très particulier des paraboles à une symétrie d'axe (Sx).**

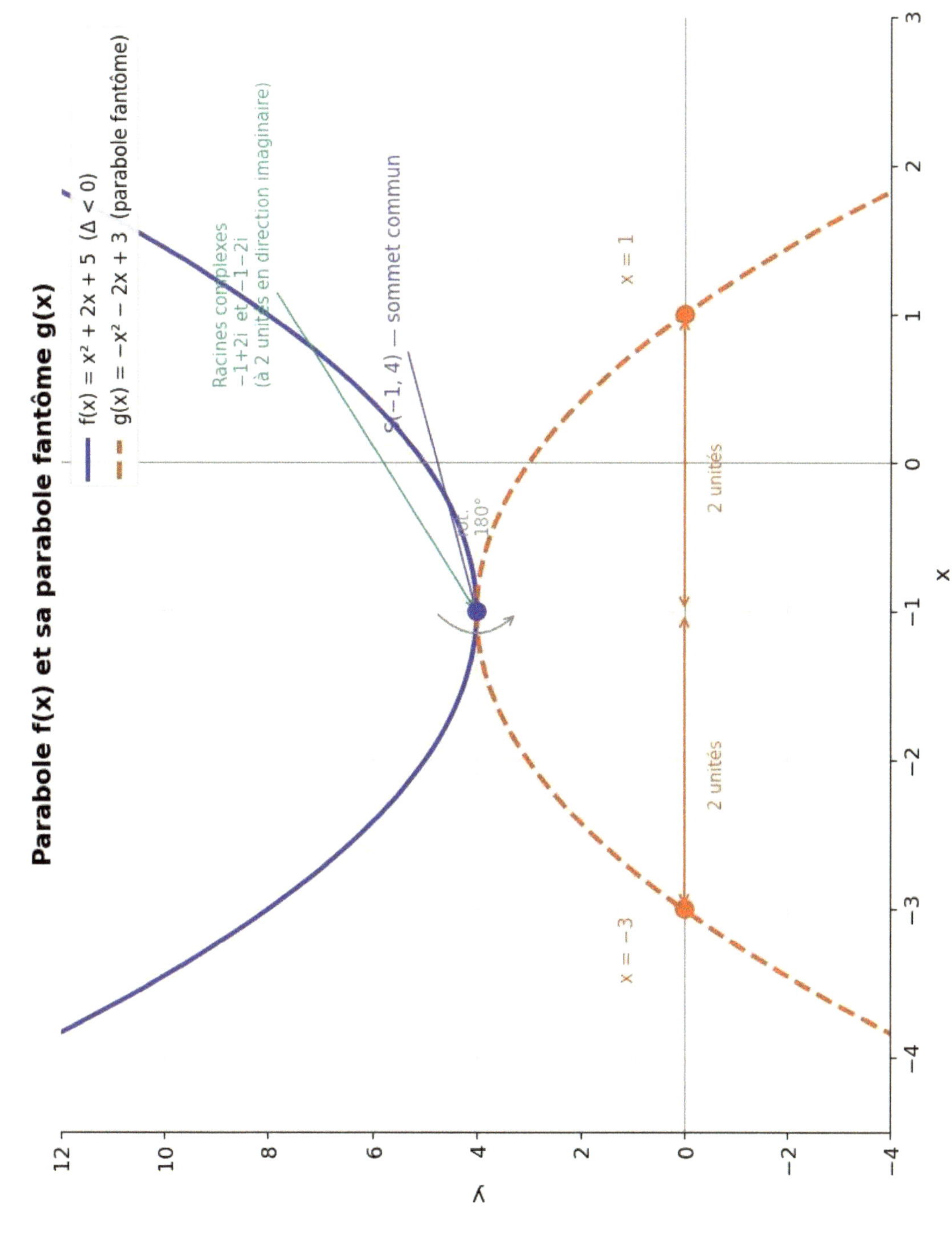
Parabole f(x) et sa parabole fantôme g(x)
f(x) = x² + 2x + 5 (Δ < 0)
g(x) = −x² − 2x + 3 (parabole fantôme)
Racines complexes
−1+2i et −1−2i
(à 2 unités en direction imaginaire)
S(−1, 4) — sommet commun
rot. 180°
x = −3
x = 1
2 unités
2 unités
x
y

Nous avons donc une manière très simple de visualiser la situation.

Mais comment faire si on désire obtenir l'équation de la parabole fantôme équivalente ? … Plusieurs méthodes sont envisageables. Nous en proposons trois.

Méthode 1 : Mise en œuvre analytique de la rotation de 180° autour du sommet

Tourner un point ***P*** **(x, y)** de 180° autour du centre *S* **(x_S, y_S)**, c'est envoyer ***P*** sur le point ***P '*** tel que ***S*** soit le milieu du segment [PP']. Ce qui impose les relations : $\mathbf{x_S = \frac{1}{2} (x_P + x_{P'})}$; soit : $\mathbf{x_{P'} = 2\, x_S - x_P}$

Ou plus simplement : $\mathbf{x' = 2\, x_S - x}$

et : $y_S = \frac{1}{2} (y_P + y_{P'})$; soit : $y_{P'} = 2\, y_S - y_P$

ou plus simplement : $y' = 2\, y_S - y$

Autrement dit au point ***P*** de coordonnées **(x, y)** situé sur la parabole de départ liée à ***f*(x)** correspond le point ***P'*** **($2x_S$ – x, $2y_S$ – y)** situé sur la parabole fantôme ou miroir ***g(x)***.

Ainsi, au point ***P*** **(x, y)** correspond le point ***P'*****(- 2 – x, 8 – y)**, car : $\mathbf{x_S = -1}$ et $y_S = \mathbf{4}$ sont les coordonnées du sommet de ***f*(x) = x^2 + 2x + 5**.

De sorte que : à ***f*(x)** tel que **y = x^2 + 2x + 5** correspond ***g(x)*** d'équation telle que : $\mathbf{8 - y' = (-2 - x')^2 + 2(-2 - x') + 5}$

Ou encore, en posant par souci de clarté : ***y'* = Y** et **x' = X**

$\mathbf{8 - Y = (-2 - X)^2 - 4 - 2X + 5}$

Il suffit ensuite de faire le calcul : $\mathbf{8 - Y = (-2 - X)^2 - 4 - 2X + 5}$

Devient : $\mathbf{8 - Y = (4 + 4X + X^2) - 2X + 1}$

d'où : $\mathbf{8 - Y = X^2 + 2X + 5}$; soit : $\mathbf{-Y = X^2 + 2X + 5 - 8}$

Et finalement : $\mathbf{Y = g(x) = -X^2 - 2X + 3}$

Nous obtenons bien l'équation annoncée au début.

Ce qui est extraordinaire dans la méthode AUBRY, c'est que nous n'avons même pas besoins réellement de l'équation de la parabole fantôme, il suffit d'appliquer directement la relation : $|y_S| = |a|.d^2$

D'où nous tirons $d = \sqrt{\frac{ys}{a}}$

Car du fait *des valeurs absolues* : monter ou descendre sont équivalents, ce qui oriente virtuellement les branches de la parabole $f(x)$ vers l'axe réel.

La méthode est donc **vraiment astucieuse** de ce point de vue et redoutablement simple, car **elle unit sous une même formule tous les cas**, qu'ils soient à racines réelles ou complexes. Pour parler de manière imagé, la valeur absolue fera « retrouver le bon sens à la parabole ».

Méthode 2 : Méthode des trois points contraintes (Sommet – Courbe et points d'attaches C et C')

La méthode précédente est très générale et efficace pour trouver la *parabole fantôme* issue de la rotation. Elle est cependant assez *calculatoire* et donc risques d'erreurs. Dans notre objectif de montrer la diversité des approches possibles en mathématique et spécialement de proposer une vision, nous présentons une seconde méthode *plus intuitive* et il nous semble plus simple pour un non-mathématicien.

Nous notons $g(x)$ notre fonction à obtenir, $g(x) = a'x^2 + b'x + c'$.

L'objectif est de trouver a', b' et c'.

Du point de vue mathématique, le problème sera entièrement déterminé si nous avons *trois relations indépendantes*. Pour cela nous allons utiliser les contraintes que doit respecter la *parabole fantôme* ou *miroir*.

Premièrement, *la parabole fantôme* doit avoir une *forme similaire* à la parabole d'origine, sauf qu'elle doit être renversée par rapport à celle-ci. Cette contrainte impose : $a' = -a$

Deuxièmement, les sommets S et S' sont communs, donc à la même abscisse, ce qui impose : $x_{S'} = x_S$; soit : $\frac{-b'}{2a'} = \frac{-b}{2a}$ Soit en simplifiant : $\frac{b'}{a'} = \frac{b}{a}$;
Et puisque a′ = - a, nous obtenons simplement : $b' = -b$

Nous avons donc pour l'instant : **a′ = - a** et $b' = -b$

Il ne nous reste plus qu'à trouver ***c′*.**

Pour cela, nous allons utiliser le point **C (0, c)** [65] appartenant à la parabole d'origine et à la distance verticale qui le sépare de y_S

La symétrie axiale par rapport à (Sx) ou encore la rotation de 180° imposent que la distance entre y_S et **c** doit être la même que celle entre $y_{S'}$ et **c′**. Cependant, si le point ***C*** est par exemple au-dessus de ***S***, alors le point ***C′*** sera en dessous de ***S′***. Cette contrainte de distance égale et le sens opposé selon l'axe (Oy) se traduisent mathématiquement par la relation :

$\overrightarrow{S'C'} \cdot \vec{j} = -\overrightarrow{SC} \cdot \vec{j}$ (avec $\vec{j}$ vecteur unitaire de l'axe vertical).

En exprimant les coordonnées des deux vecteurs, il vient :

$c' - y_{S'} = -(c - y_S)$; soit : $c' - y_{S'} = -c + y_S$

Or, S' est aussi le point S, car les deux paraboles sont jointes par leur sommet d'où $y_{S'} = y_S$. Nous tirons donc au final : $c' = -c + 2y_S$

<u>Conclusion</u> : A la parabole d'origine $f(x) = ax^2 + bx + c$ ayant *des solutions complexes*, nous pouvons faire correspondre la *parabole miroir* :

$g(x) = -ax^2 - bx + (-c + 2y_S)$. Cette *parabole miroir ou fantôme* a des *solutions réelles* de « formes similaires » aux *racines complexes*.[66]

---

[65] Le point **C (0, c)** appartient toujours à $f(x) = ax^2 + bx + c$, car si nous remplaçons x par zéro, nous trouvons $f(0) = a.(0)^2 + b.(0) + c = c$

[66] Les coefficients de la parabole fantôme sont simplement l'inverses de ceux de la parabole d'origine et il suffit d'ajouter **+ 2ys** au terme constant (très facile).

Mais nous insistons, nous n'avons *pas* besoin de la parabole fantôme pour travailler et trouver les racines. Elle nous sert de « visualisation ».

<u>Méthode 3</u> : méthode de la forme canonique (retour vers le futur ... la plus rapide ... et de loin !)

La forme canonique de la première parabole est : $f(\mathbf{x}) = y = \mathbf{a}(\mathbf{x} - \mathbf{x}_S)^2 + y_S$

Or, les deux paraboles partagent *le même sommet*, donc elles ont même valeur de $\mathbf{x}_S$ et $\mathbf{y}_S$. La différence est que la première a pour coefficient dominant ***a***, tandis que l'autre renversée a pour coefficient dominant **– *a***

Nous en déduisons l'expression de la forme canonique de la parabole renversée $g(x)$: $y = \mathbf{a}'(\mathbf{x} - \mathbf{x}_S)^2 + y_S$ devient : $y = -\mathbf{a}(\mathbf{x} - \mathbf{x}_S)^2 + y_S$

Pour trouver le coefficient **c'**, il suffit de développer l'expression.

Avec $f(\mathbf{x}) = \mathbf{x}^2 + 2\mathbf{x} + 5$, nous avons $a = 1$, soit $-a = -1$

Et nous avions trouvé : $\mathbf{x}_S = -1$ et $y_S = 4$

D'où nous en déduisons immédiatement $g(x)$: $\mathbf{y} = -(\mathbf{x} + 1)^2 + 4$

Le développement du carré de $g(\mathbf{x})$ donne : $y = -(\mathbf{x}^2 + 2\mathbf{x} + 1) + 4$

Soit : $\mathbf{y} = \mathbf{g}(\mathbf{x}) = -\mathbf{x}^2 - 2\mathbf{x} + 3$

Trois lignes pour trouver l'équation de la fantôme ! Chirurgical !

<u>Commentaires sur les trois méthodes</u> :

La méthode 1 part de la **mise en œuvre algébrique des propriétés de la rotation** de 180° autour du sommet. Elle s'appuie sur une transformation formelle (ici la rotation) et est essentiellement calculatoire. Cette mise en œuvre algébrique permet une équivalence entre **x** et **x'** et entre y et y' (ou une substitution, selon la manière de voir la situation). Son avantage est qu'elle est **très générale** et qu'elle s'applique à d'autres fonctions qui ne sont pas représentées par des paraboles.

La méthode 2 part de " la vision" des deux paraboles accolés par leur sommet et tête-bêche. La construction de **g (x) = a′x² + b′x + c′** se fait coefficient par coefficient en examinant les contraintes géométriques. Ces contraintes fixent naturellement les coefficients de la parabole fantôme :

- ***a'* = - a** tient compte du ***renversement*** de la parabole
- *b′* = - b traduit la ***conservation de l'abscisse du sommet***
- ***c'*** traduit ***la conservation de la distance*** entre les points d'une même parabole, en particulier entre S et C, et entre S′ et C′.

Cette méthode pas à pas **donne un sens géométrique profond à chaque coefficient.** Nous ne trouvons pas ***a'***, ***b'***, et ***c'*** par un calcul en bloc, chaque coefficient a sa propre justification géométrique.

Son deuxième avantage est sa systématicité pour le degré deux. Elle donne une formule pour transformer toute parabole **f(x) = ax² +bx + c** en *sa parabole fantôme* ou *miroir* : **$g(x) = - ax^2 - bx + (- c + 2\ y_S)$**

Ces deux avantages – signification de chaque coefficient et systématicité de la transformation en la fantôme pour le degré deux – ainsi que sa rapidité, rende, il nous semble, cette méthode très attractive.

La méthode 3 exploite pleinement *la forme canonique* et *la contrainte de renversement*. Comme la méthode AUBRY passe par le calcul de x_S et y_S, la forme canonique y est directement accessible. C'est donc certainement la méthode la plus rapide des trois.

❖ La méthode de *la parabole fantôme* - qui peut être introduite dans la méthode AUBRY pour la visualisation - est commode, même si elle ne lui est pas nécessaire.

Nous la trouvons cependant utile et astucieuse, c'est pourquoi nous la présentons, même si nous nous attendons déjà à une levée de boucliers de certains puristes qui nous reprocheront - non sans une certaine raison - d'occulter *la nature véritable* d'une *racine complexe* qui est fondamentalement différente, il est vrai, d'une racine réelle.

Le risque de tout confondre, quand on ne connait pas bien, est réel, et l'astuce de la parabole fantôme, peut ne pas les aider en ce sens.

Aussi, afin de ne pas laisser croire à certains de nos lecteurs qu'un nombre réel n'est guère différent d'un nombre complexe, nous proposons un exemple tiré de la physique, puis nous reviendrons aux mathématiques et aux paraboles.

Nous considérons une masse $\boldsymbol{m}$ ponctuelle accrochée à un ressort de constante de raideur $\boldsymbol{k}$ qui effectue des oscillations sinusoïdales.

Nous tenons compte d'une légère force de frottement $\vec{F} = -\ \mathbf{h}.\ \vec{v}$ où h est un coefficient dont la norme tient compte de l'importance plus ou moins grande des frottements.

L'application de la deuxième loi de Newton : $\sum \vec{F} = \mathbf{m}\ \vec{a}$ où $\vec{a}$ est ici l'accélération du conduit après projection sur l'axe du mouvement (par exemple l'axe (Ox) à la relation : $\mathbf{m\,x'' + h\,x' + kx = 0}$

Ce qu'on réarrange sous *la forme dit canonique* : $\mathbf{x'' + \frac{h}{m} x' + \frac{k}{m} x = 0}$

Il est physiquement intéressant de poser : $\frac{k}{m} = \omega_0^2$; où ω_0 est *la pulsation propre* du mouvement (une grandeur liée à la fréquence propre f_0 du mouvement par $\omega_0 = 2\,\pi\,f_0$; f_0 est le nombres d'oscillations par seconde).

Il est d'usage de poser aussi selon le contexte : $\frac{h}{m} = 2\,\lambda$ (λ coefficient d'amortissement) ou $\frac{h}{m} = \tau$ (temps de relaxation) ou $\frac{h}{m} = \frac{\omega 0}{Q}$ où (Q est le facteur de qualité, un nombre approximativement égal au *nombre d'oscillations observées*).

Nous choisissons cette dernière modélisation $\frac{h}{m} = \frac{\omega 0}{Q}$

Il vient : $\mathbf{x'' + \frac{\omega 0}{Q} x' + \omega_0^2 x = 0}$

Nous cherchons des solutions de la forme : $\mathbf{x(t) = K.e^{r.t}}$ (K = constante)

Ce qui conduit après simplification à l'équation caractéristique :

$\mathbf{r^2 + \frac{\omega 0}{Q} r + \omega_0^2 = 0}$ (Surprise ! une équation du second degrés apparaît !)

$a = 1 > 0$ et $c = \omega_0^2 > 0$ entraine que les trois cas – racine double, racines réelles symétriques par rapport au sommet – racines complexes conjuguées – sont possibles.

Le discriminant est : $\mathbf{\Delta = (\frac{\omega 0}{Q})^2 - 4\,\omega_0^2 = 4\,\omega_0^2\,(\frac{1}{4\,Q^2} - 1)}$

Dans l'hypothèse d'oscillations amorties, on montre que $\mathbf{\Delta < 0}$; ce qui impose que $\mathbf{Q > \frac{1}{2}}$

Nous avons alors dans ce cas : $\boldsymbol{i}.\sqrt{-\Delta} = \boldsymbol{i}.\,\mathbf{2\,\omega_0 . \sqrt{1 - \frac{1}{4\,Q^2}}}$

Les racines complexes sont : $\mathbf{r_{1,2} = \frac{-\omega 0}{2\,Q} \pm i\,\omega_0 . \sqrt{1 - \frac{1}{4\,Q^2}} = p \pm i\,\omega}$

Une forme possible des solutions dans ce cas est :

x (t) = A . e $^{\text{partie réelle de la solution . t}}$ **. cos (partie imaginaire .t + φ)** où φ est appelé déphasage à l'origine (un nombre qui dépend des conditions initiales du mouvement) ; et **A** une constante homogène à une longueur.

L'application de la formule conduit à la relation :

$$\mathbf{x(t) = A . \exp(\frac{-\omega 0\, t}{2\,Q}) . \cos(\omega_0.t. \sqrt{1 - \frac{1}{4\,Q^2}} + \varphi)}$$

Le terme $\mathbf{A . \exp(\frac{-\omega 0}{2\,Q}).t}$ provient de la partie réelle de la solution. Il décrit physiquement *le taux d'amortissement du mouvement*. Il exprime que l'amplitude des oscillations décroit à l'intérieur d'une enveloppe exponentielle. Cette partie est toujours décroissante

La partie complexe $\mathbf{i\ \omega_0 . \sqrt{1 - \frac{1}{4\,Q^2}}}$ se trouve dans une fonction cosinus, qui traduit l'aspect oscillatoire du phénomène et porte l'information sur la fréquence des oscillations.

Nous constatons donc que les parties réelles et imaginaires des nombres complexes, solution de l'équation quadratique, portent *deux informations différentes* dans un seul nombre complexe, ce qui est fondamentalement impossible pour un nombre réel. Nous voyons dans cet exemple qu'un nombre complexe est très différent d'un nombre réel.

Si nous prenons des valeurs numériques, le résultat est encore plus frappant. Avec : $\boldsymbol{m = 1}$ **kg** ; $\boldsymbol{k = 10}$ **N/m** et $\mathbf{\frac{\omega 0}{Q} = 2\ s^{-1}}$

Nous avons à résoudre : $\mathbf{r^2 + 2\,r + 10 = 0}$

$\mathbf{\Delta = (2)^2 - 40 = -36 < 0}$; soit : $\mathbf{i.\sqrt{-\Delta} = \mathit{i}.\sqrt{36} = 6\mathit{i}}$

Les racines complexes sont : $\mathbf{r_{1,2} = -1 \pm 3i}$

La solution est $\mathbf{x(t) = A.e^{-1.t} . \cos (3t + \varphi)}$

Interprétons :

La partie réelle **−1** informe que *l'amplitude diminue.* Toutes les secondes, elle est **divisée par e** ≈ 2,718 ; c'est *le taux d'amortissement*

La partie imaginaire ***3i*** dit que le mobile effectue **3 radians par seconde**, ce qui correspond à une période T = 2π/3 ≈ 2,1 s (temps d'un aller-retour).

Les deux parties - réelles et imaginaire - ne portent donc pas la même information. Un nombre complexe est par conséquent fondamentalement plus riche qu'un nombre réel. Ce n'est pas un nombre réel « avec un i collé dessus ».

De plus, *les deux racines complexes conjuguées* **(−1 + 3i)** et **(−1 − 3i)** sont indissociables. Ce sont elles ensemble qui engendrent le cosinus via la relation : $\cos X = \frac{1}{2}(e^{ix} + e^{-ix})$.

Les *deux racines complexes* ne peuvent *pas* exister l'une sans l'autre, car c'est ensemble qu'elles produisent une oscillation réelle quantifiée par le cosinus ; séparément elles n'auraient pas de sens physique.

D'une certaine manière la physique justifie l'existence *des racines conjuguées complexes.*

- Revenons à notre fonction f **(x) = x² + 2 x + 5** et à l'interprétation des racines complexes.

Nous avons déjà bien compris qu'une racine complexe ne peut pas être réduite à une racine réelle, car sinon nous perdons de l'information.

Un fait n'avait pas encore été mis en évidence, c'est que si nous nous trouvons des racines complexes $x_1 = \frac{-b - i.\sqrt{-\Delta}}{2a}$ et $x_2 = \frac{-b + i.\sqrt{-\Delta}}{2a}$ cela signifie que les solutions x cherchées ne sont plus des nombres réels mais *des nombres complexes*, et qu'en autorisant **x** à être complexe, il nous faut étendre le domaine d'exploration de la fonction.

Pour que l'exploration soit complète, il faut envisager des nombres complexes, soit des nombres sous la forme $\mathbf{x} = p + \mathbf{i}\, q$, avec p la partie réelle et q la partie imaginaire (éventuellement nulle).

Pour un nombre réel, la représentation est assez simple : nous avons un **x** « en entrée » de la fonction et un $y = f(\mathbf{x})$ en sortie, ce qui peut être représenté par un point dans le plan de la feuille.

Mais comment faire quand nous avons deux nombres en entrée ?

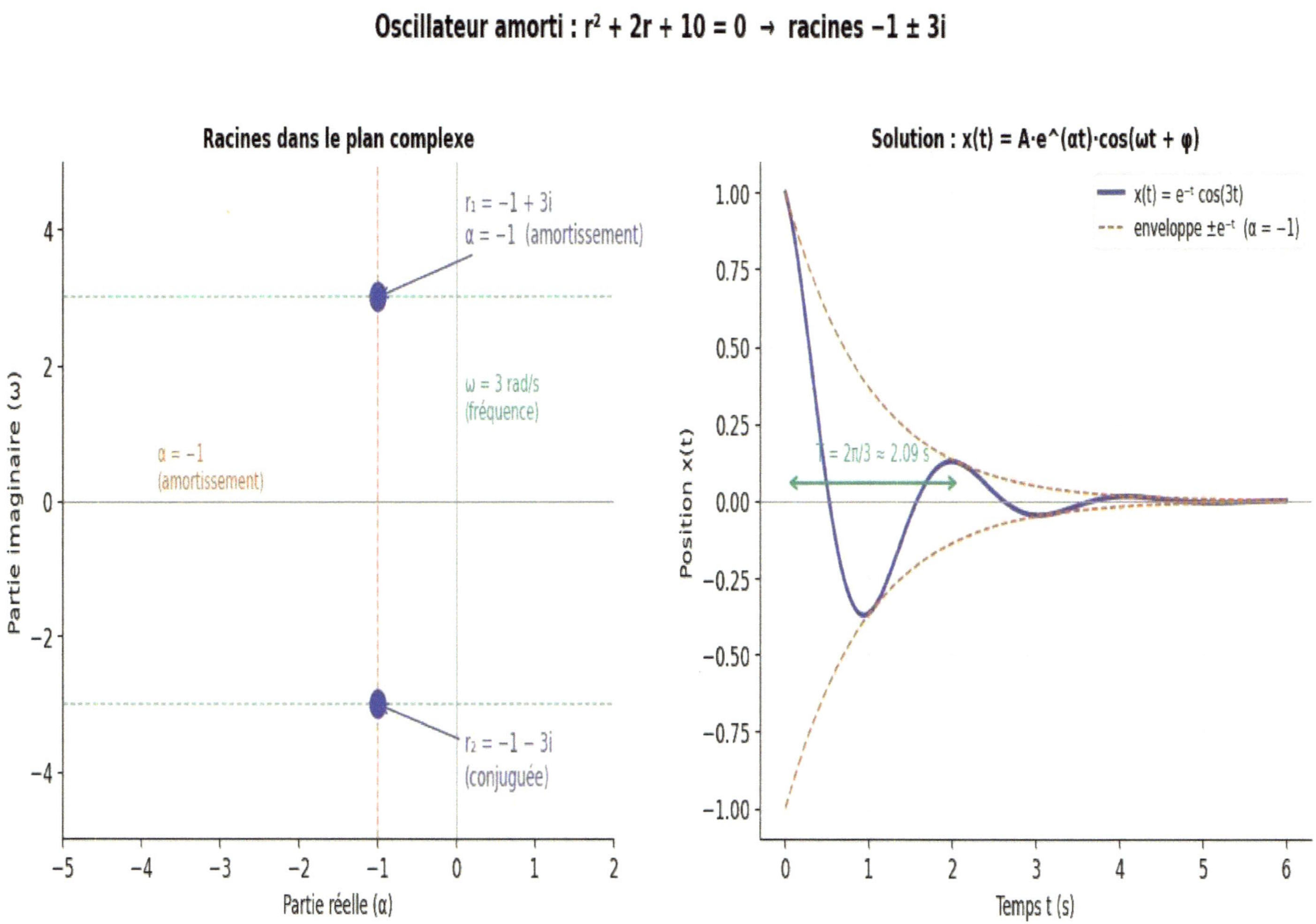

Oscillateur amorti : r² + 2r + 10 = 0 → racines −1 ± 3i
Racines dans le plan complexe
r₁ = −1 + 3i
α = −1 (amortissement)
ω = 3 rad/s
(fréquence)
α = −1
(amortissement)
r₂ = −1 − 3i
(conjuguée)
Partie imaginaire (ω)
Partie réelle (α)
Solution : x(t) = A·e^(αt)·cos(ωt + φ)
x(t) = e⁻ᵗ cos(3t)
enveloppe ±e⁻ᵗ (α = −1)
T = 2π/3 ≈ 2.09 s
Position x(t)
Temps t (s)

Si **$x = p + i\, q$** et qu'on l'injecte dans la fonction, alors f **(x)** = f **(p + i q)** et nous obtenons un autre point dans le plan complexe **$y = p' + iq'$**

La fonction f devient une transformation qui envoie chaque point (p, q) du plan complexe vers un autre point du plan complexe (p', q').

La fonction est donc devenue une application du plan dans le plan.

Cela ne sera pas très pratique à représenter quand les points vont se multiplier. L'astuce classique est de prendre *des coupes* de cette réalité complexe à quatre dimensions.

La parabole que nous représentons classiquement est dans les réels.

Elle ne tient pas compte de *la dimension imaginaire*. **La parabole réelle est en vérité une coupe d'une réalité plus grande** : « un volume complexe à quatre dimensions ». Autrement dit, notre parabole, telle que nous la voyons habituellement, est dans le cas des racines complexe une image partielle d'une réalité plus grande. Elle est une troncature des points complexes **$x = p + i\, q$** réduite aux réels, soit les points **$x = p$**.

Trois coupes de cet espace sont usuellement utilisées pour examiner la parabole à racines complexes.

Coupe 1 ou le plan réel :

Puisque les coordonnées des points dans le plan complexe sont :

$x = p + i\, q$ et que nous nous restreignons aux réelles, c'est que nous nous restreignons aux point qui vérifient : **$q = 0$**

Nous obtenons la parabole classique – ici celle de **$f(x) = x^2 + 2x + 5$** dans notre exemple – qui reste entièrement au-dessus de l'axe horizontal.

Il n'y a pas d'intersection de la parabole avec l'axe des réels dans cette coupe et donc pas de racine visible quand nous restons dans les réels.

$f(x) = x^2 - 2x + 5$ comme transformation $\mathbb{C} \to \mathbb{C}$

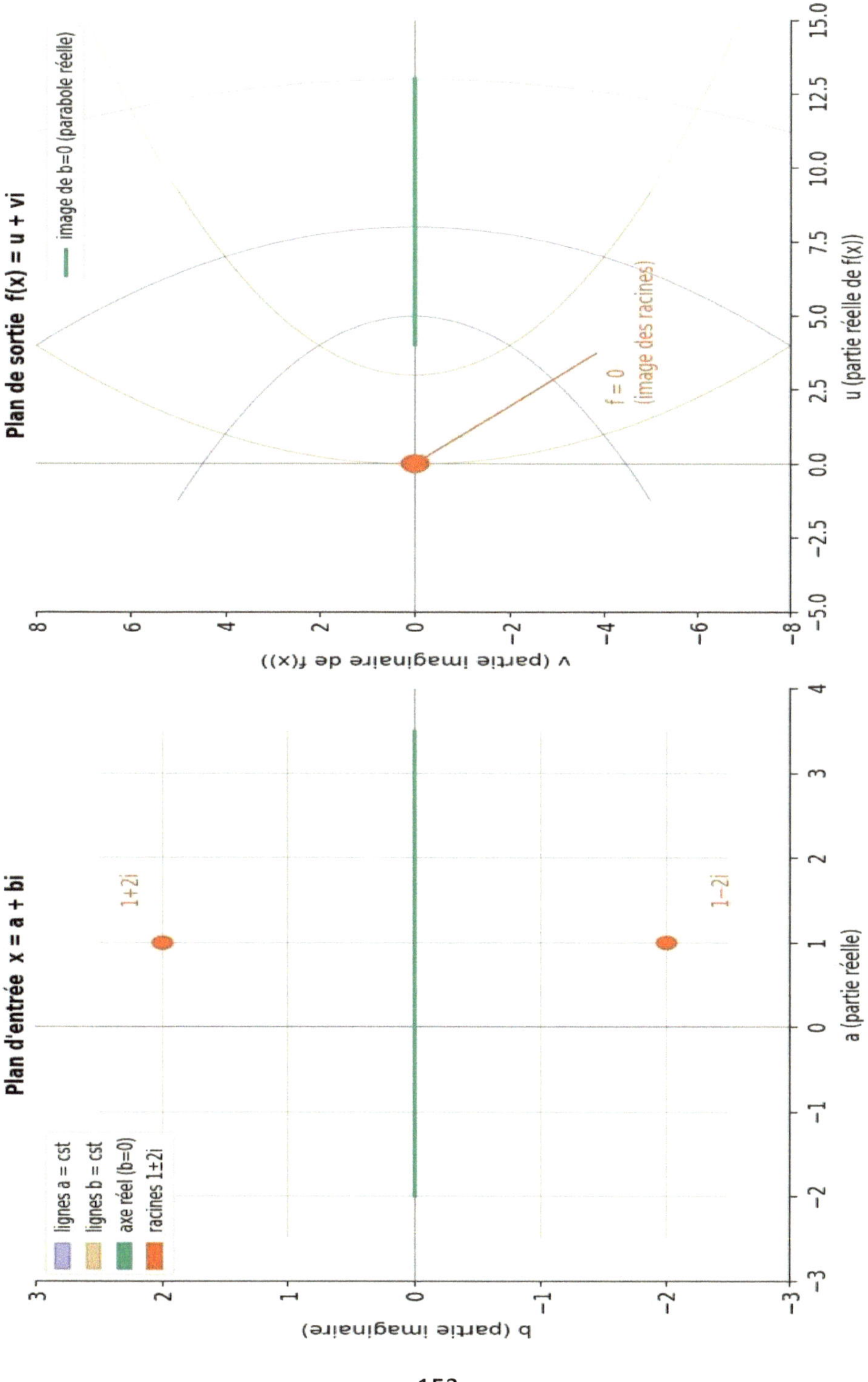

Avec la coupe habituelle, la parabole avec son sommet S (−1, 4) reste entièrement au-dessus de l'axe horizontal. Il n'y a aucune intersection avec l'axe des réels, donc pas de racine réelle ni de racines complexes visibles.

Pourtant, d'après *le théorème fondamentale de l'algèbre*, une fonction de degré deux possède exactement *deux racines* (éventuellement confondues).

Donc les racines sont bien quelque part, même si nous ne les voyons pas. Nous ne regardons pas dans la bonne direction, elles se cachent ailleurs, dans les directions où $\mathbf{q \neq 0}$. En restant sur l'axe réel, nous ne trouverons jamais les racines.

Coupe 2 : positionnement au sommet et pivotement.

La coupe numéro deux va se révéler particulièrement instructive.

Nous fixons la partie réelle de **x** à la valeur $p = x_S = -1$, qui est l'abscisse du sommet, et la partie réelle des racines complexes $-1 \pm 2i$

Depuis cette abscisse fixée au sommet nous faisons varier q

La partie réelle de $f(x) = f(-1 + qi)$ vaut : $\mathbf{Re}\,[f(-1 + qi)] = \mathbf{Re}\,f(x)$

Soit avec $f(x) = x^2 + 2x + 5$: $\mathbf{Re}\,[(-1 + qi)^2 + 2(-1 + qi) + 5]$

Le calcul donne : $\mathbf{Re}\,[f(-1 + qi)] = 4 - q^2$

$y = \mathbf{4 - q^2}$ décrit une parabole *ouverte vers le bas*, alors que la parabole dans la coupe réelle est ouverte vers le haut. (Les détails des calculs sont donnés en fin de section).

La fonction $f(x) = f(-1 + qi) = 4 - q^2$ s'annule exactement en $\mathbf{q = \pm 2}$.

Or, ces valeurs sont précisément *les parties imaginaires* des racines complexes $x_{1,2} = -1 \pm 2i$. Autrement dit, la parabole « plonge sous zéro » dès que nous nous autorisons à explorer *des valeurs imaginaires* pour x

Regardons ce résultat sous un autre angle :

La hauteur du sommet de cette courbe **Re [f (−1 + qi)] = 4 − q²** est précisément y_S **= 4**, l'ordonnée du sommet de la parabole de départ.[67]

Cette courbe s'annule quand : **a q² =** y_S, soit pour $q = \pm\sqrt{\frac{y_S}{a}}$

Cette expression est celle que nous obtenons avec la méthode AUBRY

D'où il vient : $q = \pm\sqrt{4} = \pm 2$

Nous reconnaissons dans le module $q = \sqrt{\frac{y_S}{a}}$ la distance habituelle de la méthode AUBRY $d = \sqrt{\frac{y_S}{a}}$ - celle qui donne l'écart entre le sommet et les racines.

Ainsi, la coupe numéro deux, celle pour laquelle nous nous plaçons au sommet ($p = x_S$) et où nous faisons varier la partie imaginaire (***iq*** variable), révèle les racines complexes exactement là où la méthode AUBRY les prédit avec *la parabole fantôme* ou *miroir*.

Les deux approches - l'une géométrique et rigoureuse dans le plan complexe, l'autre fondée sur la vision depuis le sommet et le travail en distance qui assimile haut et bas - convergent vers la solution effective par des chemins différents. La géométrie et l'analyse parlent d'une même voix.

"Coupe 3" : le module de la fonction dans tout le plan complexe

Dans le plan complexe, les points de coordonnées (−1, + 2i) et (−1, − 2i) sont les seuls endroits où f vaut exactement zéro. Cette fois nous ne fixons plus rien. Nous laissons p et q varier librement sur tout le plan complexe.

---

67 Ce n'est pas une coïncidence, en posant $p = x_S$, nous obtenons toujours :
Re[f (x_S + qi)] = y_S − aq², dont le sommet est y_S par construction.

Cependant, comme la sortie est elle-même complexe (deux dimensions), nous ne pouvons pas la représenter directement. Nous représentons donc une seule information résumée : le **module** de f(a + bi) ; c'est-à-dire la distance à l'origine dans le plan complexe de la sortie, soit :

$$|f(x)| = |f(p + qi)| |= \sqrt{u^2 + v^2} = \sqrt{(p^2 - q^2 + 2p + 5)\ + (2q\,(p+1))^2}$$

Ce nombre est **toujours positif ou nul**.

Il vaut zéro si et seulement si **u = 0 et v = 0 simultanément** ; c'est-à-dire si et seulement si ***f*(a + bi) = 0**, autrement dit si **(p + qi)** est *une racine*.

Nous colorions le plan (p, q) selon un code de couleur liée la valeur du module. Par convention *la couleur sombre* est prise quand le module est *proche de zéro* et la couleur claire ou chaude quand il est grand.

Nous voyons apparaître deux points sombres aux coordonnées (a = −1, q = +2) et (a = −1, q = −2). Ce sont les racines complexes −1 + 2i et −1 − 2i. que nous visualisons par ce moyen.

Le module est la façon en réalité la plus directe de "voir" les racines dans tout le plan complexe. Là où il vaut zéro, *f* s'annule — c'est la définition même d'une racine. **La carte de couleur révèle d'un seul coup où vivent les racines.** Les représentations sont données ci-après :

Trois coupes de $f(x) = x^2 - 2x + 5$ dans l'espace complexe

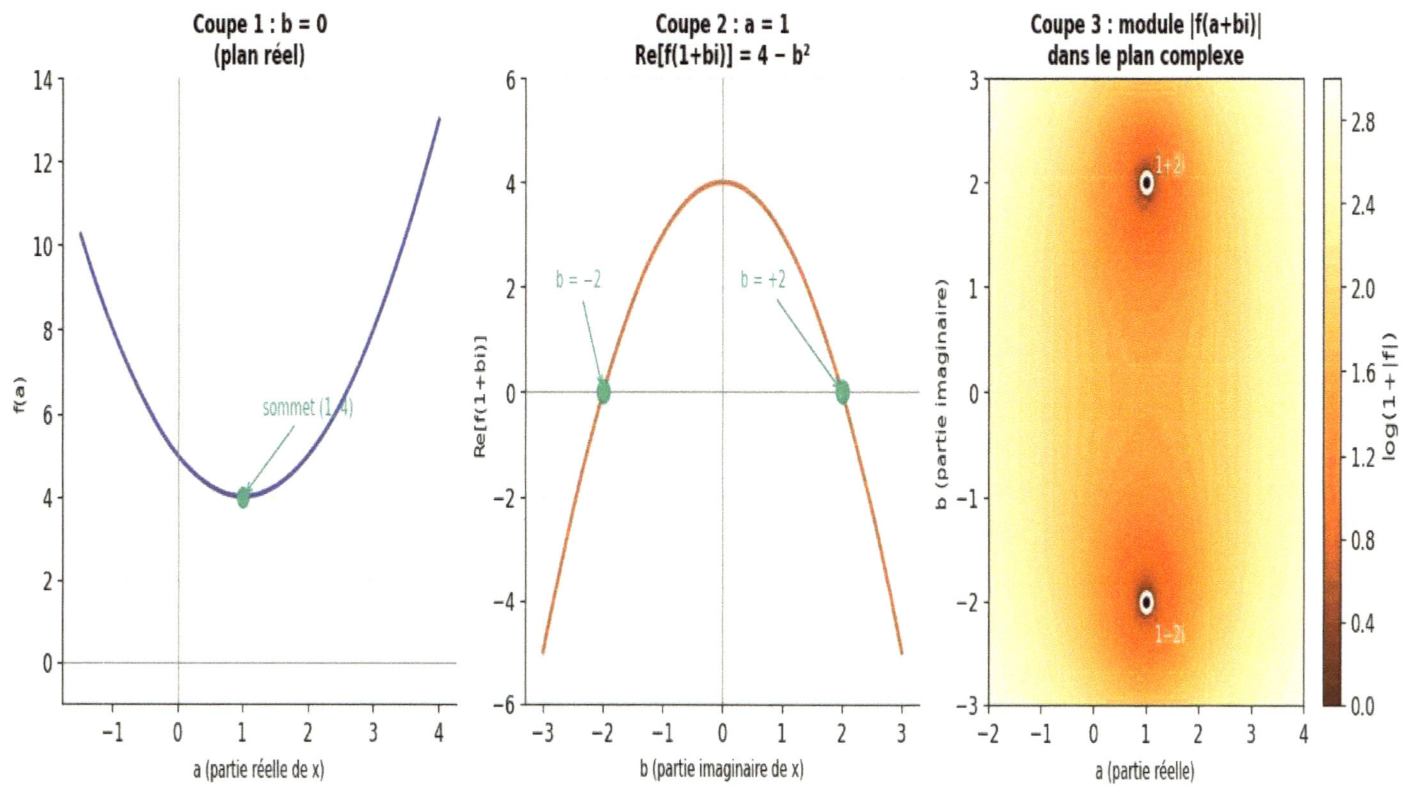

Pour les curieux, voici les détails des calculs de $f(p + qi)$.

Nous posons $\mathbf{x = p + qi}$.

Sachant que : $\mathbf{f(x) = x + 2x + 5}$

Nous obtenons : $\mathbf{f(p + qi) = (p + qi)^2 + 2(p + qi) + 5}$

Développons à part par commodité : $\mathbf{(p + qi)^2}$

$(p + qi)^2 = p^2 + 2pq\,i + q^2\,i^2 = p^2 + 2pqi - q^2 = (p^2 - q^2) + 2i\,pq$

D'où : $f(p + qi) = (p^2 - q^2) + 2pq\,i + 2p + 2qi + 5$

Nous regroupons pour plus d'efficacité *la partie réelle* et *la partie imaginaire* : *Partie réelle* : $\mathbf{u = p^2 - q^2 + 2p + 5}$

Partie imaginaire : $\mathbf{v} = 2pq + 2q = \mathbf{2q\,(p + 1)}$

<u>Conclusion</u> :

$$\mathbf{f(p + qi) = (p^2 - q^2 + 2p + 5) + i \cdot 2q\,(p + 1)}$$

Coupe 1 : Nous restons dans les réels, donc q = 0 : $f(p + qi) = f(p)$

C'est exactement ce que font les élèves sans le savoir.

En remplaçant $\mathbf{q = 0}$ dans nos formules, nous trouvons que :

La Partie réelle devient : $\mathbf{u = p^2 + 2p + 5}$

Notons la similitude avec : $\mathbf{x^2 + 2x + 5}$

La Partie imaginaire devient nulle $v = 0$ (sans surprise, puisque nous nous restreignons aux *réels* dans cette coupe).

Les valeurs de sorties de la fonction deviennent *purement réelles* (comme attendues). Nous retrouvons $\mathbf{f(x) = x^2 + 2x + 5}$ sous la forme : $\mathbf{u = p^2 + 2p + 5}$

Ce sont exactement les même relations, puisque nous sommes partis de $\mathbf{x = p + qi}$ et que nous avons fixé $\mathbf{q = 0}$, ce qui revient à : $\mathbf{x = p}$.

Nous pouvons donc remplacer ***p*** par **x** dans $\mathbf{p^2 + 2p + 5}$, et nous obtenons bien sûr : $f(x) = \mathbf{x^2 + 2x + 5}$ … et la parabole habituelle.

Coupe 2 : p = −1 fixé et *q* variable : la descente vers les racines et la parabole fantôme

Nous fixons cette fois la partie réelle de **x** à la valeur $\boldsymbol{p = -1}$. Cette valeur n'est pas fortuite, c'est précisément *la partie réelle* des racines complexes $\mathbf{-1 \pm 2i}$, et l'abscisse du sommet. C'est la valeur qui "annule" *la partie imaginaire* de *f*, comme nous allons le voir. **C'est dans tous les cas l'abscisse du sommet qui permet la coupe liée à la parabole fantôme**.

Nous faisons ensuite varier ***q*** librement, tout en maintenant ***p*** fixé à - 1.

En remplaçant $p = -1$ dans notre formule, nous obtenons :

- Pour *la partie réelle* : $\mathbf{u = (-1)^2 - q^2 + 2(-1) + 5} = 1 - q^2 - 2 + 5$
  Soit : $\mathbf{u = 4 - q^2}$
- *Partie imaginaire* : $\mathbf{v = 2q\,(p + 1)} = 2q \cdot (-1 + 1) = \mathbf{0}$

La sortie est de nouveau *purement réelle* (la partie imaginaire s'annule parfaitement) alors que pourtant nous travaillons avec un nombre complexe $\mathbf{x = -1 + iq}$. C'est pour cela que nous avons choisi $p = -1$. C'est la seule valeur de ***p*** qui garantit une partie imaginaire $\mathbf{v = 0}$ pour tout ***q***, ce qui permet d'observer et de tracer la courbe dans un plan ordinaire.

Nous traçons la courbe $\mathbf{u = p^2 - q^2 + 2p + 5}$ avec $\mathbf{p = -1}$, soit $\mathbf{u = 4 - q^2}$ en fonction de ***q***. Nous obtenons **une parabole renversée** en ***q***, avec le sommet en $\boldsymbol{q} = \mathbf{0}$ à la hauteur $\mathbf{u = 4}$, qui descend et **s'annule en** $\mathbf{q = \pm 2}$.

La courbe avec ses branches tournées vers le bas coupe l'axe en $\mathbf{q = -2}$ et $\mathbf{q = 2}$. Ces deux valeurs sont exactement les **parties imaginaires des racines complexes** $\mathbf{-1 \pm 2i}$.

Ainsi, en posant $p = -1$ et en laissant q varier, la fonction descend sous zéro et s'annule. Les racines sont là — mais dans la direction imaginaire. Elles ne pouvaient pas être vues depuis l'axe réel (coupe 1) parce qu'on maintenait q = 0.

Ce détour par *la géométrie complexe* éclaire d'un jour nouveau la formule que nous avions trouvée : $\mathbf{x_{1,2} = x_S \pm i\, d}$ avec $d = \sqrt{\frac{|y_S|}{|a|}}$

Cette formule n'est pas une astuce de calcul : elle a une réalité mathématique et une signification géométrique précises :

La partie réelle $x_S = \frac{-b}{2a}$ centre les racines sur l'axe de symétrie de la parabole. C'est l'abscisse du sommet, le point d'abscisse moyenne.

La partie imaginaire ± id mesure la distance dans *la direction perpendiculaire* à l'axe réel, c'est-à-dire *dans la direction imaginaire.*

Le facteur ***i*** traduit exactement cette rotation de 90° qui déplace les solutions du plan réel vers le plan complexe.

La grandeur $d = \sqrt{\frac{|y_S|}{|a|}}$ est universelle : c'est la même formule que pour les racines réelles, où *d* mesurait une distance sur l'axe réel. Ici, *d* mesure la même distance, mais dans *la direction imaginaire.*

Ce dernier résultat est l'un des plus beaux de la méthode AUBRY : **la formule est identique dans les deux cas**, seule la nature de ***d*** change — distance réelle ou distance imaginaire — selon que le sommet est d'un côté ou de l'autre de l'axe horizontal. Le passage de l'un à l'autre n'est pas une rupture — c'est une rotation de 90° dans le plan complexe, exactement ce que fait l'opérateur ***i***. La méthode AUBRY, née d'une réflexion géométrique sur la parabole réelle, se prolonge naturellement dans le plan complexe sans changer de langage. **L'invisible des complexes est ainsi rendu visible.**

Pour mieux saisir ce que fait l'opérateur i - cette rotation de 90° qui déplace les solutions du plan réel vers le plan complexe - prenons une image : Imaginons une porte sur laquelle est peinte un visage.

Si cette porte est placée *perpendiculairement* à notre axe de regard, nous ne voyons pas le visage : elle nous fait face par la tranche, elle n'occupe aucune surface dans notre champ de vision.

Cette image existe pourtant — parfaitement réelle, parfaitement présente — mais invisible depuis notre direction de regard.

Si nous faisons *pivoter* cette porte de 90°, ou si nous même effectuons un quart de tour dans la bonne direction, l'image apparaît de face.

Tourner la porte n'a pas créé l'image - elle était là depuis le début. La rotation l'a révélée. C'est notre angle de vue qui a changé, ou l'orientation de ce qui la portait qui nous a permis de voir l'image.

Les racines complexes ne sont pas absentes. Elles existent simplement dans une direction perpendiculaire à l'axe réel, invisible depuis notre plan habituel. L'opérateur i est ce pivot de 90° qui déplace les solutions de la direction réelle vers la direction imaginaire. La parabole réelle nous montre la porte par la tranche ; la parabole fantôme nous la montre de face.

•

Conclusion :

Quand a et y_S sont de même signe, la parabole ne coupe pas l'axe réel, mais les racines existent bel et bien. Elles vivent dans le **plan complexe**, dans une direction perpendiculaire à l'axe réel que la représentation graphique habituelle ne peut pas atteindre.

La parabole classique n'est qu'une coupe de cette réalité – comme regarder une porte par la tranche : l'image est invisible depuis notre angle de vue. En faisant pivoter *f*(**x**) de **180°** autour de son sommet, nous obtenons la parabole fantôme ou miroir *g*(**x**), qui coupe l'axe réel.

Si *f*(**x**) a pour équation $\mathbf{ax^2 + bx + c}$, alors **g(x)** aura pour équation :

$$\mathbf{g(x) = - ax^2 - bx - c + 2}\, y_S$$

L'équation dans son repère au sommet est $\mathbf{Y = - a\, X^2}$

ou encore : $y - y_S = - \mathbf{a}\,(\mathbf{x} - \mathbf{x_S})^2$; avec a et y_s de même signe dans le cas des racines complexes.

Mais comme nous travaillons **en valeur absolue** cette équation devient, pour la recherche de la racine réelle qui existe pour la fantôme :

$$|y_S| = |a|\, \mathbf{d}^2 \text{ ; ce qui donne : } d = \sqrt{\frac{|y_S|}{|a|}} \quad \text{(E1)}$$

Ou encore $d = \sqrt{\frac{y_S}{a}}$; car a et y_S sont de même signe.

Ses *racines réelles* seront à la même distance *d* du sommet que les véritables *racines complexes* de *f*(x), mais orientées dans la direction réelle plutôt qu'imaginaire.

Pour le prouver, il nous faut examiner une coupe du volume complexe. **La coupe la plus pertinente pour visualiser les racines complexes est dans ce cas celle qui fixe le sommet** $p = x_S$ **et qui fait varier** q**, avec** $\mathbf{x = p + } i\,\mathbf{q}$**.**

La partie réelle de $f(\mathrm{x_S} + \mathrm{iq})$ **est** : $Re\, f(\mathrm{x_S} + \mathrm{iq}) = y_S - |a|.\mathrm{q}^2$

Cette partie réelle s'annule pour : $\mathbf{q} = \pm \sqrt{\frac{|y_S|}{|a|}} = \pm\, d_2$

$\mathbf{d_2 \geq 0}$ est **le module** de la distance qui sépare le sommet des véritables racines complexes et qui intervient dans le terme $\pm\, i\, d_2$

Pour **la parabole réelle** nous avions déjà trouvé : $\boldsymbol{d} = \sqrt{\frac{|ys|}{|a|}}$ (E2)

Avec $\boldsymbol{d} \geq \mathbf{0}$, distance réelle qui sépare le sommet des racines réelles.

Nous constatons que les équations (E1) et (E2) sont identiques, cela signifie que $\boldsymbol{d} = \boldsymbol{d}_2$.

En conclusion, la distance réelle *d* entre l'abscisse du sommet et les racines réelles dans la parabole fantôme ou miroir à la même valeur que le module de la distance séparant les racines complexes du sommet et qui intervient dans la solution : $x_{1,2} = x_S \pm i\ d$

Nous pouvons donc utiliser la relation $d = \sqrt{\frac{|ys|}{|a|}}$ **pour le cas racines complexe en l'appliquant à la parabole fantôme.**

Celle-ci ne donne pas directement les racines complexes, mais elle révèle la distance **qui les sépare du sommet.**

Il suffit ensuite de multiplier par *i* pour transporter cette distance dans la bonne direction et aboutir à la solution effective : $x_{1,2} = x_S \pm i\ d$

En définitive, la méthode AUBRY nous offre une vision unifiée des trois cas : **Vue depuis le sommet S(x_S, y_S), toute parabole $ax^2 + bx + c$ suit l'équation épurée $Y = a \cdot X^2$, et la distance *d* entre le sommet et les racines vérifie toujours :** $d = \sqrt{\frac{|ys|}{|a|}}$

Cette formule est universelle.

Dans les trois cas, la même géométrie, la même formule, le même sommet. Seule la direction change selon la nature des racines.

- **Quand les racines sont *réelles* : le sommet et les deux racines sont sur l'axe des réels.**
- **Quand les racines sont *complexes*, le sommet est sur l'axe des réels, mais dans le plan complexe, à une distance *d* du sommet**

dans la direction imaginaire. Il faut tourner de 90° pour les voir. C'est ce que fait l'opérateur *i*

La seule différence typographique entre les racines réelles et complexes est le facteur *i*, qui traduit géométriquement la rotation de 90° transportant les solutions du plan réel vers le plan complexe. Ce ne sont pas deux méthodes selon le signe du discriminant : c'est **une seule géométrie**, vue depuis le sommet, qui s'exprime naturellement dans les deux mondes.[68]

---

[68] Trois choses méritent d'être retenues comme hautement remarquables :

1) La formule $\boldsymbol{d} = \sqrt{\frac{|ys|}{|a|}}$ est la même pour les racines réelles et complexes, et pour *f*(x) et sa parabole fantôme *g*(x), quelles que soient les valeurs des coefficients ***a***, ***b*** et *c*. c'est une conséquence directe du travail en valeurs absolues, qui efface le changement de signe de ***a*** entre les deux paraboles.

2) Le sommet **S(x_S, y_S)** joue un rôle central dans les deux mondes.
Il est le centre de gravité de toute la méthode dans le monde réel comme dans le monde complexe. x_S fixe la partie réelle des racines complexes, y_S détermine leur distance au sommet via d, et c'est autour de S que la parabole fantôme est construite.

3) L'opérateur i n'est pas une astuce algébrique, c'est un **opérateur géométrique** qui effectue une rotation de 90°. Appliquer ***i*** à la distance réelle ***d*** donne ***id***, qui est la même distance orientée dans la direction imaginaire. La méthode AUBRY, née d'une réflexion sur la parabole réelle, se prolonge naturellement dans le plan complexe sans changer de langage ni de formule. La géométrie et l'algèbre parlent, une fois de plus, d'une même voix.

10) Utilisation de la méthode AUBRY pour trouver la forme canonique - Lien avec le discriminant

1) Obtention de la forme canonique à partir de l'équation de la parabole vue depuis le sommet et des relations de passage

Nous avions vu dans un chapitre précédent que ***la forme canonique*** n'était pas si évidente à trouver que cela (nous avions donné une petite astuce pour y parvenir plus facilement).

Avec la méthode AUBRY et son regard attentif sur le sommet, les calculs fastidieux et délicats de la complétion explicite du carré deviennent superflus et même l'astuce pratique que nous avions donnée pour la faire devient ici inutile.

Nous avons montré que depuis son sommet ***S*** **(x_S, y_S)** la parabole a pour équation : $\mathbf{Y = a.X^2}$

Nous avions aussi trouvé les deux clefs de passage entre le repère S (X, Y) et le repère O(x, y), en exploitant la relation de Chasles $\overrightarrow{\boldsymbol{OM}} = \overrightarrow{\boldsymbol{OS}} + \overrightarrow{\boldsymbol{SM}}$

Ce qui nous a conduit aux relations : $\mathbf{Y = y - y_S}$ et : $\mathbf{X = x - x_S}$

Relations que nous avons par ailleurs exploitées pour trouver les racines en résolvant : $\mathbf{0 - y_S = a\,(x - x_S)^2}$ ce qui nous avait conduits, en posant :

$\boldsymbol{d} = |x - x_S|$ pour unifier tous les cas à la fameuse relation : $\boldsymbol{d} = \sqrt{\frac{|y_S|}{|a|}}$

Ainsi, à partir de : $\mathbf{Y = a.X^2}$, nous avons avec : $\mathbf{Y = y - y_S}$ et $\mathbf{X = x - x_S}$:

$y - y_S = \mathbf{a}\ (\mathbf{x} - \mathbf{x_S})^2$

Ce qui conduit directement à la forme canonique : $y = \mathbf{a}\ (\mathbf{x} - \mathbf{x_S})^2 + y_S$

Cette écriture de *la forme canonique* avec les coordonnées du sommet explicitées a notre préférence. Du point de vue géométrique :

- x_S contrôle la translation horizontale
- y_S contrôle la translation verticale ;
- la forme, l'ouverture et la concavité de la parabole repose entièrement sur ***a***

Avec ce regard, la forme canonique fait apparaître la géométrie de la fonction quadratique. Ainsi, une fois le sommet connu, *la forme canonique* apparaît instantanément.

Or notre méthode AUBRY se concentre essentiellement sur le sommet, de sorte que ***la forme canonique* devient une conséquence naturelle de la méthode.**

<u>Conclusion :</u>

Pour obtenir *la forme canonique*, avec la méthode AUBRY, il n'est pas nécessaire d'utiliser la méthode de complétion explicite du carré, certes astucieuse, mais fastidieuse et source de nombreuses erreurs de calcul.

Quel que soit le cas considéré – *racines complexes conjuguées*, *réelles*, ou *double*, nous utilisons toujours la relation tirée de l'égalité : $Y = aX^2$

avec : $\mathbf{Y} = y - \mathbf{y_S}$ et $\mathbf{X} = (\mathbf{x} - \mathbf{x_S})$

Soit : $y - y_S = \mathbf{a}\ (\mathbf{x} - \mathbf{x_S})^2$

Ce qui conduit directement à la *forme canonique* **:** $y = \mathbf{a}\ (\mathbf{x} - \mathbf{x_S})^2 + y_S$

La forme canonique révèle *la position du sommet* et *l'ouverture de la parabole.* Elle possède toutes les informations utiles à la découverte des racines. Celles-ci se trouvent en cherchant les **x** qui correspondent à $y = 0$

Remarques :

En explicitant : $\mathbf{x_S} = \frac{-b}{2a}$ et $\mathbf{y_S} = f(\mathbf{x_s}) = (\frac{-(b^2-4a.c)}{4a})$

Nous retrouvons aussi la forme : $f(\mathbf{x}) = \mathbf{a}\,(\mathbf{x} + \frac{b}{2a})^2 + (\frac{-(b^2-4a.c)}{4a})$

Ce qui peut s'écrire aussi en posant : $\Delta = b^2 - 4a.c$

$$f(x) = a\,(x - (\frac{-b}{2a}))^2 + (\frac{-\Delta}{4a})$$

Ou écrit de manière plus courante : $f(x) = a\,(x + \frac{b}{2a})^2 - \frac{\Delta}{4a}$

Nous retrouvons donc le résultat que nous avions obtenu par la méthode de la complétion du carré.

2) Trois exemples de détermination de la forme canonique à partir des résultats de la méthode AUBRY

❖ **Premier exemple : $f(x) = 7x^2 + 3x + 1$**

1) Cherchons d'abord *les coordonnées du sommet* : $\mathbf{x_S} = -\frac{b}{2a} = \frac{-3}{2.7} = \frac{-3}{14}$

2) Déterminons : $y_S = f(x_S) = 7.(\frac{-3}{14})^2 + 3.(\frac{-3}{14}) + 1 = \frac{19}{28}$

3) Utilisons la forme que nous venons de démontrer : $y = a\,(x - x_S)^2 + y_S$

   Nous trouvons immédiatement l*a forme canonique* : $y = 7.(x + \frac{3}{14})^2 + \frac{19}{28}$

❖ **Deuxième exemple : $g(x) = 2x^2 + 4x - 6$**

1) Cherchons les coordonnées du sommet : $\mathbf{x_S} = -\frac{b}{2a} = -1$

2) Déterminons : $y_S = g(x_S) = 2.(-1)^2 + 4.(-1) - 6 = 2 - 4 - 6 = \mathbf{-8}$

3) Utilisons la forme : $y = \mathbf{a}\ (\mathbf{x} - \mathbf{x_S})^2 + y_S$

   Nous en déduisons immédiatement la forme canonique :

   $\mathbf{y = 2\ (x + 1)^2 - 8}$

Trois lignes suffisent ! Chirurgicale…

❖ **Troisième exemple :** $h(\mathbf{x}) = \mathbf{2\ x^2 - 8x + 8}$

1) Cherchons les coordonnées du sommet :

   $x_S = -\frac{b}{2a} = 8/4 = \mathbf{2}$ et $y_S = h(x_S) = 2\ .\ (2)^2 - 8\ .\ (2) + 8 = \mathbf{0}$

   $y_S = \mathbf{0}$: Le sommet est posé sur l'axe horizontal. Nous avons une *racine double réelle.*

2) Utilisons la forme particulière $f(\mathbf{x}) = \mathbf{a}\ (\mathbf{x} - \mathbf{x_S})^2$ qui est un cas particulier de la forme générale $f(\mathbf{x}) = \mathbf{a}\ (\mathbf{x} - \mathbf{x_S})^2 + y_S$ avec $y_S = \mathbf{0}$.

   Nous trouvons ici : $h(\mathbf{x}) = \mathbf{2\ (x - 2)^2}$

   Le plus long est d'expliquer ! …

11) Trouver la forme factorisée et le signe de la fonction avec la méthode AUBRY

1) Factorisation : exposé de la méthode

La méthode AUBRY donnant accès aux racines, trouver la forme factorisée devient alors un jeu d'enfant et le signe de la fonction aussi.

Les élèves apprennent que :

- Si : $\Delta > 0$: la forme factorisée de $ax^2 + bx + c$ est : $a (x - x_1) (x - x_2)$ [69]
- Si : $\Delta = 0$: L'équation $ax^2 + bx + c$ peut s'écrire : $a (x - x_S)^2$ (ce qui est en fait simplement un cas particulier où $x_1 = x_2$)

  Et enfin si $\Delta < 0$, alors, il n'y a pas de factorisation possible dans $\mathbb{R}$. [70] En revanche, la factorisation existe toujours dans $\mathbb{C}$, comme nous allons le voir.

D'après *le théorème fondamental de l'algèbre*, aussi appelé **théorème de d'Alembert-Gauss**, tout polynôme de degré n à coefficients réels ou complexes admet exactement n racines complexes (comptées avec

[69] Le plus simple pour démontrer cette égalité est de développer le membre de droite $a (x - x_1) (x - x_2)$. Le développement conduit sans difficulté au membre de gauche $ax^2 + bx + c$ après identification.

[70] Plus exactement, il n'existe pas de décomposition en produit de polynômes réels du premier degré dans ce cas.

multiplicité). En particulier, un polynôme *du second degré* peut toujours se factoriser sur $\mathbb{C}$ sous la forme : $f(x) = a(x - x_1)(x - x_2)$

Ou éventuellement : $f(x) = a(x - x_S)^2$, dans le cas particulier de *la racine double*, soit si $y_S = 0$.

Pour obtenir la factorisation effective, il suffit d'utiliser ce théorème et d'introduire les racines obtenues à la place de **x**

2) Règles des signes pour la fonction quadratique

Pour *deux racines complexes*, soit a et y_S de même signe, soit $a.y_S > 0$.

les branches de la parabole ne traversent jamais l'axe.

En conséquence, **la fonction ne change donc *jamais* de signe. Elle est toujours celle *du signe de a*.** D'où : $f(x) > 0$, si $a > 0$ ou $f(x) < 0$, si $a < 0$.

Pour une *racine réelle double* ($y_S = 0$), la fonction reste toujours *au-dessus* de l'axe horizontal si $a > 0$ ou *en dessous*, si $a < 0$, sauf pour $x = x_S$ où *elle s'annule*, car le sommet est posé sur l'axe horizontal.

Nous en déduisons que **la fonction est toujours du signe de *a* (comme dans le cas des racines complexes), sauf qu'elle peut s'annuler au sommet.** Nous avons donc : $f(x) \geq 0$, si $a > 0$ et $f(x) \leq 0$, si $a < 0$.

Dans le cas de *deux racines réelles* distinctes, soit a et y_S de signes contraires, $a.\ y_S < 0$, la représentation graphique nous donne la réponse (ou une résolution analytique) : **La fonction est du signe de *a* partout, *sauf* entre les racines réelles** - soit pour $x \in]x_1 ; x_2[$ (avec $x_1 < x_2$) - **où elle est du signe de – *a*, soit** pour $x \in]x_1 ; x_2[$ avec $x_1 < x_2$. **La fonction s'annule sur les racines.**

La distinction entre les trois cas de figure se trouve simplement avec deux valeurs : a et y_S

La nature des racines et le signe de la fonction quadratique sont entièrement déterminés par deux informations géométriques : la position verticale du sommet, via y_S, et le sens d'ouverture de la parabole, via le signe de a.

En Conclusion :

> **1) Dans tous les cas, la factorisation s'écrit : $f(\mathbf{x}) = \mathbf{a}\,(\mathbf{x} - \mathbf{x_1})\,(\mathbf{x} - \mathbf{x_2})$**
> **Ou éventuellement si $y_S = 0$: $f(\mathbf{x}) = \mathbf{a}\,(\mathbf{x} - \mathbf{x_S})^2$** (cas racine double).
>
> **2) La fonction est toujours du signe de a, sauf :**
> - **Sur les racines réelles (double ou séparée) où elle s'annule**
> - **Entre deux racines réelles où elle est du signe de $-a$**

3) Trois exemples pour bien comprendre

❖ Premier exemple : $f(\mathbf{x}) = -\mathbf{x}^2 + 2\mathbf{x} - 1$

x = 1 est *racine évidente*, car : **a + b + c = 0**

le produit des racines donne : P = 1. $\mathbf{x_2} = \frac{-1}{-1} = \mathbf{1}$; d'où $\mathbf{x_2 = 1}$

Nous trouvons donc une racine double : $\mathbf{x_{double} = x_S = 1}$

Dans le cas racine double, *la factorisation* est de type : $f(\mathbf{x}) = \mathbf{a}\,(\mathbf{x} - \mathbf{x_S})^2$

Il vient : $f(\mathbf{x}) = -(\mathbf{x} - 1)^2$

D'où : $f(x) < 0$ partout, car $a = -1 < 0$, sauf en $x = 1$ où la fonction est nulle, puisque : $f(1) = 0$.

Remarques :

- Nous aurions pu relever directement que nous avions : $f(\mathbf{x}) = -(\mathbf{x} - 1)^2$, car le ***1*** final est *un carré parfait*, ce qui faisait de cette égalité une bonne candidate à *une identité remarquable.*

- Après la détection de *la racine évidente*, si nous avions remarqué que l'abscisse du sommet était de même valeur, puisque : $\mathbf{x_S} = \frac{-b}{2a} = \frac{-2}{2(-1)} = 1$ nous aurions pu conclure à une racine double, car c'est l'unique cas pour lequel la valeur de la racine soit égale à celle du sommet.

❖ Deuxième exemple : $f(\mathbf{x}) = \mathbf{x^2 - 4x + 7}$

$a = 1$ et $c = 7$: Nous suspectons *deux racines complexes*, ce que confirme la recherche des racines (que nous passons ici sous silence). Nous trouvons après calculs *deux racines complexes conjuguées* : $x_1 = 2 - i.\sqrt{3}$ et $x_2 = 2 + i.\sqrt{3}$

La forme factorisée est de la forme : $f(x) = a\,(x - x_1)\,(x - x_2)$.
D'où il vient que : $f(x) = (x - (2 - i.\sqrt{3}))\,.\,(x - (2 + i.\sqrt{3}))$

Les racines étant *complexes*, la fonction est toujours du **signe de *a***, soit ici avec $a = 1 > 0$: **$f(x) > 0$ pour toute valeur de x**.

❖ Pour l'équation : $f(x) = \frac{1}{2}x^2 - x - 4$

Nous notons au préalable que *a* et *c* sont de signes contraires : $a.c < 0$. Nous aurons donc ***deux racines réelles* distinctes** symétriques par rapport au sommet.[71]

La factorisation est de la forme : $f(x) = a\,(x - x_1)\,(x - x_2)$.

La recherche *des racines* conduit à : $d = 3$, puis $x_1 = -2$ et : $x_2 = 4$

[71] Rappel : Pour *a* et *c* de *même signe, les trois cas sont possibles* : racine double, racines symétriques par rapport au sommet ou racines complexes conjuguées. Tandis que pour *a* et *c* de *signe contraire,* un seul cas est possible, celui des racines réelles symétriques par rapport au sommet.

D'où *la factorisation* : $f(x) = \frac{1}{2}(x + 2).(x - 4)$

Comme $a = \frac{1}{2} > 0$ la fonction est *positive* à l'extérieur des racines et *négatives* entre elles :

- $f(x) > 0$ **sur** $]-\infty\,;\,-2[\, \cup\, [4\,;+\infty[$ (les branches de la parabole sont au-dessus de l'axe pour ces intervalles de valeurs).
- $f(x) = 0$ pour $x = -2$ et $x = 4$ (la parabole intercepte l'axe horizontal pour ces deux valeurs).
- $f(x) < 0$ **sur** $]-2\,;\,4[$ (la parabole descend sous l'axe pour cet intervalle de valeurs).

12) Comment tracer très rapidement la représentation graphique de la fonction avec la méthode AUBRY

Nous souhaitons montrer avec quelle rapidité il est possible d'obtenir une représentation graphique fidèle de la fonction - ou au moins son allure – avec la méthode AUBRY. Et nous donnerons aussi une méthode très proche dans son esprit tirée des travaux de Galilée sur la chute des corps.

1) Principe du tracé en utilisant les résultats de la méthode AUBRY

Cette méthode utilise *les coordonnées du sommet* **S** $\left(\frac{-b}{2a}, f(x_S)\right)$ ou encore : **S** $\left(\frac{-b}{2a}, \frac{-b^2}{4a} + c\right)$ ou pour finir : **S** $\left(\frac{-b}{2a}, \frac{-\Delta}{4a}\right)$

Nous savons aussi que *l'axe* vertical passant par le sommet (axe *Sy) est un axe de symétrie*, il suffit donc de connaître un point d'un côté de l'axe pour obtenir **son symétrique** de l'autre côté. Pour parler de manière imagée, les points vont *par paires*. Ils « se reflètent » l'un l'autre sur une même horizontale selon l'axe (Sy), sauf le sommet qui est son propre reflet.

Le premier point, *le plus simple*, est : **C (0 , c)** ; d'où nous tirons son symétrique **C'** par *symétrie axiale* de C par rapport à (Sy).

Cherchons l'expression analytique de **C'**

$x = x_S$ est axe de symétrie. Le milieu de **[CC']** appartient à cet axe, d'où :

$x_S = \frac{1}{2}(x_C + x_{C'})$. Soit avec $x_C = 0$ et $x_S = \frac{-b}{2a}$:

$\frac{-b}{2a} = \frac{1}{2}$ ($x_{C'}$). D'où nous tirons : $x_{C'} = \frac{-b}{a}$

Au final, sachant que $y_{C'} = y_C$, nous avons pour **C' : C' (2**x_S**, c)**

ou **C'** ($\frac{-b}{a}$, **c**)

Ces deux formules sont *remarquablement élégantes* : L'une met en relief *le rôle central du sommet* et l'autre dépend *uniquement des coefficients*. Elles permettent d'obtenir immédiatement un troisième point remarquable sans calcul supplémentaire de la fonction.

Nous avons aussi les coordonnées des deux racines R_1 et R_2 quand elles sont réelles, ce qui nous fait déjà dans un premier temps : le sommet *S*, le point *C* et son symétrique *C'* et les deux racines R_1 et R_2, soit cinq points dans le cas des racines réelles, ce qui est plutôt bien pour un tracé rapide.

Pour trouver des points supplémentaires, nous pouvons utiliser la relation au sommet : $Y = a.X^2$

Pour un déplacement horizontal *d'une unité* à partir du sommet, c'est-à-dire **X = 1**, la variation verticale dans le repère du sommet vaut : $Y = a.1^2$
Soit **Y =** ***a***, ce qui nous donne un point (appelons *D*) à droite du sommet, et son symétrique D'à gauche. Dans le repère centré sur le sommet, *D* a pour coordonnées **(1, a)** et son symétrique *D'* a pour coordonnées **(−1, a)**.

Dans le repère d'origine, les coordonnées sont simplement :

D ($x_S + 1$, $y_S + a$) et D' ($x_S - 1$, $y_S + a$)

L'ensemble de ces points *S*, *C* et *C'*, *D* et *D'* et éventuellement ceux liés aux deux racines R_1 et R_2 suffisent à tracer l'allure de la courbe dans de bonnes conditions.

Si nous désirons affiner le tracé, il suffit de reprendre la démarche par exemple avec un écart de **X = 2** ou **X = 3,** selon la configuration.

Avec **X = 2**, nous aurons par exemple **Y = a.2² = 4a**

Nous obtenons E **(x_S + 2, y_S + 4a)** et son symétrique E' **(x_S - 2, y_S + 4a)**

Pour **X = 3** : **Y = 9*a***, nous obtenons selon le même procédé :

F **(x_S + 3, y_S + 9a)** et son symétrique ***F'*** **(x_S - 3, y_S + 9a)**

Nous pouvons tracer fidèlement la représentation graphique de la fonction avec les coordonnées du sommet *S* et l'ensemble des points remarquables ***C***, ***D***, ***E***, ***F*** et leur symétrique.

Avec la méthode AUBRY, le tracé ne repose plus sur une succession de calculs de valeurs de ***f*****(x)**, mais sur une lecture géométrique structurée : le point ***C***, le sommet, le symétrique de ***C*** par rapport à la droite **$x = x_S$**, l'usage de l'équation au sommet **$Y = a.X^2$** et les points simples remarquables autour, les racines… **La courbe est alors construite logiquement pas à pas, en intime relation avec *la structure géométrique* de la parabole.**

2) Exemple : tracé de la fonction *f* (x) = $2x^2 - 4x - 6$

1) Avant tout calcul, nous avons le point ***C*** **(0 , - 6)**

2) Pour obtenir *son symétrique* par rapport à l'axe (Sy), il nous faut premièrement *les coordonnées du sommet* (dont nous aurons besoin de toute façon pour déployer la méthode) :

   x_S = 4 /4 = 1 ; **y_S = *f* (1)** = $2.(1)^2 - 4 - 6$ **= - 8** ; soit: **S (1 , - 8)**

   Le symétrique de **C** par rapport à (Sy) est tel que : **$x_S = \frac{1}{2}(x_C + x_{C'})$**

   Soit : $2\,x_S = x_{C'}$; d'où : **$x_{C'} = 2$**

Et puisque **C'** est à la même ordonnée que **C** et que **C (0 , - 6)**, nous en déduisons **C' (2 , - 6)**.Pour une ébauche très rapide, avec la connaissance du coefficient ***a***, ces trois points ***S***, ***C*** et ***C'*** peuvent suffire.

3) Si nous désirons *affiner le tracé*, nous pouvons chercher *les racines* ou encore *se placer directement au sommet* et utiliser la relation $\mathbf{Y = aX^2}$; soit ici : $\mathbf{Y = 2X^2}$

Plaçons-nous, par exemple, au sommet et prenons un écart horizontal de 1, soit **X = 1**, nous avons l'autre coordonnée : $\mathbf{Y = 2.(1)^2 = 2}$.

Avec pour sommet *S* **(1 , - 8)**, nous obtenons *D* (1 + 1 = **2** , -8 + 2 = **- 6**) ; soit **D (2 , - 6)** qui est dans cet exemple identique au point *C′* (c'est une coïncidence propre à cet exemple, nous y reviendrons avec le théorème de Galilée).[72]

Reprenons la démarche pour **X = 2**. Nous sommes donc en $\mathbf{x = x_S + 2 = 3}$ $\mathbf{Y = 2.X^2} = 2.\ 2^2 \mathbf{= 8}$. Nous nous retrouvons en : $y = y_S + 8 = -8 + 8 = 0$.

Puisque $y = 0$, nous tombons sur *une racine*. Cette coïncidence est propre à cet exemple. Le point obtenu est ici $\mathbf{R_2}$ **(3 , 0)**.

L'autre racine est à 2 unités à gauche de $\mathbf{x_S = 1}$, soit en : **x** = 1 – 2 = **- 1**, d'où nous trouvons, sans surprise l'autre racine : $\mathbf{R_1}$ **(- 1 , 0)**.

Ces cinq points : *S* **(1 , - 8)** ; $\mathbf{R_1}$ **(- 1 , 0)** ; $\mathbf{R_2}$ **(3 , 0)** ; **C (0 , - 6)** ; **C′ (2 , - 6)**, permettent un tracé rapide et fidèle de la courbe associée à $\mathbf{2x^2 - 4\,x - 6}$

---

[72] La coïncidence ***D*** = ***C′*** dans cet exemple illustre une propriété générale intéressante : ***D*** = ***C′*** si $b = \pm 2a$, ce qui équivaut à $\mathbf{x_S = \pm 1}$ (le sommet est à une unité de l'axe vertical). Dans tous les autres cas, ***D*** et ***C′*** sont des points distincts, ce qui est la situation générale.

Voici la justification : ***D*** a pour ordonnée $y_S + a$ (on monte de ***a*** depuis le sommet pour **X = 1**). ***C′*** a pour ordonnée ***c*** (même hauteur que C par symétrie). Ces deux points sont à la même hauteur quand : $y_S + a = c$

Or, nous savons que $y_S = c - \frac{b^2}{4\,a}$; d'où : $c - \frac{b^2}{4\,a} = c$

Après calcul, il vient la condition : $b = \pm\, 2a$

Ou encore, avec $x_S = \frac{-\,b}{2\,a}$, la condition sur ***b*** et ***a*** devient : $x_S = \frac{\pm\,2a}{2\,a} = \pm\,1$

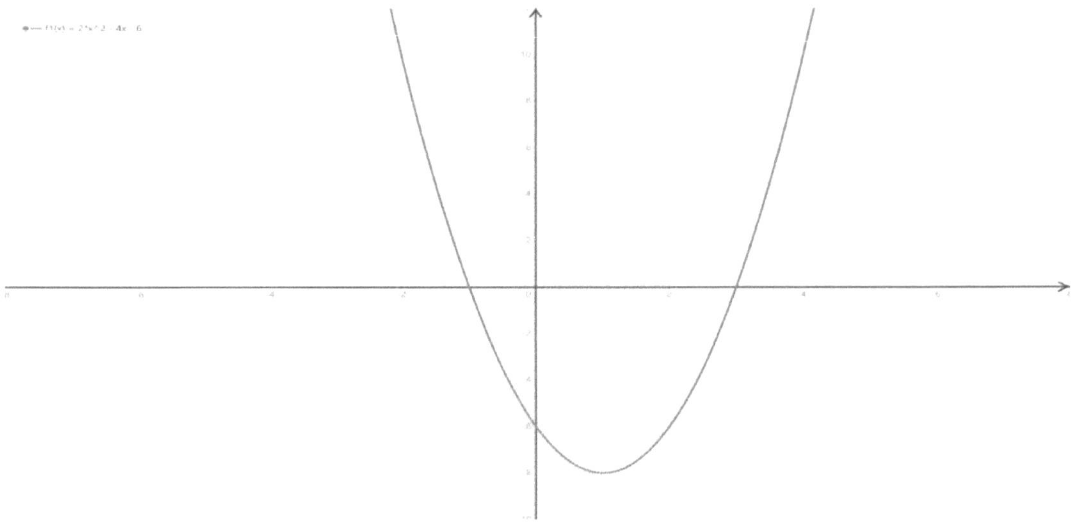

Commentaire : Dans l'approche classique, on **calcule des valeurs puis on trace**. Dans l'approche AUBRY, **la courbe est construite pas à pas à partir de son sommet et de ses éléments structurants**. Ce n'est pas seulement une optimisation de calcul : *c'est un changement de point de vue*. Le tracé devient une conséquence directe de la géométrie contenue dans l'équation quadratique elle-même. La méthode ne fait que révéler ce qui y était caché.

3) Généralisation : Loi des nombres impairs appliquée à la parabole ou Théorème de Galilée

Nous avons constaté qu'en nous plaçant depuis le sommet de la parabole situé en $x_S = \frac{-b}{2a}$, l'équation de celle-ci prenait la forme : $\mathbf{Y = a\,X^2}$

De sorte que pour : **X = 1 → Y = a** ; **X = 2 → Y = 4a**

X = 3 → Y = 9a ; **X = 4 → Y = 16a**

Ce qui correspond à l'ensemble des points successifs **P_k (k, ak^2)** .

Mais il y a mieux !

Pour passer du sommet situé par définition en **X = 0** à **X = 1**, il faut nous déplacer verticalement de ***a***. Ensuite, pour nous déplacer de **X = 1** à **X = 2** (soit de *k* = 1 à k + 1) nous nous déplaçons verticalement de ***a*** à **4*a***, soit un écart de **3a**, alors que l'écart précédent entre **X = 0** et **X = 1** était de **1a**.

Pour le déplacement de **X = 2** à **X = 3** (soit de ***k* = 2** à ***k* = 3**), le déplacement vertical passe de **4a** à **9a**, soit un écart de **5a**

Et pour finir (mais vous l'avez déjà compris), quand nous nous déplaçons de **X = 3** à **X = 4**, nous passons verticalement de **9a** à **16**a, soit un écart de **7a**.

Nous constatons donc qu'en nous déplaçant horizontalement par pas d'une unité d'axe – soit X_k = k.1 = k - **la succession des ordonnées mesurées par rapport à l'ordonnée du sommet, soit Y_k suit la série des nombres impairs naturels : 1a, 3a, 5a, 7a, 9a…**

Cette succession de valeurs est une conséquence directe de la dérivée seconde constante pour une fonction de degrés deux.

Nous avions trouvé que ***f*'(x) = 2ax + b** (la pente augmente linéairement) et que ***f*''(x) = 2a** (l'accroissement de la pente est constant le long de la courbe ou dans le cadre de la physique : l'accélération est constante).

Ainsi, quand nous passons de **x** à **x + 1** la pente augmente d'une quantité constante égale à 2***a*.** [73] **C'est cette constante de l'augmentation de la pente qui génère mécaniquement la série des nombres impairs**.

---

[73] Ce résultat se démontre en calculant *f* (x+1) – *f* (x) = 2ax + a + b

Avec : *f* (x+1) – *f* (x) = (a $(x+1)^2$ + bx + c) – (ax^2 +bx + c)

En injectant successivement x = 0 ; x = 1, x = 2, x = 3 dans l'expression 2ax + a de l'écart, nous retrouvons les valeurs attendues : a, 3a, 5a, 7a…

Le lecteur aura compris qu'une telle loi est propre aux fonctions quadratiques et elle ne fonctionnera plus pour les fonctions cubiques :

$h\,(x) = ax^3 + bx^2 + cx + d$ dont :

- La dérivée première, donc la pente, est $h'\,(x) = 3ax^2 + 2bx + c$
- La dérivée seconde $h''(x) = 6ax + 2b \neq cte$ (l'écart entre deux accoisements augmente linéairement)
- La dérivée troisième $h^{(3)} = 6a = cte$, l'écart entre les écarts est constant.[74]

Pour revenir aux représentations graphiques des polynômes de degrés deux, dans le cas particulier où le rapport $\frac{b}{2a}$ est un nombre entier, par exemple $b = \pm\, 2a$ (la valeur absolue de b est le double de celle de a), alors l'abscisse du sommet est à valeur entière.

Si de plus $y_S = \frac{-\,b^2}{4\,a} + c$ est une valeur entière, les points trouvés auront tous *des coordonnées entières* dans le repère du sommet (pour X et Y), et dans celui lié à l'origine, donc pour **x** et ***y*.** Ces points seront alors particulièrement faciles à placer sur du papier millimétré

Au final, pour tracer la courbe, en mettant à profit le théorème de Galilée des nombres impairs,[75] il nous faut premièrement **placer le sommet, puis**

---

[74] Dans la pratique, cette propriété de l'écart des écarts constant n'est pas commode pour tracer rapidement la fonction cubique. On perd au degrés trois l'approche presqu'intuitive des fonctions de degrés deux. A chaque élévations de degrés d'un polynôme la complexité s'accroit notablement.

[75] Historiquement, Galilée n'a pas formulé cette loi des nombres impairs dans le contexte d'étude des paraboles, mais dans le cadre de la chute libre. Il étudie **le mouvement de chute des corps** dans ses *Discours concernant deux sciences nouvelles* (1638) où il cherche à prouver que le mouvement des corps est uniformément accéléré.

nous déplacer *d'une unité* à chaque fois horizontalement et suivre la suite des nombres impairs pour les ordonnées :

- **Pour X = 1, nous nous déplaçons verticalement de *a***
- **Pour X = 2, nous nous déplaçons verticalement de 3*a***
- **Pour X = 3, nous nous déplaçons verticalement de 5*a***

Le critère d'exactitude est que la courbe obtenue doit passer par le point de référence C (0, c) (et les racines réelles éventuelles, si nous les avons déjà obtenues à ce stade).

Il observe que si un objet part du repos, l'écart entre les distances qu'il parcourt pendant des intervalles de temps égaux (par exemple, chaque seconde) augmente selon une loi très précise suivant la série des **nombres impairs** : 1, 3, 5, 7, 9.

La distance *d* parcourue selon la verticale par un corps lâché sans vitesse initiale et soumis à des frottements négligeables est donnée par la relation $d = \frac{1}{2} gt^2$

En prenant $g \approx 9{,}81$ m.s^{-2} (valeur de Paris) soit $\frac{1}{2}$ g $\approx 4{,}9$ m.s^{-2}, que nous arrondissons ici à 5m.s^{-2} dans un souci de simplification pédagogique, nous avons la loi $d = \frac{1}{2} gt^2 \approx 5.t^2$

Les distances parcourues dans les expériences historiques de Galilée étaient donc voisines pour **t = 1s** de d_1 **= 5 m** ; pour **t = 2s** de d_2 **= 20 m** ; **t = 3s,** d_3 **= 45 m** ; **t = 4s** d_4 **= 80m.**

Ce qui correspond à un écart entre **0s et 1s** de **5 - 0 = 5 m** ; entre **1s et 2s de 15m** ; entre **2s** et **3s** de **25m** ; entre **3s** et **4s** de 80 – 45 = **35m**

Cette séquence : 5m, 15m, 25m, 35m… peut aussi s'écrire : 1 . 5m, 3 . 5m, 5 . 5m, 7 . 5m ; soit avec a = 5 : 1a, 3a, 5a, 7a. Nous retrouvons bien notre séquence.

De sorte que, **la loi des nombres impairs est inscrite dans tous les phénomènes naturels décrite par une fonction quadratique.** En mathématique, *a* est le coefficient dominant de la parabole ; **en physique, *a* est la moitié de l'accélération.**

Ainsi, que nous tracions une parabole sur du papier millimétré ou que nous observions *la chute libre* d'un objet, soumis à des frottements faibles, nous rencontrons la même structure mathématique harmonieuse : **la loi des nombres impairs** ; loi qui vient de la dérivée seconde constante qui quantifie les variations des évolutions de la fonction.

Connaître cette méthode d'une efficacité redoutable est comme avoir « un code de triche ». Elle donne un avantage certain à ceux qui la connaissent. Elle peut même être utilisée pour trouver les racines à tâtons. C'est le fondement même de la méthode AUBRY avec sa relation clef :

$|y_S| = |a|.d^2$

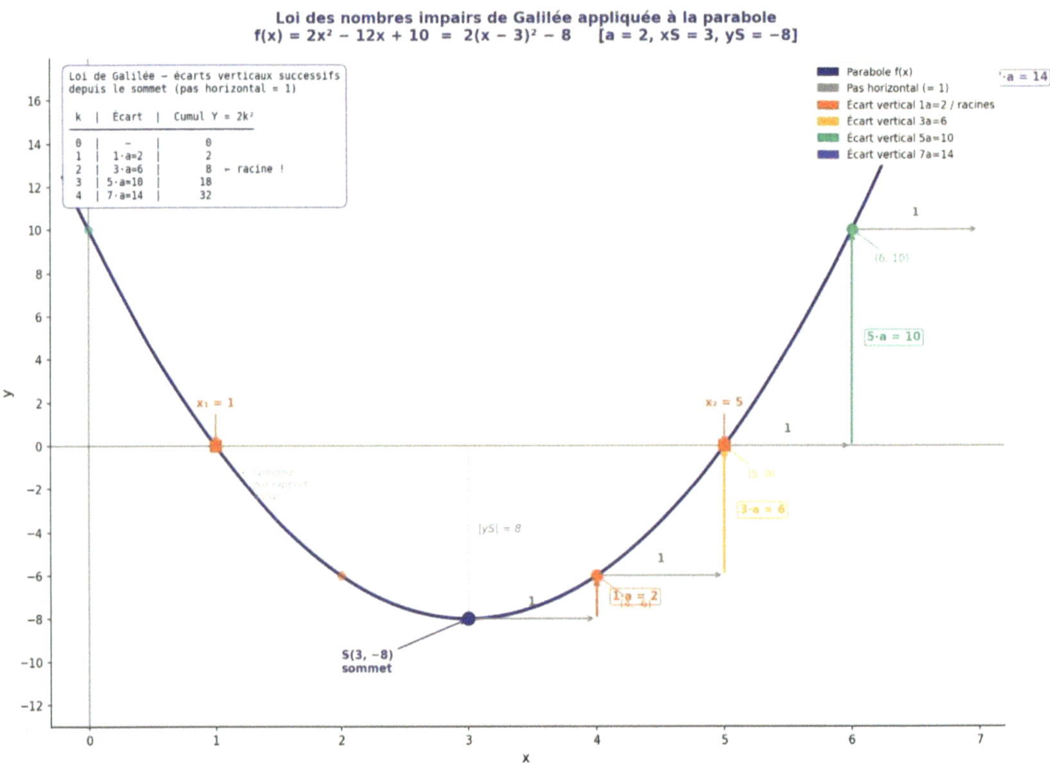

<u>Conclusion</u> :

Pour tracer rapidement la fonction quadratique f(x) = **ax² + bx + c,** nous utilisons pour la première méthode la logique suivante : 1) **Nous plaçons le point C (0, c) situé sur l'axe des ordonnées** 2) **Nous calculons les coordonnées *du sommet* $x_S = \frac{-b}{2a}$ et $y_S = f(x_S)$**

ou $y_S = \frac{-\Delta}{4a}$ ou $y_S = \frac{-b^2}{4a} + c$ et plaçons le sommet

3) **Nous prenons le symétrique de *C* par rapport à l'axe $x = x_S$.**
   Nous obtenons *C'* ($2x_S$, c) ou C' ($\frac{-b}{a}$, c)

4) **Nous utilisons les coordonnées *des racines*, si nous les avons déjà trouvées**

5) **Nous utilisons la relation $Y = a.X^2$ pour trouver les points supplémentaires repérés par rapport au sommet**

- ***D* (1, a) et son symétrique à la même cote D' (- 1, a)** [76]
- **E (2, 4a) et son symétrique à la même cote E' (- 2, 4a)**
- **F (3, 9a) et son symétrique F' (- 3, 9a)**
- **… points de la forme (k, ak^2)**

Dans la méthode 2, nous exploitons la succession des écarts verticaux obtenus : 1a, 3a ,5a, 7a… connu sous le nom de *théorème de Galilée* des nombres impairs. Cette séquence venu de la chute des corps s'accorde parfaitement bien avec la vision au sommet de la méthode AUBRY.

Cette successions 1a, 3a ,5a, 7a est la conséquence directe de *la dérivée seconde des fonctions quadratique* : $f''(x) = 2a$
La loi des nombres impairs de Galilée est la traduction visible de la dérivée seconde constante, 2a, de la fonction décrite par la parabole.

- **Pour tracer la fonction, nous nous plaçons au sommet, puis nous nous déplaçons à chaque fois d'une unité horizontalement vers la droite, soit X = 1, 2, ,3 4, et nous suivons sur l'axe vertical la suite des**

[76] Soit dans le repère d'origine : ***D* (x_S + 1, y_S + a)** et **D' (x_S - 1, y_S + a)**
E **(x_S + 2, y_S + 4a)** et son symétrique E' **(x_S - 2, y_S + 4a)**

nombres entiers naturels impairs : Y = 1a, 3a ,5a, 7a, 9a conséquence directe de $Y = aX^2$ ayant pour dérivée seconde 2a

Nous obtenons les mêmes points *D, E, F…* que précédemment.

- La courbe obtenue doit passer par *le point de référence C* (0, c) qui devient ici *un point de contrôle.*
- *Les racines* aussi peuvent être prises comme *points de contrôles,* si elles ont été trouvées à ce stade de l'exercice.

- Inversement, ces même racines peuvent être trouvées ou au moins encadrées en partant de la position du sommet et de la séquence vertical : 1a, 3a, 5a… C'est l'essence même de la méthode AUBRY

- Repérer cette succession de valeurs impairs dans les différences d'accroissement, c'est voir la simplicité derrière une complexité apparente et entrer dans la dynamique même de la parabole. C'est passer d'un calcul mécanique de $y = f(x)$ à une vision fluide, intuitive et structurée.
  Ce résultat est *une invitation à l'émerveillement.*

- Dans le cas particulier où la valeur absolue de *b* est le double de celle de *a,* soit $b = \pm 2a$, ou plus généralement si le rapport b/2a est entier, par exemple $b = n. (\pm 2a)$, alors l'abscisse du sommet $x_S = \frac{-b}{2a}$ prendra des valeurs entières : $x_S = \pm n$. Dans ce cas, tous les points obtenus : *D, D', E, E'…* auront des abscisses entières.
- Si de plus l'ordonnée du sommet $y_S = \frac{-b^2}{4a} + c$ ou $y_S = \frac{-\Delta}{4a}$ est elle aussi entière, alors toutes les ordonnées des points seront entières. La courbe obtenue a ses points de constructions parfaitement « calés » sur le quadrillage du papier millimétré facilitant ainsi la construction graphique.

13) Un clin d'œil sur une autre méthode : La méthode de Po-Shen-Loh - Comparaison des trois méthodes : discriminant – Po – Shen – Loh et AUBRY

1) Exposé de la méthode de Po – Shen – Loh et trois exemples

Nous souhaitons faire découvrir une autre méthode de résolution des équations du second degré peu connue en dehors des Etats-Unis. Elle a été popularisée par le mathématicien américain Po-Shen Loh, notamment à travers ses travaux pédagogiques et son implication dans la préparation de l'équipe américaine aux olympiades internationales de mathématiques.

Cette méthode s'appuie sur **la symétrie** de la parabole par rapport à son sommet et sur les relations de Viète : la somme des racines est : **-b/a** et le produit des racines : **c /a**

Pour trouver les solutions, trois éléments suffisent :

1) **La position du sommet** (x_S) qui est la moyenne des racines (réelles ou complexes conjuguées : $x_S = \frac{1}{2}\,(x_1 + x_2) = \frac{-b}{2a}$

2) **La symétrie** : les racines sont de la forme : $x_1 = x_S - d$ et : $x_2 = x_S + d$
Avec d défini comme la distance séparant chaque racine du sommet.

3) **Le Produit des racines** est **c / a**.

De ces éléments, nous pouvons écrire que : $\frac{c}{a} = (x_S - d).(x_S + d)$; $x_S = \frac{-b}{2a}$

C'est de cette équation que nous tirons la distance ***d*** dans un premier temps, puis la valeur des racines.

En utilisant l'identité remarquable : $(a + b).(a - b) = a^2 - b^2$, il vient :

$\frac{c}{a} = x_S^2 - d^2$; soit : $d^2 = x_S^2 - \frac{c}{a}$

Ou encore : $d^2 = \left(\frac{-b}{2a}\right)^2 - \frac{c}{a}$ [77]

Si $d^2 \geq 0$: alors la distance est réelle et **les racines réelles** sont obtenues par la relation : $x_{1,2} = x_S \pm d$

Si $d^2 < 0$: alors $d > 0$ est le module de la partie imaginaire des racines complexes. Les solutions dans l'ensemble complexe s'écrivent :

$$x_{1,2} = x_S \pm i.\sqrt{|d^2|}$$

Prenons trois exemples pour bien comprendre :

$f(x) = -2x^2 + 8x - 6$; $g(x) = x^2 + 10x + 25$ et : $h(x) = 3x^2 - x + 9$

❖ **Exemple 1 :** $f(x) = -2x^2 + 8x - 6$

Un œil expert aura remarqué que **x = 1** est solution évidente de f(x), car la somme des coefficients : **a + b + c = 0.** Ce résultat nous servira simplement à valider nos travaux.

L'autre racine se déduit par *le produit* : $1.x_2 = \frac{c}{a} = \frac{-6}{-2}$; soit : $x_2 = 3$

---

77 En poursuivant les calculs, nous trouvons : $d^2 = \left(\frac{b^2}{4a^2}\right) - \frac{c}{a} = \frac{b^2 - 4ac}{4a^2} = \frac{\Delta}{4a^2}$

Nous avons donc trouvé nos résultats sans utiliser la méthode de Po-Shen-Loh. Mais nous savons lesquels il faudra trouver et nous verrons donc immédiatement si la méthode est juste.

Mettons maintenant en œuvre la méthode :

Premièrement, *le sommet est au milieu des racines* et la somme des racines est **– b/a**, donc le sommet est : $x_S = - b / 2a = - 8 / - 4 = 2$

Deuxièmement *les racines sont symétriques* par rapport au sommet.
En appelant *d* la distance qui sépare l'abscisse du sommet de celle des racines, nous pouvons écrire que : $x_1 = 2 - d$ et $x_2 = 2 + d$

Troisièmement, *le produit des racines* est égal à c/a.
D'où : $\frac{c}{a} = (2 - d) . (2 + d)$
soit : $\frac{-6}{-2} = 4 - d^2$; D'où : $3 = 4 - d^2$; soit : $d^2 = 4 - 3 = 1$
Nous en déduisons : $d = \sqrt{1}$ ou plus simplement : $d = 1$

De ce résultat nous tirons les deux racines par la relation $x_{1,2} = x_S \pm d$
Soit : $x_1 = 2 - 1 = 1$ Et : $x_2 = 2 + 1 = 3$

Conclusion : Nous trouvons bien les racines attendues. La méthode de Po-Shen-Loh fournit les bons résultats.

Remarque : La vérification par le produit et la somme des racines n'est pas idéale ici, car ce sont les relations qui nous ont donné nos résultats. Il est préférable de calculer *f* **(1) et** *f* (3) et vérifier que nous obtenons bien zéro.

❖ **Exemple 2 : $g(x) = x^2 + 10x + 25$**

Ici encore l'œil aguerri, alerté par le $25 = 5^2$ aura certainement reconnu dans g(x) *l'identité remarquable* : $(a + b)^2 = a^2 + 2\, a.b + b^2$
C'est-à-dire ici : $(x + 5)^2$

Ce qui conduit immédiatement à une racine double : $\mathbf{x = -5}$

Mettons en œuvre la méthode de Po-Shen-Loh avec cette vérification préalable qui nous servira de garantie.

1) Premièrement nous calculons *la position du sommet* : $\mathbf{x_S = -10/2 = -5}$
2) Deuxièmement, nous exprimons *la symétrie* : $\mathbf{x_1 = (-5 - d)}$
   et : $\mathbf{x_2 = (-5 + d)}$
3) Troisièmement, nous exploitons *le produit des racines* égal à c / a :
   $\frac{c}{a} = \frac{25}{1} = \mathbf{(-5 - d) . (-5 + d)}$
   Soit : $25 = \mathbf{(-5)^2 - d^2}$; d'où : $\mathbf{25 = 25 - d^2}$

Nous en déduisons : $\mathbf{d^2 = 25 - 25 = 0}$; soit : $\boldsymbol{d} \mathbf{= 0}$

Au final, nous avons simplement : $\mathbf{x_1 = x_2 = -5}$
La racine double trouvée $\mathbf{x = -5}$ est bien celle attendue.

- **Exemple 3 :** $\mathbf{h(x) = 3x^2 - x + 9}$

Le lecteur perspicace a compris notre intention de montrer que la méthode de Po-Shen-Loh fonctionne dans tous les cas. Il se doute bien que ce troisième exemple correspond à des racines complexes - celui que l'on obtiendrait avec *un discriminant négatif* ou encore avec *une parabole flottant au-dessus de l'axe* avec la méthode AUBRY, parce que $\boldsymbol{a}$ et y_S sont positifs.

Le signe de $\boldsymbol{a}$ et $\boldsymbol{c}$ identique, combiné avec la faiblesse de $\boldsymbol{b} \mathbf{= -1}$ confirme son hypothèse. En effet, un calcul du *discriminant* donnerait :

$\mathbf{\Delta = b^2 - 4\,a.c} = (-1)^2 - 4.3.9 = 1 - 108 = \mathbf{-107 < 0}$

Et un calcul de l'ordonnée y_S avec **la méthode AUBRY** :

$\mathbf{x_S = -b/2a = 1/6}$

$y_S = f\,(\mathbf{x_S}) = 3\,(\frac{1}{6})^2 - (\frac{1}{6}) + 9 = 3\,(\frac{1}{36}) - (\frac{1}{6}) + 9 = \frac{1}{12} - \frac{2}{12} + \frac{9.12}{12} = \frac{107}{12}$

y_S **= 107 /12 > 0** et a **> 0**. La parabole est *au-dessus de l'axe*, car a > 0.

Son point le plus bas est le sommet $S\left(\frac{1}{6}, \frac{107}{12}\right)$

La parabole « flotte » perpétuellement au-dessus de l'axe, il n'y a *pas* de racines réelles, mais *deux racines complexes.*

Nous aurions en utilisant la méthode AUBRY: $d = \sqrt{\frac{|y_S|}{|a|}} = \sqrt{\frac{\frac{107}{12}}{3}} = \sqrt{\frac{107}{36}}$

Soit : $d = \frac{\sqrt{107}}{6}$

D'où : $x_{1,2} = \frac{1}{6} \pm i\ \frac{\sqrt{107}}{6}$ en tenant compte de la nature complexe des racines.

Voyons comment se comporte la méthode de **Po-Shen-Loh** ici :

- Premièrement calculons *la position du sommet* : $x_S = = -b/2a = \frac{1}{6}$
- Deuxièmement, exprimons *la symétrie* : $x_1 = \left(\frac{1}{6} - d\right)$ et : $x_2 = \left(\frac{1}{6} + d\right)$
- Troisièmement, exploitons *le produit des racines* égal à c / a :

$\left(\frac{1}{6} - d\right) . \left(\frac{1}{6} + d\right) = \frac{9}{3}$; soit : $\frac{1}{36} - d^2 = 3$; soit : $\frac{1}{36} - 3 = d^2$

D'où : $d^2 = \frac{1-108}{36} = \frac{-107}{36} < 0$

Dans l'ensemble des réels, cette équation est une impasse, elle n'a pas de solution. Nous allons passer en complexe $d^2 = \frac{-107}{36} = i^2\left(\frac{107}{36}\right)$

Nous pouvons dès lors prendre la racine carrée, d'où :

$$d = \pm i\sqrt{\frac{107}{36}} = \pm i\frac{\sqrt{107}}{6}$$

Nous en déduisons les racines : $x_1 = \frac{1}{6} - i\ \frac{\sqrt{107}}{6}$; et $x_2 = \frac{1}{6} + i\ \frac{\sqrt{107}}{6}$

Les racines obtenues sont bien *complexes conjuguées.*

La méthode de *Po-Shen-Loh* fonctionne aussi pour les racines complexes.

Conclusion : La méthode de **Po-Shen-Loh**, comme la méthode **AUBRY** et celle du **discriminant** fonctionnent dans tous les cas.

Ce sont des méthodes complètes. Cependant, elles estiment l'écart par rapport au sommet par des chemins différents.

2) Lien entre la méthode de Po-Shen-Loh, la méthode AUBRY et celle du discriminant

La méthode de Po-Shen-Loh introduit, comme la méthode AUBRY, une distance ***d*** mesurée depuis le sommet. De ce point de vue conceptuel elles sont donc proches. La différence est que Po-Shen-Loh la calcule à partir du *produit des racines* via *les relations de Viète* qu'il exploite, alors que la méthode AUBRY déduit cette distance de la structure même de la parabole.

Voyons comment se tissent les liens entre les deux méthodes :

Po-Shen-Loh exploite *le produit des racines* et *leur symétrie* par la relation :

$\frac{c}{a} = (x_S - d).(x_S + d)$; soit : $\frac{c}{a} = x_S^2 - d^2$

Pour faire apparaître le lien entre les méthodes, il faut expliciter $x_S = \frac{-b}{2a}$

Nous avons donc : $\frac{c}{a} = \left(\frac{-b}{2a}\right)^2 - d^2$

Ce qui donne : $d^2 = \left(\frac{-b}{2a}\right)^2 - \frac{c}{a} = \frac{b^2}{4a^2} - \frac{c}{a}$

Soit : $d^2 = \frac{b^2 - 4ac}{4a^2} = \frac{\Delta}{4a^2}$ Nous tirons : $d = \frac{\sqrt{\Delta}}{2|a|} \geq 0$

Car dans la méthode de Po-Shen-Loh, ***d*** désigne toujours une grandeur *positive ou nulle* : *la distance réelle* séparant *les racines réelles* du sommet, et *le module* de l'écart imaginaire entre le sommet et *les racines complexes*.

Si nous travaillons en *grandeur algébrique*, pour nous rapprocher du système utilisé par le discriminant, il faut alors distinguer les cas : $\Delta \geq 0$ et $\Delta < 0$

Avec $\Delta \geq 0$, nous tirons de : $d^2 = \frac{\Delta}{4\,a^2}$: $d = \pm \frac{\sqrt{\Delta}}{2\,a}$

Puis : $x_{1,2} = \frac{-b}{2\,a} \pm \frac{\sqrt{\Delta}}{2\,a}$ ou plus classiquement : $x_{1,\,2} = \frac{-b \pm \sqrt{\Delta}}{2\,a}$

Avec $\Delta < 0$, il faut passer en *complexes*. Nous tirons de : $d^2 = \frac{\Delta}{4\,a^2}$:

$d = \pm\, i\, \frac{\sqrt{|\Delta|}}{2\,a}$ Puis : $x_{1,2} = \frac{-b}{2\,a} \pm \mathrm{i}\, \frac{\sqrt{|\Delta|}}{2\,a}$ ou : $x_{1,\,2} = \frac{-b \pm i\sqrt{|\Delta|}}{2\,a}$

Nous constatons que les deux méthodes, celle de Po-Shen-Loh et celle du discriminant peuvent être reliées à condition d'expliciter x_S dans la relation centrale de Po-Shen-Loh : $\frac{c}{a} = x_S^2 - d^2$ et de tenir compte de la différence de philosophie : d est *une grandeur algébrique réelle* ou *complexe* dans la méthode du discriminant, tandis que d est un module pour Po-Shen-Loh (donc une grandeur positive ou nulle).

Nous avions déjà établi le lien entre la méthode du discriminant et la méthode AUBRY. Pour rappel, la méthode AUBRY donnait : $d = \sqrt{\frac{|y_S|}{|a|}}$

En utilisant « la formule passerelle » $y_S = \frac{-\Delta}{4\,a}$

Nous pouvons réécrire la distance de la méthode AUBRY : $d = \sqrt{\left|\frac{\frac{-\Delta}{4\,a}}{a}\right|}$

Soit : $d = \sqrt{\left|\frac{\Delta}{4\,a^2}\right|}$ ou plus simplement : $d = \frac{\sqrt{|\Delta|}}{2\,|a|}$

Puis selon les cas discriminés par le critère du signe de $a.y_S$ ou sa valeur dans le cas de la racine double, nous avons :

- Pour $a.y_S < 0$, **deux *racines réelles*** → $x = x_S \pm d = \frac{-b \pm \sqrt{|\Delta|}}{2\,a}$ [78]

---

[78] La valeur absolue liée à $d = \frac{\sqrt{|\Delta|}}{2\,|a|}$ disparaît quand on met d sous le même dénominateur que $x_S = \frac{-b}{2\,a}$

- Pour $a.y_S = 0$, **une *racine double*, $d = 0$.** → $x_1 = x_2 = x_s = \frac{-b}{2a}$
- Pour $a.y_S > 0$, **deux *racines complexes conjuguées*.** → $x = x_S \pm i\, d$

  Où ***d*** représente ici *la valeur absolue* de l'écart imaginaire entre les racines et le sommet.

  Nous avons alors dans le cas des racines complexes : $x = \frac{-b \pm i\sqrt{|\Delta|}}{2a}$

Au final, les trois méthodes : *discriminant*, *Po-Shen-Loh* et *AUBRY* expriment l'abscisse des racines par rapport au sommet. La différence vient d'une part du fait que la méthode AUBRY travaille essentiellement en distance (c'est pourquoi la formule trouvée a une valeur absolue au dénominateur) et que cette distance est évaluée par la relation :

$$0 - y_S = a\,(x - x_S)^2$$

Ou plus simplement par : $|y_S| = |a|.d^2$ en considérant que ***d*** est une distance : $d = |X| = |x - x_S|$

Po-Shen-Loh évalue cette distance par le produit des racines et la symétrie, ce qui le conduit à : $d^2 = x_S^2 - \frac{c}{a}$

La méthode du discriminant utilise le terme d'écart : $d = \pm \frac{\sqrt{\Delta}}{2a}$ et cette grandeur est algébrique.

3) Comparaison des trois méthodes

Nous avons exploré trois approches pour résoudre les équations du second degré. Si le résultat final est identique, la démarche, elle, révèle une philosophie différente. Le mathématicien averti ne se contente pas de trouver la solution : il choisit l'outil le plus adapté à son environnement.

a) Le Discriminant ou La sécurité de la procédure automatique

Le discriminant $\Delta = b^2 - 4ac$ est le pilier de notre enseignement classique sur les fonctions polynomiales de degré deux. C'est une approche essentiellement algébrique. Ses avantages principaux sont **sa rapidité**, sa **répétitivité** et sa **facilité d'enseignement**.

Ces trois caractéristiques importantes expliquent sa place centrale dans l'enseignement de la résolution des équations quadratiques. Cette méthode est « l'outil parfait » de l'élève qui applique une procédure sûre, sans avoir besoin de trop réfléchir ou de visualiser la parabole.

Cependant, elle demande parfois des calculs lourds qui sont délicats à mener sans calculatrice. Elle ne met pas non plus naturellement en évidence la forme de la parabole, ce qui masque la géométrie du problème et ne permet pas une visualisation rapide de la parabole.

De plus le discriminant n'étant pas conçu pour produire directement la forme canonique ou tracer rapidement la fonction ceux-ci deviennent plus longs à obtenir par cette méthode.

Cette méthode demeure cependant un **cadre procédural robuste** qui permet d'obtenir systématiquement les solutions sans avoir besoin d'une interprétation géométrique préalable.

b) La Méthode de Po-Shen-Loh : La symétrie comme raccourci

La méthode de Po-Shen-Loh utilise deux piliers : *la symétrie* et *les relations de Viète* sur la somme **– b/a** et le produit **c/a** des racines.

En utilisant le fait que les racines sont équidistantes d'un centre (la demi-somme des racines -b/2a), elle évite les grands nombres du discriminant.

C'est une méthode rapide et élégante algébriquement. Elle devient particulièrement efficace lorsqu'on travaille avec des coefficients simples. Les calculs dans les cas favorables peuvent même être menés de tête.

Par contre, tout comme la méthode du discriminant, elle ne donne pas la forme canonique et ne permet pas non plus un tracé rapide de la courbe.

c) La Méthode AUBRY ou La puissance de la visualisation

La force première de la méthode AUBRY réside dans la **vision** qu'elle donne de la parabole. Résoudre l'équation devient un exercice de lecture graphique. Elle fournit non seulement **les racines**, mais encore **des points clefs** pour une représentation graphique. C'est l'outil de celui qui veut *visualiser la parabole* et *comprendre* la dynamique des coefficients autant que de chercher à en extraire les racines.

Les calculs peuvent – comme dans la méthode précédente – être menés sans calculatrice dans les cas favorables.

Tracer l'allure de la courbe ne nécessite pratiquement plus de calculs supplémentaires, puisque les coordonnées du sommet sont déjà connues, ainsi que plusieurs points clefs : les racines, le point (0 , c) et les points situés à une ou deux unités du sommet. Cette méthode permet très élégamment le tracé de la fonction.

Elle fournit, comme les autres, la forme factorisée $y = a\,(x - x_1).(x - x_2)$

De plus, puisque les coordonnées du sommet sont connues, elle donne aussi immédiatement accès à la **forme canonique** $y = a(x - x_S)^2 + y_S$, sans avoir à passer par la délicate démarche de *complétion du carré* source de très nombreuses erreurs de calcul.

La méthode AUBRY se distingue par le fait qu'elle rassemble dans une même démarche plusieurs résultats souvent enseignés séparément :

La détermination des racines, la forme canonique, l'obtention de la forme factorisée et la construction rapide de la représentation graphique.

Par sa démarche, elle met en avant le lien entre *la structure de la parabole* vue depuis son sommet, *les coefficients de la fonction f* **(x) = ax² + bx + c**, *sa représentation graphique* et *la forme des solutions.*

Son intérêt n'est donc pas uniquement calculatoire. Il **réside aussi dans l'unification de l'algèbre et de la géométrie qui parlent d'une seule voix et qui deviennent ici deux lectures complémentaires d'un même objet. La visualisation de la parabole, l'obtention du *tracé,* celle de *la forme factorisée* et de *la forme canonique,* l'évolution de la fonction et de son signe apparaissent comme *des prolongements naturels* de la méthode.**

Cette unification de l'analyse et de la géométrie et l'ensemble des résultats annexes aux racines auxquels elle donne accès très rapidement rendent la méthode AUBRY particulièrement efficace et polyvalente.

Conclusion

1) **La méthode popularisée par Po-Shen-Loh utilise *la symétrie des racines* par rapport au sommet et *les relations de Viète.***
   Ces considérations conduisent à la relation clef :

$$\frac{c}{a} = (x_S - d).\,(x_S + d)$$

Soit : $d^2 = \left(\frac{-b}{2a}\right)^2 - \frac{c}{a}$ **ou *d* est une grandeur positive ou nulle**

Si *d* = 0 : nous avons une *racine double,* et $x_{1,2} = x_S = \frac{-b}{2a}$

Si $d^2 \geq 0$: les racines sont *réelles* et : $x_{1,2} = x_S \pm d$

Soit : $x_{1,2} = x_S \pm \sqrt{(x_S)^2 - \frac{c}{a}}$

Si $d^2 < 0$: alors les racines sont *complexes.*

Leurs coordonnées, dans le plan complexe, est donnée par :

$x_{1,2} = x_S \pm i\,.\sqrt{|d^2|} \rightarrow = x_S \pm i\sqrt{\left|(x_S)^2 - \frac{c}{a}\right|}$

2) **Les trois méthodes : discriminant – Po-Shen-Loh et AUBRY situent les racines[79] par rapport au sommet selon une structure :**

- **$x_{1,2} = x_S + d$ pour** ***la méthode du discriminant*** **où *d* est ici <u>une grandeur algébrique</u> éventuellement <u>complexe</u>**

- **Pour les méthodes AUBRY et Po-Shen-Loh : $x_{1,2} = x_s \pm d$ pour les** ***racines réelles*** **et $x_{1,2} = x_s \pm i\, d$ pour les racines complexes où *d* est cette fois une grandeur positive qui représente la distance séparant les racines réelles du sommet ou le module** du décalage imaginaire par rapport au sommet.

3) **La méthode du discriminant évalue la grandeur algébrique *d* directement avec la quantité Δ (et *a*) par : $d = \frac{\pm\sqrt{\Delta}}{2\,a}$**

   La méthode Po-Shen-Loh par le produit symétrique :

   $$d^2 = \left(\frac{-b}{2\,a}\right)^2 - \frac{c}{a}$$

   La méthode AUBRY par l'équation de la parabole centrée au sommet : $|ys| = |a|.d^2$

4) **Les trois systèmes sont** ***complets et efficaces.***

   Ils sont ***mathématiquement équivalents*** **pour déterminer les racines, mais** ***ils diffèrent par leur approche,*** **leur point de départ, leur interprétation géométrique et** ***les résultats annexes*** **auxquels ils donnent accès.**

---

[79] Ce n'est pas le point de départ historique du discriminant. Le discriminant ne « raisonne » pas géométriquement depuis le sommet ; c'est nous qui le réinterprétons sous cette forme unificatrice pour mieux comparer les méthodes

Le système AUBRY relie plus intimement l'analyse, la structure algébrique et la représentation géométrique. Il **permet, outre la détermination des racines : une obtention immédiate de *la forme canonique* et un *tracé très rapide* de la fonction.**

Synthèse :

Nom de la méthode	**Distance au sommet**	**Racines réelles**
Discriminant	$d = \pm \frac{\sqrt{\Delta}}{2a}$	$x_{1,2} = = \frac{-b \pm \sqrt{\Delta}}{2a}$
Po-Shen-Loh	$d = \sqrt{(xs)^2 - \frac{c}{a}} > 0$	$x_{1,2} = x_S \pm \sqrt{(xs)^2 - \frac{c}{a}}$
AUBRY	$d = \sqrt{\frac{\lvert ys\rvert}{\lvert a\rvert}} > 0$	$x_{1,2} = x_S \pm \sqrt{\frac{\lvert ys\rvert}{\lvert a\rvert}}$

Les racines complexes sont obtenues en prenant la valeur absolue sous la racine et en la multipliant par i

Quelques exercices et problèmes pour conclure

Exercice 1 : Variations de deux fonctions - Recherche des racines - Détermination des formes factorisées et canoniques de deux fonctions

On considère les fonctions : f **(x) = x^2 + 4x + 3** et g **(x) = x^2 – 4x + 7**

1) Déterminer les variations de la fonction f (x)
2) Trouver les racines du polynôme précédent
3) Donner la forme factorisée et en déduire le signe de la fonction f (x)
4) Déterminer la forme canonique de f (x)
5) Reprendre l'ensemble des questions pour g(x) = x^2 – 4x + 7

Réponses :

1) Variations de : f **(x) = x^2 + 4x + 3**

Méthode 1 : utilisation de la dérivée

En dérivant f (x), nous avons : **f'(x) = 2x + 4.**

f'(x) s'annule pour : **2x + 4 = 0** ; soit : **x = - 2**, qui constitue l'abscisse de notre sommet et un extrémum de la parabole.

L'injection de la valeur $x = 0$ dans f' par exemple montre que la fonction est *croissante* dans cette zone au-delà de $\mathbf{x = -2}$; ou encore nous résolvons l'inéquation $\mathbf{2x + 4 > 0}$, ce qui conduit directement au résultat $\mathbf{x > -2}$.

En conclusion : la fonction f(x) est *décroissante* jusqu'à $\mathbf{x = -2}$ où elle atteint un *minimum* (le sommet de la parabole) et elle est *croissante* par la suite.

Méthode 2 : utilisation des *limites* et de la *symétrie.*

Le coefficient devant $\mathbf{x^2}$ étant *positif*, la fonction tend vers plus l'infini pour les valeurs extrêmes de x, soit quand $x \rightarrow -\infty$ ou quand $x \rightarrow +\infty$.

Or la fonction prend aussi la valeur $f\,\mathbf{(x) = 3}$ pour $\mathbf{x = 0}$. Elle doit donc être obligatoirement *décroissante* puis *croissante* autour d'une valeur x qui correspond au sommet et que nous allons chercher.[80]

Cette abscisse peut se déterminer en prenant la moyenne des valeurs trouvées en résolvant $f\,\mathbf{(x) = c}$, ce qui revient à résoudre ici : $\mathbf{x^2 + 4x = 0}$.

La résolution fournit deux valeurs : $\mathbf{x = 0}$ et $\mathbf{x = -4}$.

La moyenne est $\mathbf{x = -2}$ et c'est *l'abscisse* de notre sommet.

Méthode 3 : Plus simplement, nous utilisons la formule $\mathbf{x_S = -b/2a}$ ce qui conduit directement à : $\mathbf{x_S = -2}$.

Les contraintes des limites et le sommet imposent que la fonction soit décroissante jusqu'à $\mathbf{x = -2}$ et croissante au-delà. La valeur prise par la fonction en $\mathbf{x = x_S = -2}$ est : $f\,\mathbf{(-2)} = (-2)^2 + 4.(-2) + 3 = 4 - 8 + 3 = \mathbf{-1}$

Nous avons au final : $y_S = \mathbf{-1}$ qui est le *minimum* de la fonction et l'*ordonnée* du sommet.

---

[80] Ce raisonnement se base implicitement sur la continuité de la fonction polynomiale et le fait que pour une parabole, si $a > 0$, alors l'extrémum est un minimum.

2) Détermination des racines de : f **(x) = x² + 4x + 3**

Reprenons le raisonnement : Vue depuis le sommet, l'équation de la parabole est simplement : $\mathbf{Y = a.X^2}$ avec : $\mathbf{Y = y - y_S}$ et $\mathbf{X = x - x_S}$ (relations de changement de repère). Trouver les racines revient à résoudre quand $y = \mathbf{0}$.

En posant $d^2 = (x - x_S)^2$ nous devons donc résoudre : $0 - y_S = \mathbf{a.d^2}$

D'où il vient, si nous travaillons avec les signes que : $d = \pm\sqrt{\frac{-y_S}{a}} = \sqrt{\frac{1}{1}} = \mathbf{1}$

<u>Remarque</u> : Une autre manière de procéder est de travailler en distance et de prendre les valeurs absolues, ce qui conduit à résoudre : $|y_S| = |a|.d^2$

Nous obtenons une formule similaire : $d = \sqrt{\frac{|y_S|}{|a|}} = \sqrt{\frac{|1|}{|1|}} = \mathbf{1}$

Une manière *intuitive* d'appréhender la situation est de se dire :
Je suis en $y_S = -1$ et la parabole vue depuis ce point est de la forme $\mathbf{Y = a.X^2}$
Je dois donc monter de **1** selon la loi $\mathbf{1.X^2}$. J'ai donc une relation : $\mathbf{1 = 1.X^2}$
Soit : $\mathbf{X^2 = 1}$; d'où : $\mathbf{X = \pm 1}$ si on travaille en grandeur algébrique.

Ou encore, si nous posons $d = |X|$, d mesure l'écart entre *l'abscisse du sommet* et celle de chacune des racines, il vient : $\mathbf{1 = 1.d^2}$; soit $d = \mathbf{1} > 0$

En reportant dans la formule trouvée : $x_{1,2} = x_S \pm \sqrt{\frac{-y_S}{a}}$, si nous travaillons avec les signes ou dans $x_{12} = x_S \pm \sqrt{\frac{|y_S|}{|a|}}$, si nous travaillons en distance, il vient dans chaque cas : $x_{1,2} = -2 \pm 1$; soit : $x_1 = -3$ et $x_2 = -1$

Nous remarquons que le sommet est *la moyenne* des deux valeurs, comme il se doit, car : $\frac{-1 + (-3)}{2} = -2$

Ce résultat est une validation directe et rapide de nos calculs. Les calculs de f **(-1)** et de f **(-3)** confirmeraient cette validation en donnant zéro.

3) La forme factorisée de la fonction f **(x) = x² + 4x + 3** se déduit directement de la formule f **(x) = a (x - x_1) . (x - x_2)**
Avec : $a = 1$; $x_1 = -1$ et $x_2 = -3$, nous avons : $f(x) = (x + 1) . (x + 3)$

Nous trouvons **le signe de la fonction** selon *la règle des signes* :

La fonction est du signe de ***a*** partout sauf entre *les racines réelles*. Elle est du signe de **-a** entre *les racines réelles*.[81]

Pour *des racines complexes* (ce qui n'est pas le cas ici), la fonction garde toujours le signe de ***a*** ; elle ne change donc pas de signe sur R.

En appliquant la règle, nous avons : f **(x)** ***positive*** **partout, sauf entre -3 et -1** où la fonction est *négative* ; et la fonction est *nulle* pour ces deux valeurs.

4) **La forme canonique** se détermine immédiatement selon la relation :
$Y = a.X^2$
Elle donne avec : $Y = y - y_S$ et $X = x - x_S$: $y - y_S = a.(x - x_S)^2$

Cette relation se réécrit : $y = a.(x - x_S)^2 + y_S$

Avec : $a = 1$; $x_S = -2$ et $y_S = -1$, nous avons la forme canonique :
$f(x) = (x + 2)^2 - 1$

5) Reprenons rapidement les questions pour : $g(x) = x^2 - 4x + 7$

Nous cherchons les variations de la fonction. Nous déterminons pour cela premièrement les coordonnées du sommet : $x_S = \frac{-b}{2a} = \frac{-(-4)}{2 . 1} = 2$

Puis : $y_S = g(2) = (2)^2 - 4(2) + 7 = +3$

---

[81] La fonction change donc de signe au niveau des racines quand elles sont distinctes, mais pas quand la racine est double. Dans le cas des racines double, la fonction ne change pas de signe, mais elle s'annule par contre pour la valeur de la racine double $x = x_S = -b / 2a$

L'étude *des limites* et la valeur de y_S conduisent aux résultats suivants : la fonction est *décroissante* depuis l'infini jusqu'en $x_S = 2$ où elle prend alors sa *valeur minimale* $g(x) = y_S = +3$, puis repart vers l'infini pour les grandes valeurs de x. La fonction reste donc **toujours positive** ; c'est toujours le cas si a et y_S sont tous les deux positifs.

Le cas a et y_S de signes contraires aurait garanti *deux racines réelles*. Ici, avec $g(x)$ nous aurons **deux racines complexes conjuguées**.

Nous cherchons maintenant **les racines du polynôme $g(x)$**

Selon *une vision intuitive*, nous travaillons avec "la parabole miroir" – celle qui est obtenue en appliquant une rotation de **180°** autour du sommet fixe.

Nous appliquons l'idée fondamentale : regarder la loi de croissance ou plus exactement de décroissance depuis le sommet de la parabole miroir.

Puisque $y_S = +3$ **:** sur "la parabole miroir" ou "parabole fantôme", nous devons descendre de 3 unités pour rejoindre l'axe horizontal et si nous glissons le long de la parabole miroir, nous suivons la loi de croissance $a'.X^2$. avec $a' = - a$, soit ici : $a' = -1$.

Nous travaillons en distance pour éviter tout erreur de signe et gagner en vitesse. Nous nous retrouvons à résoudre : $|-3| = |-1| \,.\, X^2$

Ou plus simplement : $3 = 1.\, X^2$

ou en posant $|X| = d$: $3 = 1.\, d^2$; ce qui conduit à : $d = \sqrt{3} > 0$

Si nous avions travaillé *en valeurs algébriques*, nous aurions $3 = 1.\, X^2$ qui nous donnerait $X = \pm \sqrt{3}$. Les deux démarches sont valides.

Nous aurions pu procéder différemment et trouver au final les même résultats. Nous partons de $Y = a.X^2$ et avec : $Y = y - y_S$ et $X = x - x_S$

Nous obtenons : $y - y_S = a.(x - x_S)^2$

Equation à résoudre dans le cas $y = 0$ pour trouver les racines.

Il vient : $0 - y_S = a.(x - x_S)^2$

Et donc : $(\mathbf{x - x_S})^2 = \frac{-y_S}{a}$

La difficulté est que a et y_S sont de *même signe*, puisqu'il sont tous les deux positifs. Dans l'ensemble des réels cette équation est une impasse. Il nous faut passer dans *l'ensemble des complexes* en utilisant $i^2 = -1$

Nous avons donc : $(\mathbf{x - x_S})^2 = \frac{i^2\, y_S}{a}$

D'où : $(\mathbf{x - x_S}) = \pm \mathbf{i}.\sqrt{\frac{y_S}{a}}$

Soit : $\mathbf{X} = \pm\ \mathbf{i}.\sqrt{\frac{y_S}{a}}$ (ici a et y_S de même signe)

Cette expression est à rapprocher de celle que nous avons vue exprimée en valeur absolue : $\mathbf{X} = \sqrt{\frac{|y_S|}{|a|}}$

<u>Commentaire</u> : Au final, dans un souci de *simplicité*, il nous semble qu'il soit préférable de travailler **en valeur absolue** et ajouter un i devant l'expression $\sqrt{\frac{|y_S|}{|a|}}$ dans le cas des *racines complexes*, c'est-à-dire quand a et $\mathbf{y_S}$ sont de *même signe*.

Reprenons notre exemple :

Nous avons donc : $(\mathbf{x - x_S}) = \pm \mathbf{i}.\sqrt{\frac{y_S}{a}}$; soit : $\mathbf{x} = -\mathbf{x_S} \pm \mathbf{i}.\sqrt{\frac{y_S}{a}}$

D'où avec les valeurs : $\mathbf{x = 2 \pm i}.\sqrt{\frac{3}{1}}$

Nous en déduisons les *deux racines complexes conjuguées* :

$\mathbf{x_1 = 2 - i\sqrt{3}}$ et : $\mathbf{x_2 = 2 + i\sqrt{3}}$

La forme factorisée se déduit aisément par la formule habituelle :

$\mathbf{g(x) = a\,(x\text{-}x_1).(x\text{-}x_2)}$.

Soit avec ici : $\mathbf{a = 1}$; $\mathbf{x_1 = 2 - i\sqrt{3}}$ et : $\mathbf{x_2 = 2 + i\sqrt{3}}$

Nous tirons : $\mathbf{g\,(x) = (\,x - (2 - i\sqrt{3}\,)\,).\,(\,x - (2 + i\sqrt{3}\,)\,)}$

La fonction **reste *toujours positive*,** puisque **a = 1 > 0** et y_S qui est sa valeur minimale est aussi positive, car $y_S = 3 > 0$. La parabole sera donc toujours au-dessus de l'axe horizontal.

Exercice 2 : Coordonnées du sommet - Extrémums – Racines et forme factorisées de deux fonctions

On donne : $f(x) = (x - 2)^2 + 3$

1) Déterminer les coordonnées de l'extrémum de la fonction et indiquer si cet extrémum est un minimum ou un maximum
2) Quelles sont les coordonnées du sommet ?
3) Trouver les racines de la fonction
4) En déduire une forme factorisée de $f(x)$
5) Reprendre l'exercice pour : $g(x) = -(x + 1)^2 + 6$

Réponses :

1) Déterminons les coordonnées de l'extrémum de la fonction

$f(x) = (x - 2)^2 + 3$ est *minimal* si le carré est nul.
$(x - 2) = 0$, nous conduit à : $x = 2$.
Quand : $x = 2$, $y = f(x) = f(2) = 3$
Les coordonnées de *l'extrémum* de la fonction sont donc : $x = 2$; $y = 3$
Ce sont aussi les coordonnées du sommet !

2) Déterminons les coordonnées du sommet

Les coordonnées du sommet pour une parabole sont celles de *l'extrémum* et vice-versa, soit : $S(2, 3)$

Remarques :

Comme **a > 0**, le sommet *S* est un ***minimum***.

La fonction est *décroissante* sur l'intervalle $]-\infty\ ;\ 2]$, puis *croissante* sur l'intervalle $[2\ ;\ +\infty[$.

3) Déterminons les racines de la fonction.

Puisque la fonction « part » depuis plus l'infini pour les x très négatifs et descend au minimum en $y = 3$, elle reste donc toujours *positive* et sa représentation graphique ne coupe jamais l'axe horizontal. En conséquence, il n'y a *pas de racines réelles*, mais **deux racines complexes conjuguées**.

La comparaison des signes de a et y_S donne le nombre et la nature des racines. Pour rappel :

- Lorsque a et y_S sont de *même signe*, soit $a.y_S > 0$, il y a *deux racines complexes conjuguées.*
- Lorsqu'ils sont de *signes contraires*, il existe *deux racines réelles distinctes*, soit : $a.\ y_S < 0$
- si $y_S = 0$, il existe *une racine double.*

Nous partons directement de $f(x) = (x - 2)^2 + 3$ que nous cherchons à résoudre pour $f(x) = 0$, soit : $0 = (x - 2)^2 + 3$. D'où : $(x - 2)^2 = -3$

Nous passons en complexe pour pouvoir prendre la racine via l'égalité $i^2 = -1$, soit : $(x - 2)^2 = i^2.\ 3$; ce qui conduit à : $(x - 2) = \pm\ i.\sqrt{3}$

D'où nous tirons les deux racines : $x_1 = 2 - i.\sqrt{3}$ et $x_2 = 2 + i.\sqrt{3}$

4) **Nous en déduisons** ***la forme factorisée*** avec la formule habituelle. Il en résulte que : $f(x) = (x - (2 - i.\sqrt{3}))\ .\ (x - (2 + i.\sqrt{3}))$

5) **Reprenons l'exercice pour :** $g(x) = -(x+1)^2 + 6$

Le coefficient dominant de la parabole est négatif **:** $a = -1$, la parabole est donc ouverte vers le bas « *renversée* ». Son *sommet est un* ***maximum.***

L'extremum est atteint si $(x+1)^2 = 0$, ce qui conduit à : $x = -1$.

Pour cette valeur, soit $g(-1)$, la fonction vaut **6**, qui est *le maximum* de la fonction. Nous vérifions que : $g(-1) = -((-1)+1)^2 + 6 = -(0)^2 + 6 = 6$

Les coordonnées du sommet correspondent à ces valeurs, soit : $S(-1, 6)$

La fonction est *croissante* sur $]-\infty ; -1]$. Elle atteint son maximum $y = 6$ en $x = -1$ puis décroît sur $[-1 ; +\infty[$.

Pour trouver les racines, nous résolvons l'équation : $0 = -(x+1)^2 + 6$

Soit : $(x+1)^2 = 6$

Nous prenons la racine sans difficulté, car **6** est un nombre positif

D'où : $(x+1) = \pm\sqrt{6}$

Il vient les racines : $x = -1 \pm \sqrt{6}$

Soit : $x_1 = -1 - \sqrt{6}$ et : $x_2 = -1 + \sqrt{6}$

De la valeur des racines et de *la règle des signes*, nous en déduisons que **la fonction est *négative* partout** (car $a = -1 < 0$), **sauf entre les racines réelles** où elle est *positive*. La fonction est *nulle* au niveau des racines.

La mise en facteur ne pose aucune difficulté, il suffit d'appliquer la formule de factorisation des polynômes de degré deux. Nous obtenons :

$$(x) = -(x - (-1 - \sqrt{6})) . (x - (-1 + \sqrt{6}))$$

Exercice 3 : Représentation graphique rapide de deux fonctions

On considère la fonction : $h(x) = 0{,}5\ (x + 7)^2$

1) Déterminer les limites de la fonction quand x tend vers plus l'infini ou moins l'infini.
2) Préciser quelle est la plus petite valeur prise par la fonction
3) Trouver rapidement la ou les racines du polynôme
4) En déduire un tracé rapide de la fonction
5) De même, tracer rapidement la fonction : $f(x) = x^2 + 6x + 9$

<u>Réponses</u> :

1) Déterminons les limites de la fonction :

Le coefficient $a = 0{,}5$ est *positif*, la parabole est ouverte vers le haut (ou de forme convexe). Les limites sont donc : **plus l'infini**, pour les valeurs extrêmes de x, soit pour : $x \to -\infty$ ou : $x \to +\infty$

2) Cherchons la plus petite valeur prise par la fonction

La plus petite valeur prise par la fonction est telle que $(x + 7)^2 = 0$
Soit $x = -7$ qui est *l'abscisse* du sommet.
L'ordonnée vaut alors : $h(-7) = 0$
Les coordonnées du sommet *S* sont au final : **S (- 7 , 0)**.

Le sommet est situé *sur l'axe horizontal* à l'abscisse **x = - 7** ; ce qui nous donne un *point de référence* important. Puisque **a > 0**, le sommet *S* est un **minimum**.

La fonction est donc **décroissante** depuis plus l'infini jusqu'à **x = -7** où elle prend la valeur ***h* (-7) = 0,** puis elle est **croissante** après **x = -7** pour retourner jusqu'à plus l'infini.

3) Cherchons la ou les racines

Il y a ***une racine*** **réelle double** : $x_1 = x_2 = -7$

<u>Remarques</u> : Nous aurions pu le voir directement, car *la forme canonique* est toujours de la forme $\mathbf{y = a (x - x_S)^2 + y_S}$. L'absence de second terme dans l'expression $\mathbf{h(x) = 0,5 (x + 7)^2}$ signifie directement que $y_S = 0$.

Pour *une racine simple* (ou plus généralement une racine de degré impaire), la courbe *traverse* l'axe horizontal. En revanche, pour une *racine double* (ou plus généralement de degré paire), comme c'est le cas ici, la courbe ne traverse *pas* l'axe. Elle repart dans le même demi-plan d'où elle était venue.

4) Traçons rapidement la fonction

Nous nous plaçons au niveau du sommet *S* **(- 7, 0)**.

La loi de croissance depuis le sommet est : $\mathbf{Y = 0,5\ X^2}$.

Cela signifie que si nous avançons de **X = 1**, nous montons depuis le sommet de **:** $\mathbf{0,5 . 1^2 = 0,5}$

Nous atteignons donc le point (appelons-le A) : **A (- 7 + 1 = - 6, 0,5)**

Par symétrie axiale (Sy), nous plaçons aussi le point symétrique **A'**, situé de l'autre côté du sommet à la même ordonnée. **A' (-7 – 1 = - 8, 0,5)**.

Prenons un second point *deux unités* plus à droite du sommet, soit à l'abscisse : **x = - 7 + 2 = - 5**.

Utilisons la loi de croissance depuis le sommet : $\mathbf{Y = 0,5\ X^2}$

Cette fois : **X = 2**, nous trouvons : $\mathbf{Y = 0,5.(2)^2 = 2}$.

Nous atteignons donc le point **B (-7 + 2 = - 5, 2)**.

Nous utilisons la symétrique par rapport à l'axe (Sy) et obtenons le point situé horizontalement de l'autre côté du sommet, soit : **B' (- 9, 2)**.

Nous pouvons *éventuellement* prendre un troisième couple de points ***C*** et ***C'*** en injectant **X = 3** dans **Y = a.X²**

En raisonnant comme précédemment, nous trouvons une élévation de : **Y = 0,5 . 3² = 4,5** et nous pouvons prendre les points correspondants.

Pour aller plus vite ou simplifier le tracé, nous pouvons ne pas prendre les points ***C*** et ***C'*** et utiliser directement la valeur **x = 0** facilement calculable.

Cela nous donne : ***h*** **(0)** = 0,5 (0 – 7)² = 0,5. 49 = **24,5**.

Soit le point ***D*** **(0, 24,5)**.

Nous avons alors suffisamment de points pour tracer très fidèlement l'allure de la parabole.

Nous pouvons aussi utiliser *la loi des nombre impairs de Galilée.*

Depuis le sommet *S* **(- 7, 0)**, nous nous déplaçons à chaque pas horizontal d'une unité et nous montons (car a > 0) successivement de **1a**, **3a**, **5a**, **7a**…

5) Reprenons l'exercice pour la fonction $f(x) = x^2 + 6x + 9$

Nous reconnaissons **un carré parfait $(x + 3)^2$**

La présence du **$9 = 3^2$** devrait normalement sonner l'alerte.

Nous avons donc : $f(x) = (x + 3)^2$

Le sommet est ici *un minimum,* car ***a*** **= 1 > 0**.

Il est obtenu pour : **(x +3) = 0** ; soit **x = - 3**

Un calcul direct à partir de $x^2 + 6x + 9$ fournit le même résultat pour le sommet : $x_{1,2} = x_S = -b / 2a = \frac{-6}{2.} = -3$

Nous voyons directement à partir de l'expression $f(x) = (x + 3)^2$ que **l'ordonnée du sommet est nulle,** car il n'y a pas de second terme : $y_S = 0$

Si *le carré parfait* nous avait échappé, nous aurions dû calculer f (x_S) et nous aurions trouvé évidemment que : $y_S = f(x_S) = 0$.

En effet : $y_S = f(-3) = (-3)^2 + 6(-3) + 9 = 9 - 18 + 9 = 0$, comme il se doit.

Puisque $y_s = 0$: **le sommet est posé sur l'axe horizontal**.

Pour tracer rapidement la fonction, nous reprenons l'idée de la loi de croissance depuis le sommet *S* **(-3 , 0)** de la forme $Y = 1.X^2$ ici encore plus simple que précédemment.

Nous trouvons sans encombre les points qui nous sont nécessaires en choisissant les valeurs **X = 1 ; X = 2 ; X = 3** dont les ordonnées sont respectivement : $Y = 1^2$; 2^2 et 3^2 faciles à calculer.

Il est aussi intéressant de mettre à profit f (0) - qu'il est plus simple de tirer de $f(x) = x^2 + 6x + 9$ - et qui donne directement **9**.

Soit le point : **P (0 , 9)**. La représentation graphique s'en déduit.

Exercice 4 : Résoudre l'inéquation $f(x) = -0{,}5\,x^2 + x + 1 > 0$

1) Indiquer sans calcul si la parabole coupe l'axe des abscisses, puis résoudre l'inéquation.
2) Trouver sa forme canonique.

Réponses :

1) **Indiquons sans calcul si la parabole va intercepter l'axe des abscisses.**

Nous notons que ***a*** et ***c*** sont de signes contraires, nous aurons donc **deux racines réelles** distinctes. En effet, $a = -1/2 < 0$ impose que la fonction tende vers $-\infty$ si $x \rightarrow \pm\infty$ (les branches de la parabole plongent vers moins l'infini).

Or c **= 1** impose qu'au point **(0 , 1)** la parabole soit *au-dessus de l'axe horizontal,* puisque $f(0) = 1$. Ces deux contraintes imposent une traversée de l'axe selon le *théorème des valeurs intermédiaires.*

La symétrie par rapport à l'axe (Sy) – soit la droite d'équation $\mathbf{x = x_S}$ - en impose une seconde (ou l'autre limite). Quelle que soit l'une ou l'autre de ces considérations, nous avons *deux racines réelles* et nous savons qu'elles sont symétriques par rapport au sommet.

Pour pouvoir résoudre l'inégalité, cherchons les racines. Faisons-le par exemple par la méthode AUBRY**.**

Nous cherchons premièrement le sommet : $\mathbf{x_S = - b / 2a = \frac{-1}{2\,.(\frac{-1}{2})} = 1}$

et : $y_S = f(x_S) = f(1) = -\frac{1}{2}(1)^2 + (1) + 1 = \mathbf{3/2}$ (= 1,5)

Puisque : $a = -\frac{1}{2} < 0$ et $y_s = \frac{3}{2} > 0$ sont *de signes contraires,* nous avons bien la confirmation de **deux *racines réelles* distinctes**.

Nous appliquons l'idée fondamentale : regarder *la loi de croissance depuis le sommet.* Puisque nous sommes à une distance verticale de 1,5 unités de l'axe horizontal, vu que y_S **= 3/2,** nous devons nous déplacer verticalement de **1,5** unités (3/2), selon la loi de croissance : $|Y| = |a|\, X^2$; soit : $\frac{3}{2} = \frac{1}{2}.X^2$

D'où en simplifiant : $\mathbf{3 = X^2}$

Ou encore : $\mathbf{3 = d^2}$ (avec d la distance entre le sommet et l'abscisse des racines). Nous trouvons : $\mathbf{d = \sqrt{3}}$ (une distance est positive).

Nous en déduisons les racines par la formule : $\mathbf{x_{1,2} = x_S \pm d = 1 \pm \sqrt{3}}$

Il vient : $\mathbf{x_1 = 1 - \sqrt{3}}$ et : $\mathbf{x_2 = 1 + \sqrt{3}}$

Nous aurions pu aussi utiliser directement la formule que nous avons établie à plusieurs reprises : $\mathbf{x = x_S} \pm \sqrt{\frac{|y_S|}{|a|}}$; avec : $\mathbf{x_S = \frac{-b}{2a}}$

Ce qui donne directement : $\mathbf{x} = 1 \pm \sqrt{\frac{\frac{3}{2}}{\frac{1}{2}}} = 1 \pm \sqrt{\frac{3}{1}} = \mathbf{1 \pm \sqrt{3}}$

La vérification par *le produit des racines* et *la somme* est plus pratique ici, selon nous, que le calcul par $f(\mathbf{x}) = -\frac{1}{2}\mathbf{x}^2 + \mathbf{x} + \mathbf{1}$.

Le produit est : $\mathbf{x_1 \,.\, x_2 = (1 - \sqrt{3}) \,.\, (1 + \sqrt{3}) = (1)^2 - (\sqrt{3})^2 = 1 - 3 = -2}$

Il est conforme à : $\frac{c}{a} = c.\,\frac{1}{a} = 1.(-2) = \mathbf{-2}$

La somme des racines est : $\mathbf{x_1 + x_2 = (1 - \sqrt{3}) + (1 + \sqrt{3}) = 2}$

En accord avec : $\mathbf{S} = \frac{-b}{a} = -\,b\,.\,\frac{1}{a} = -1.\,(-2) = \mathbf{2}$

Conclusion : Nos résultats sont valides.

Maintenant que nous avons *les racines* : $\mathbf{x_1 = 1 - \sqrt{3}}$ et : $\mathbf{x_2 = 1 + \sqrt{3}}$ et le signe de $\boldsymbol{a}$ ($a = -1/2 < 0$), nous pouvons résoudre l'inéquation en appliquant *la règle des signes* : La fonction est du signe de −a entre les racines réelles (et du signe de a à l'extérieur des racines réelles).

Comme $\mathbf{a = -\frac{1}{2} < 0}$, la fonction est *positive entre les deux racines*.

C'est-à-dire pour l'intervalle de valeurs compris entre $\mathbf{1 - \sqrt{3}}$ et $\mathbf{1 + \sqrt{3}}$; ces valeurs n'étant pas admises, puisque l'inégalité est stricte :

$\mathbf{x} \in \left]\mathbf{1 - \sqrt{3}\ ;\ 1 + \sqrt{3}}\right[$

2) Cherchons la forme canonique.

Nous savons que la forme canonique est du type : $y = \mathbf{a}\,(\mathbf{x} - \mathbf{x_S})^2 + y_S$

Avec : $\boldsymbol{a} = -\frac{1}{2}$; $\mathbf{x_S = 1}$ et $y_S = \frac{3}{2}$: $y = f(\mathbf{x}) = -\frac{1}{2}(\mathbf{x - 1})^2 + \frac{3}{2}$

Exercice 5 : Trouver l'équation d'une parabole à l'aide de quelques informations

Une parabole ouverte vers le bas, de courbure au sommet C = **4,** a son sommet situé en x_S **= - 2**. Sachant que cette parabole coupe l'axe vertical au point d'ordonnée y **= - 1**, répondre aux questions suivantes.

1) Déterminer les coefficients *a, b* et *c* de cette parabole
2) Trouver ses racines
3) En déduire sa forme factorisée et sa forme canonique.

Réponses :

1) Cherchons les coefficients *a, b* et *c* de cette parabole

La parabole coupe l'axe des ordonnées pour y **= - 1**. Cette valeur est celle de *c*. Donc : **c = - 1.**

En effet, dire que la parabole coupe l'axe des ordonnées pour **y = -1** signifie que $f(0) = -1$. Nous avons donc : $f(0) = a.(0)^2 + b.(0) + c = c$, ce qui justifie la remarque initiale.

On nous indique que la parabole est *concave*, d'où **a < 0**

La courbure au sommet est $C_{sommet} = 4$.

Or, nous savons que la courbure au sommet d'une parabole est égale à la valeur absolue de sa dérivée seconde, soit : $C = 4 = |f''(x)| = |2a|$

D'où nous tirons que : $|a| = 2$

Soit avec **a < 0** (car la parabole est ouverte vers le bas) : **a = - 2** [82]

---

[82] Si la parabole était ouverte vers le haut ou la fonction convexe, nous aurions pris la solution positive, soit dans ce cas a = + 2

Nous savons que le sommet est en : $x_S = \frac{-b}{2a}$ et on nous donne : $x_S = -2$

Nous avons donc : $\frac{-b}{2a} = -2$; d'où : **b = 4a** ; d'où en remplaçant par la valeur de ***a* = - 2**, nous trouvons finalement : **b = 4.(-2) = - 8**

Conclusion : Nous avons : **a = - 2 ; b = - 8** et **c = - 1**

La fonction $f(x) = ax^2 + bx + c$ est donc : $f(x) = -2x^2 - 8x - 1$

2) Cherchons les racines

Nous croyons avoir suffisamment expliqué la méthode pour accélérer un peu et montrer sa fluidité.

a et ***c*** sont de même signe, donc les racines sont peut-être complexes.

Il faudra le vérifier en examinant le signe de y_S, car **a < 0** implique des limites qui tendent vers moins l'infini et des branches qui pointent vers le bas et **c < 0** implique un accrochage au point **(0, c)** qui est souvent voisin de l'extrémum, mais qui n'est pas l'extrémum. L'extrémum est *S*

Cherchons les coordonnées du sommet :

Nous trouvons : $x_S = -b/2a = 8 / 2(-2) = -2$

Et : $y_S = f(x_S) = f(-2) = -2.(-2)^2 - 8.(-2) - 1 = -8 + 16 - 1 = 7$

Nous avons y_S et ***a*** *de signes contraires*, les racines sont en réalité *réelles* (la valeur importante du coefficient ***b*** favorise des racines réelles)

En nous plaçant au sommet et en utilisant les relations de changement de repère, nous avons au niveau de S : $Y = a. X^2$ qui donne :

$y - y_S = a\,(x - x_S)^2$

Ce qui conduit à : $x_{1,2} = \frac{-b}{2a} \pm \sqrt{\frac{|y_S|}{|a|}}$

Soit : $x_{1,2} = -2 \pm \sqrt{\frac{7}{|-2|}}$; D'où : $x_{1,2} = -2 \pm \sqrt{\frac{7}{2}}$

ou encore : $\mathbf{x_{1,2} = -2 \pm \frac{\sqrt{14}}{2}}$

Nous avons donc, par exemple : $\mathbf{x_1 = -2 - \frac{\sqrt{14}}{2}}$ et : $\mathbf{x_2 = -2 + \frac{\sqrt{14}}{2}}$

3) Déterminons sa forme factorisée et sa forme canonique.

Nous avons pour la *forme factorisée* : $f\,\mathbf{(x) = a\,(x - x_1).\,(x - x_2)}$, soit ici :

$$f\,\mathbf{(x) = -2\left(x - \left(-2 - \frac{\sqrt{14}}{2}\right)\right)\left(x - \left(-2 + \frac{\sqrt{14}}{2}\right)\right)}$$

L'expression précédente peut éventuellement être arrangée avec le produit des signes moins, mais on perd, dans ce cas, un peu en *lisibilité* des racines.

La *forme canonique* est : $f\,\mathbf{(x) = a\,(x - x_S)^2 +}\ y_S$

Soit : $f\,\mathbf{(x) = -2\,(x - (-2))^2 + 7}$

D'où nous avons au final : $f\,\mathbf{(x) = -2\,(x + 2)^2 + 7}$

Exercice 6 : Détermination des racines réelles ou complexes de deux fonctions à partir de représentations graphiques - Détermination des coefficients a, b et c

On donne la représentation ci-après :

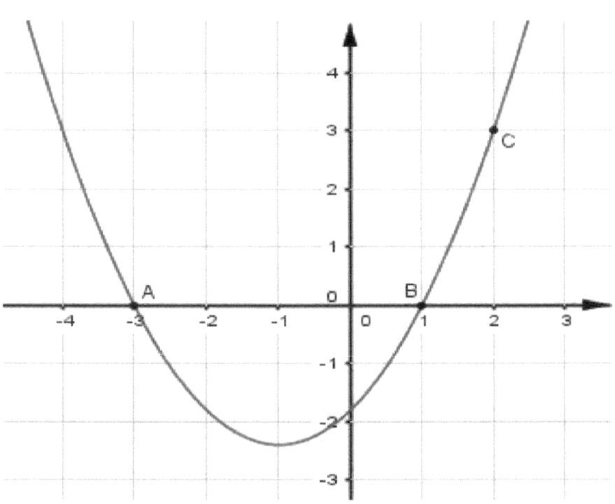

1) Déterminer les valeurs des racines réelles ou complexes

2) Que valent les coefficients : a, b et c ? En déduire l'équation de la fonction $f(x) = ax^2 + bx + c$

3) Mêmes questions pour la représentation ci-après

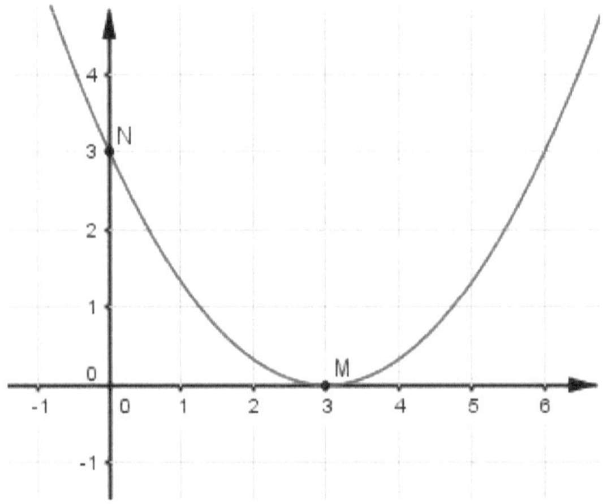

<u>Réponses</u> :

1) Déterminons graphiquement les racines de la fonction

Les racines réelles sont les intersections de la parabole avec l'axe des abscisses. Nous lisons : $\mathbf{x_A = x_1 = - 3}$ et $\mathbf{x_2 = x_B = +1}$

2) Déterminons les coefficients *a*, *b* et *c*

Nous avons trois points clairement identifiés : **A**, **B** et **C**. Ces trois points nous fournissent trois égalités : ***f*** **(-3) = 0** ; ***f*** **(1) = 0** et ***f*** **(2) = 3** que nous allons exploiter :

De *f* **(-3) = 0**, nous tirons : $\mathbf{a.(-3)^2 + b.(-3) + c = 0}$; soit : **9a - 3b + c = 0**

D'après *f* **(1) = 0**, nous tirons : $\mathbf{a.(1)^2 + b.(1) + c = 0}$; soit : **a + b + c = 0**

D'après *f* **(2) = 3**, nous tirons : $\mathbf{a.(2)^2 + b.(2) + c = 3}$; soit : **4a + 2b + c = 3**

Nous avons donc trois équations : **9a - 3b + c = 0** ; **a + b + c = 0**

et : **4a + 2b + c = 3**

Comme il y a trois inconnues et trois équations, le système est entièrement déterminé.

La solution est trouvée plus rapidement si nous exploitons l'abscisse du sommet qui est ici bien lisible.

Nous avons : $x_S = \frac{-b}{2a} = -1$; ce qui donne : $b = 2a$

Nous avons donc un système plus simple à résoudre.

Par exemple en exploitant la première équation, nous avons :

9a -3.(2a) + c = 0 ; soit : **9 a – 6a + c = 0** ; soit : **c = - 3a** (nous notons au passage que *a* et *c* sont de signes contraires, ce qui est en accord avec le fait d'avoir *deux racines réelles*).

Nous pouvons injecter les deux relations : **b = 2a** et **c = - 3a** dans une autre relation, par exemple la deuxième de départ : **a + b + c = 0**

Cela nous donne : **a + 2a - 3a = 0**. Nous aboutissons à une équation redondante : 0 = 0 qui ne nous permet pas de déterminer *a*

Nous essayons avec l'autre équation : **4a + 2b + c - 3 = 0**

Nous avons : **4a + 2.2a – 3a = 3** ; soit : **5a = 3** ;

D'où nous tirons que : $a = \frac{3}{5}$

Puis en exploitant nos deux égalités : $b = 2a = \frac{6}{5}$ et : $c = -3a = \frac{-9}{5}$

Nous vérifions l'ensemble de nos résultats en calculant par exemple le produit des racines qui doit être tel que : $x_1.x_2 = c / a$

Nous avons d'une part : $x_1.x_2 = -3 \cdot 1 = -3$

Et d'autre part : **c / a = - 9/ 3 = -3** (en simplifiant directement par 5)

Au final, nous avons bien : $x_1.x_2 = c / a$ ce qui valide nos résultats.

La somme des racines est elle aussi conforme.

<u>Conclusion</u> : Notre trinôme de départ est donc : $f(x) = \frac{3}{5}x^2 + \frac{6}{5}x - \frac{9}{5}$

Remarques :

Nous aurions pu résoudre le système encore plus rapidement en exploitant non seulement la relation $x_S = -b/2a$, mais encore la relation $x_1.x_2 = c / a$ que nous avons utilisée pour la vérification.

Cette dernière relation fournirait la relation : **-3. 1 = c / a**, ce qui conduit directement à : **c = -3a**

L'autre relation $x_S = -b / 2a$ donne avec $x_S = -1$: **b = 2 a**

Il suffit d'injecter les deux égalités précédentes dans une des trois relations de départ. La plus simple : **a + b + c = 0** mène à une impasse :

a + 2a – 3a = 0 ; soit **0 = 0** (ce qui est vrai, mais qui ne nous donne pas la valeur de *a*).

Par contre **4a + 2 b + c = 3** conduit au bon résultat **: 4a + 2.(2a) – 3a = 3**

soit : **5a = 3** ; d'où : **a = 3/5**

Les autres coefficients s'en déduisent : **b = 2 a = 6/5** et **c = - 3a = -9/5**

La vérification éventuelle (elle n'est pas obligatoire, mais souhaitable pédagogiquement) se fait via ici par la relation $y = f(x)$ prise pour une valeur de **x** et de *y* clairement identifiable, soit à l'aide d'un des points **A**, **B** ou **C**

Par exemple, pour **x = 1**, nous constatons graphiquement que *y* = **0**, soit *f* **(1) = 0**. Vérifions-le avec l'expression trouvée : $f(1) = \frac{3}{5}(1)^2 + \frac{6}{5} - \frac{9}{5}$

Soit : $f(1) = \frac{3}{5} - \frac{3}{5} = 0$. Le résultat est bien celui attendu.

3) Reprenons l'étude pour la deuxième représentation graphique

Nous avons un seul point de contact avec l'axe des abscisses, il y a donc une *racine réelle double*. Elle vaut : $x = x_S = 3$

Cherchons les coefficients *a*, *b* et *c*.

Nous savons déjà que : $x_S = \frac{-b}{2a} = 3$; ce qui nous donne : **b = - 6 a**

L'ordonnée du point d'intersection (N) entre la parabole et l'axe vertical est clairement identifiée. Nous avons : y_N **= 3 = c.**

Nous savons donc que **c = 3** .

Nous avons donc presque fini.

Le produit des racines est : $x_1.x_2 = c / a$; soit : **3.3 = c / a**

D'où nous tirons que : **9 = 3 / a** ; soit : **a = 1/3**

En nous plaçant au sommet de la parabole, nous pouvons vérifier ce résultat. Nous savons que : $Y = a.X^2$; soit ici : $Y = \frac{1}{3} X^2$

La distance horizontale entre *M* et *N* est 3, donc **X = 3**.

L'ordonnée de *N* doit donc être : $Y = \frac{1}{3} . 3^2 = \frac{9}{3} = 3$, ce qui est bien le cas. Notre résultat est donc validé.

Avec la relation établie précédemment **b = - 6 a**, tirée de $x_S = \frac{-b}{2a}$, nous déduisons la valeur de *b* : $b = - 6. \frac{1}{3} = - 2$

<u>Au final</u> : $a = \frac{1}{3}$; **b = - 2** et **c = 3**

La fonction est donc : $f(x) = \frac{1}{3} x^2 - 2x + 3$

Nous pouvons vérifier que $f(x_S) = 0$, car ici le sommet est sur l'axe des abscisses. Ce qui donne avec $x_S = 3$:

$f(3) = \frac{1}{3} (3)^2 - 2.(3) + 3 = 3 - 6 + 3 = 0$

Notre résultat est validé.

Exercice 7 : Détermination des racines réelles ou complexes de deux fonctions à partir de représentations graphiques - Détermination des coefficients a, b et c

On donne la représentation graphique ci-après :

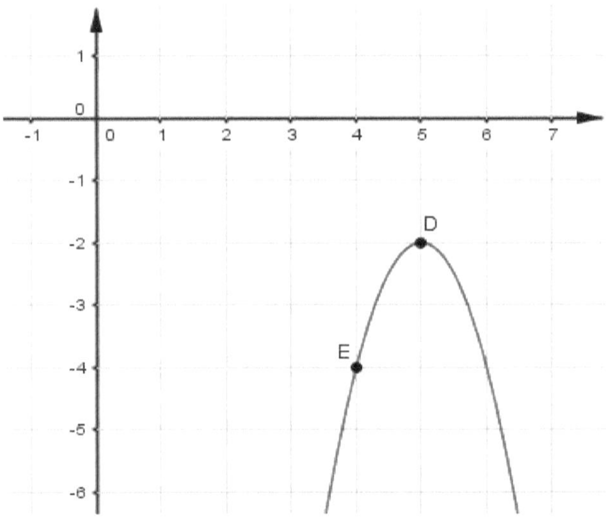

1) Déterminer les coordonnées des points D et E. En déduire la forme canonique

2) Déterminer les racines, précisez si elles sont complexes.

3) Déterminer l'expression de la fonction sous la forme :

$f(x) = ax^2 + bx + c$

<u>Réponses</u> :

1) Déterminons les coordonnées des points D et E

Nous le faisons simplement par lecture graphique : **D (5, -2)** et **E (4, - 4)**

La forme canonique se déduit des coordonnées du sommet via la relation

$y = a\,(x - x_S)^2 + y_S$

Soit ici : $y = a\,(x - 5)^2 - 2$

La valeur manquante de a se déduit des coordonnées de **E** :

$-4 = a.(4 - 5)^2 - 2$; soit : $-4 = a - 2$; d'où : $a = -2$

Conclusion : **$f(x) = -2(x-5)^2 - 2$**

2) Trouvons les racines si elles sont complexes

La parabole *ne coupe pas* l'axe des abscisses ; il n'existe donc aucune racine réelle. Les solutions sont alors **complexes conjuguées**. Les racines sont de la forme : $\mathbf{x = x_S \pm \mathit{i.d}}$

Nous savons déjà que $\mathbf{x_S = 5}$ est *la partie réelle* de nos solutions.

Il nous faut chercher *la partie imaginaire*.

Nous proposons deux méthodes (qui sont en réalité équivalentes, même si elles ne paraissent pas l'être).

Première méthode, nous utilisons la relation que nous avions établie :

$$\mathbf{d} = |X| = \sqrt{\frac{|ys|}{|a|}} = \sqrt{\frac{|-2|}{|-2|}} = 1$$

Nous en déduisons les racines complexes : $\mathbf{x_1 = 5 - \mathit{i}}$; et : $\mathbf{x_2 = 5 + \mathit{i}}$

Remarque :

Dans le repère centré au sommet **D**, l'équation de la parabole est : $\mathbf{Y = a.X^2}$

A partir de cette relation, nous pouvons déterminer la valeur du coefficient ***a***. En effet, d'après la représentation graphique, pour un déplacement *d'une unité* vers la gauche à partir du sommet D, soit **X = - 1**, nous avons une descente de *2 unités*, soit **Y = -2**. Ce qui nous fournit l'égalité : $\mathbf{-2 = a.(-1)^2}$; soit $\mathbf{\mathit{a} = -2}$

Deuxième méthode :

Pour trouver les racines, nous utilisons *"la parabole fantôme"* ou *"parabole miroir"*. Nous obtenons cette "parabole fantôme" ou "parabole miroir" par une **rotation de 180° autour du sommet D**, ce qui revient à **une symétrie**

axiale par rapport à l'axe (Dx) dans ce cas particulier, car la parabole est elle-même symétrique par rapport à l'axe (Sy), la droite d'équation $x = x_S$

L'équation de la parabole miroir est : $Y = - a.X^2$; soit : $Y = 2. X^2$

Le **X** recherché est l'écart entre l'abscisse du sommet et le point d'intersection de la parabole miroir avec l'axe horizontal.

Pour trouver cette abscisse **X** il suffit de résoudre : $2 = 2. X^2$ puisqu'il faut monter de deux unités pour atteindre l'axe. Nous trouvons alors : $X = \pm 1$

Et nous en déduisons les solutions complexes sous la forme :

$x_{1,2} = x_S \pm i.X$; soit $x_{1,2} = 5 \pm i$

Remarques :

A l'aide de cette symétrie axiale (ou par rotation), nous obtenons le point **E'** symétrique de **E** par rapport à **(Dx)** qui appartient à l'axe horizontal passant par **D**

La partie imaginaire est i fois la distance horizontale entre le point **D** et ce point **E**, soit : $i.1 = i$

Nous pouvons aussi transformer $Y = 2. X^2$ en : $y - y_s = 2 (x - x_S)^2$; équation à résoudre pour $y = 0$

Ce qui conduit à : $0 - (-2) = 2 (x - x_S)^2$; soit : $2 = 2 (x - x_S)^2$

D'où nous tirons que : $(x - x_S)^2 = 1$; puis : $(x - x_S) = \pm 1$

Et pour finir : $x_1 = 5 - i$; et : $x_2 = 5 + i$

3) Déterminons l'expression de $f(x) = ax^2 + bx + c$

Nous proposons deux méthodes.

Méthode 1 : développer la forme canonique (c'est la méthode la plus directe).

En développant : $f (x) = - 2 (x - 5)^2 - 2$

Nous trouvons : $f(x) = -2(x^2 - 10x + 25) - 2 = -2x^2 + 20x - 52$

Méthode 2 (déconseillée, mais utile lorsque deux méthodes sont demandées)

Nous allons chercher les coefficients *un à un*

Nous savons déjà que : $a = -2$.

Nous trouvons b avec *l'abscisse du sommet* :

$x_S = \frac{-b}{2a} = 5$ nous tirons : $b = -10\,a = 20$

Il nous reste à trouver le coefficient c que nous tirons des relations de Viète sur le *produit des racines*, encore valable même si les racines sont *complexes* : $\frac{c}{a} = x_1.x_2 = (5 - i).(5 + i) = 25 - i^2 = 25 - (-1)$ [83] $= 25 + 1 = 26$

Nous avons donc : $\frac{c}{a} = 26$; d'où : $c = 26\,a$

Avec : $a = -2$, nous avons : $c = 26\,a = -52$

$c < 0$ et $a < 0$ sont de *même signe*, ce qui est conforme à l'existence de deux racines complexes.

Au final **:** $a = -2$; $b = 20$ et $c = -52$.

L'équation recherchée est donc : $f(x) = -2x^2 + 20x - 52$

Remarque **:** la démarche est plus longue que la première méthode qui nécessite simplement un développement de la forme canonique. Mais la méthode 2 est cependant *formatrice* et peut être utile, c'est pourquoi nous la proposons.

---

[83] C'est à ce niveau que les élèves se trompent parfois, $i^2 = -1$, donc $-i^2 = +1$

Exercice 8 : Des points à la parabole

On considère une parabole d'équation $y = ax^2 + bx + c$ qui passe par les points A (2, 15), B (1, 5) et C (0, 3).

1) Déterminez les valeurs de *a*, *b* et *c*
2) Quelles sont les coordonnées du sommet de la parabole ?
3) Déterminer les coordonnées des points d'intersection de la parabole avec l'axe des abscisses si elles existent.

Il vaut mieux commencer par le point le plus simple : **C (0, c)**.
***f* (0) = 3** ; soit : **c = 3**

***f* (1) = 5** ; donc : **a $(1)^2$ + b.(1) + c = 5** ; soit : **a + b + 3 = 5**
D'où : **a + b = 2**

***f* (2) = 15** ; donc : $a(2)^2 + b.(2) + 3 = 15$; soit : **4a + 2b = 12**

Nous avons donc un système à résoudre, que nous pouvons résoudre par la méthode de notre choix, par exemple par *substitution* ou par *combinaison*.

En multipliant la première équation par **- 2** et en additionnant le résultat à la seconde, nous trouvons : **4 a – 2a + 2b – 2b = 12 – 4** ; soit : **2a = 8**

Donc : **a = 4**

Nous injectons cette valeur dans une équation (la plus simple **a + b = 2**, c'est le mieux). D'où : **4 + b = 2** ; soit : **b = - 2**

Conclusion :
a = 4 ; b = - 2 et **c = 3** ; d'où : ***f*(x) = 4 x^2 - 2x + 3**

2) Nous déterminons l'abscisse du sommet par la méthode de notre choix : celle de la dérivée $f'(x) = 0$ ou en prenant la moitié de la somme des racines : $x_S = \frac{1}{2}(x_1 + x_2) = \frac{1}{2}(\frac{-b}{a}) = -b/2a$
   Nous trouvons dans les deux cas la relation : $x_S = -b/2a = 1/4$

L'ordonnée du sommet est obtenue via : $f(x_S) = y_S$

Soit : $y_S = 4 . (\frac{1}{4})^2 - 2 . (\frac{1}{4}) + 3$; $y_S = 4 . (\frac{1}{16}) - 2 . (\frac{1}{4}) + 3 = \frac{11}{4}$

D'où : $y_S = \frac{11}{4}$

<u>Conclusion</u> : Les coordonnées du sommet sont : $x_S = \frac{1}{4}$ et $y_S = \frac{11}{4}$

3) Il n'y a *pas* d'intersection des branches de la parabole avec l'axe des abscisses, car $a > 0$ et $y_S = \frac{11}{4} > 0$, la parabole reste *toujours au-dessus* de l'axe horizontal. Ce fait était hautement probable, car ***a*** et ***c*** sont de même signe et de plus la valeur absolue de ***b*** est faible, ce qui favorise un discriminant négatif (mais ne le garantit pas, c'est pourquoi il restait à le vérifier).

Exercice 9 : Résoudre de la manière la plus astucieuse les sept équations suivantes dans l'ensemble des réels

1) $f(x) = x^2 - 3$
2) $g(x) = (x - 7)(5x + 2) + 3(x - 7)^2 + (7 - x)$
3) $h(x) = x^2 - (\sqrt{5} + \sqrt{3})x + \sqrt{15}$
4) $i(x) = -2x^2 + 5x - 3$
5) $j(x) = (2x + 6)(x - 5) + 3x + 9$
6) $k(x) = 7x^2 + 9x + 2$
7) $l(x) : 3.e^{2x} + 6.e^{x} - 9$

Réponses :

Nous n'allons pas utiliser la méthode AUBRY, ni les autres méthodes si nous trouvons les solutions encore plus vite, en particulier par des factorisation ou des identités remarquable ou des valeurs particulières simples.

1) Résolvons : $f(x) = x^2 - 3 = 0$

Nous reconnaissons une identité remarquable : $a^2 - b^2 = (a - b).(a + b)$, le carré suivi du signe moins ayant sonné l'alerte.

Nous avons donc : $x^2 - 3 = (x - \sqrt{3}).(x + \sqrt{3})$

Nous déduisons immédiatement les deux racines : $x = -\sqrt{3}$ et $x = +\sqrt{3}$

2) Résolvons : $g(x) = (x - 7)(5x + 2) + 3(x - 7)^2 + (7 - x)$

Nous voyons trois termes dans cette équation et observons le plus simple, le dernier : (7 – x). Nous notons alors qu'il est présent dans les deux autres termes au signe près. Nous allons donc mettre en facteur (7 – x) ou (x - 7). Nous choisissons (x - 7) plus classique.

Avec : $(7 - x) = -(x - 7)$, nous avons :

$$g(x) = (x - 7).[(5x + 2) + 3(x - 7) - 1] = (x - 7).(8x + 2 - 21 - 1)$$

Soit : $g(x) = (x - 7).(8x - 20)$ ou mieux : $g(x) = 4.(x - 7).(2x - 5)$

D'où les solutions : $x = 7$ et : $x = \frac{5}{2}$

3) Résolvons : $h(x) = x^2 - (\sqrt{5} + \sqrt{3})x + \sqrt{15}$

Nous remarquons une somme devant le terme en **x** et un nombre qui peut être issu d'un produit comme terme constant. Nous identifions notre expression à la forme x^2 **– S.x + P** où *S* est la somme des racines et ***P*** le produit des racines. L'identification est directe, les racines sont : $\sqrt{5}$ et $\sqrt{3}$

Nous vérifions bien que leur produit donne + $\sqrt{15}$

4) **Résolvons : *i* (x) = - 2x² + 5x – 3**

Nous remarquons que la somme des coefficients **a + b + c = 0**. Ce fait indique une racine **x = 1**. La première racine est donc simplement : $x_1 = 1$.

Nous en déduisons rapidement la seconde racine via le produit des racines : **P** = $x_1.x_2 = c/a$; soit : $1.x_2 = \frac{-3}{-2}$; d'où : $x_2 = \frac{3}{2}$

Conclusion : les racines sont : **1** et **3/2**

5) **Résolvons : *j*(x) = (2x + 6) (x – 5) + 3x + 9**

Nous pouvons faire apparaître un facteur commun : (x + 3)
D'où : ***j*(x)** = 2. **(x + 3) (x – 5) + 3.(x + 3)**
Soit : ***j*(x) = (x + 3). [2.(x - 5) + 3]**
= (x + 3). (2.x - 10 + 3) = (x + 3). (2.x – 7)

D'où les solutions : **x = - 3** et : $x = \frac{7}{2}$

6) **Résolvons : *k*(x) = 7 x² + 9 x + 2**

Nous remarquons que la somme des coefficients **a + c = 7 + 2 = 9** est égale au coefficient **b = 9**. Ce fait signale une racine **x = - 1**.
La première racine est donc simplement : $x_1 = -1$

Nous en déduisons la seconde racine via le produit **P** = $x_1.x_2 = c/a$
Soit : $-1 \,.\, x_2 = \frac{2}{7}$ D'où : $x_2 = -\frac{2}{7}$

Conclusion : les deux racines sont **– 1** et - $\frac{2}{7}$

Nous pouvons vérifier que la somme donne bien **-b /a** soit **– 9 /7** et le produit **c /a = 2 /7**. Les résultats sont valides.

7) Résolvons : $l(x) : 3.e^{2x} + 6.e^{x} - 9 = 0$

Posons : $X = e^{x}$, avec $e^{x} > 0$ (propriété de la fonction exponentielle).
Il vient : $3X^2 + 6X - 9 = 0$ [84]
Soit en simplifiant par 3 : $X^2 + 2X - 3 = 0$

Nous remarquons que la somme des coefficients est nulle.
Car : $1 + 2 - 3 = 0$, donc $X = 1$ est solution, soit avec $X = e^{x}$: $e^{x} = 1$
D'où en passant par *Ln* où plus simplement en sachant que $e^0 = 1$, nous en déduisons la première racine : $x = 0$.

Le produit des racines est : $P = x_1.x_2 = c / a$; soit : $X_1 . X_2 = - 3$
Soit : $1.X_2 = - 3$; ou simplement $X_2 = - 3$

Or, $X = e^{x}$ et $e^{x} > 0$, donc l'équation $X_2 = - 3$ n'a pas de solution, car il est impossible d'avoie $e^{x} < 0$

Conclusion : Nous avons une seule solution à cette équation : $x = 0$

---

84 Nous remarquons trois termes dont un constant (-9) et deux autres qui dépendent de x, mais différemment : l'un en e^{x}, l'autre en e^{2x}. Nous soupçonnons « un trinôme caché » $aX^2 + bX + c$.
Pour mieux le faire apparaître utilisons la propriété des exponentielles :
$e^{a}.e^{b} = e^{a+b}$ qui donne si a = b : $e^{a}.e^{a} = (e^{a})^2 = e^{2a}$.
Nous avons donc : $e^{2x} = (e^{x})^2$
En posant : $X = e^{x}$ (changement de variable) nous avons :
$l(x) = 3X^2 + 6X - 9$; soit : $l(x) = 3 (X^2 + 2X - 3)$

Exercice 10 : Deux Problèmes d'optimisation géométrique

Problème 1 : On considère un drapeau de 4 m par 3 m constitué d'une croix composée de deux bandes de même épaisseur

- Quelle doit être l'épaisseur des deux bandes pour que l'aire de la croix soit égale à la moitié de l'aire du drapeau ?

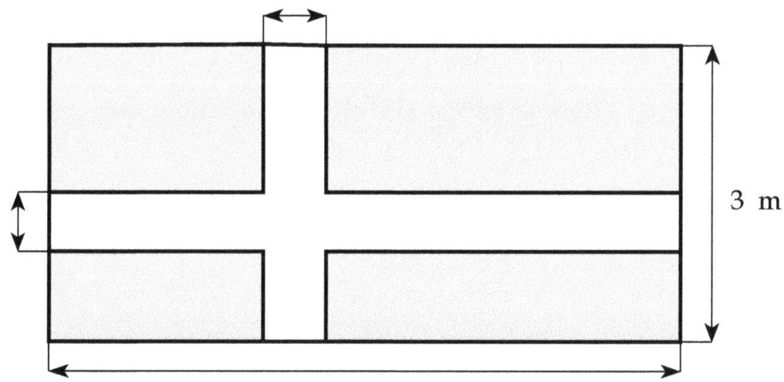

Problème 2 : Aire maximale d'un enclos

Un fermier souhaite réaliser un enclos rectangulaire pour ses poules, adossé à un mur de sa ferme, afin d'économiser du grillage. Il ne devra donc grillager que trois côtés de l'enclos. Il dispose pour cela de *36* mètres de grillage et souhaite construire un enclos d'aire maximale.

On appelle **x** la longueur du côté de l'enclos perpendiculaire au mur.

1) Déterminer la valeur de x qui permet la réalisation de l'enclos
2) Vérifier votre résultat

<u>Réponses</u> :

Problème 1 : aire d'une Croix

Appelons x l'épaisseur de chacune des bandes constituant la croix du drapeau.

L'aire de la *bande verticale* est : $\mathbf{A_{verticale} = 3.x}$

L'aire de la *bande horizontale* est : $\mathbf{A_{horizontale} = 4.x}$

L'aire totale n'est cependant pas la somme des deux aires, car les deux bandes ne sont pas juxtaposées, mais elles se croisent selon un carré de surface : $\mathbf{x.x = x^2}$

L'aire *des deux croix* est donc : $\mathbf{A_{tot} = A_{verti} + A_{horizontale} - A_{Croisement}}$

Soit : $\mathbf{A_{tot} = 3x + 4x - x^2 = 7x - x^2}$

Cette aire doit représenter *la moitié* de la surface du drapeau (50%).

On doit donc avoir : $\mathbf{7\,x - x^2 = \frac{50}{100}.(4\,.\,3) = 6}$

Au final, notre problème correspond à la résolution de l'équation :

$\mathbf{- x^2 + 7\,x - 6 = 0}$

Nous remarquons que la somme des coefficients **a + b + c** est nulle, donc **x = 1 m** est solution.

La seconde solution est donnée par le produit des racines :

$\mathbf{P = x_1.x_2 = c/a}$; soit : $1.x_2 = \frac{-6}{-1} = 6$; soit : $\mathbf{x_2 = 6m}$

Nous ne gardons pas cette deuxième solution $\mathbf{x_2 = 6m}$, car la largeur du drapeau est *3m* ; la bande ne peut donc pas faire physiquement **6 m**, même si du point de vue mathématique cette valeur est bien la racine du trinôme.

<u>Conclusion</u> : L'épaisseur des bandes de la croix doit être de **1 m**, si on veut que son aire soit celle de *la moitié* du drapeau.

Réponses au Problème 2 : Aire maximale d'un enclos

1) Déterminons la valeur de x qui permet la réalisation de l'enclos

L'énoncé appelle **x** la longueur des deux côtés perpendiculaires au mur de la ferme. Appelons *y* la longueur de grillage parallèle au mur de la ferme.

Le fermier dispose de **36 m** de grillage.

Le périmètre d'un rectangle est la somme de la longueur de tous ses côtés, soit normalement : **2x + 2y = Périmètre**.

Mais ici un des côtés n'utilise pas de grillage (il y a un mur à la place). Nous avons donc dans ce cas particulier : **P = 2x + y** ; soit : **36 = 2x + y**

L'aire d'un rectangle est : **Longueur . largeur = Aire**.

D'où, sans préjugé qui est la longueur et qui est la largeur : **x . y = A** ; où **A = A(x,y)** est l'aire qui dépend de **x** et de *y*.

Les deux variables ne sont *pas* indépendantes., c'est pourquoi nous pouvons faire l'aire ne dépendre que de **x**.

Pour cela éliminons *y* via : **2x + y = 36**. Nous avons : **y = 36 – 2x**

Soit en remplaçant dans l'Aire, il vient : **A(x) = x. (36 – 2x)**

Ou mieux : **A(x) = 2x .(18 - x)**

Ou encore en développant et en ordonnant : **A(x) = - $2x^2$ + 36x**

Cette équation correspond à une *parabole « renversée »* (de forme concave ou ouverte vers le bas), car : ***a* = - 2 < 0**.

Le sommet correspond à un maximum en : **x_S = -b/2a** = -36/ -4 = **9**

D'où nous tirons *la longueur optimale* des côtés *perpendiculaires* au mur : **x = 9 m**.

<u>Remarque</u> : Nous aurions pu aussi trouver le maximum plus classiquement en calculant la dérivée de **A(x) = - $2x^2$ + 36x**, ce qui conduirait à : **A'(x) = - 4x + 36**.

Le maximum est donné par : **A'(x) = 0 ;** soit **: - 4x + 36 = 0**
Ou encore en simplifiant par – 4 : **x – 9 = 0** ; soit : **x = 9 m**

Conclusion : Pour avoir *une aire maximale*, chaque côtés perpendiculaires au mur de la ferme doit faire **9 m** et le côté parallèle : 36 – 2 . 9 = **18m.**
L'aire maximale est donc au final : A_{max} **= 9 . 18 = 162 m**[285]

2) Vérifions nos résultats

L'aire est nulle dans *deux cas extrêmes* :

- si **x = 0**, tout le grillage est posé parallèlement au mur de la ferme (il n'y a alors pas d'enclos ou encore un enclos d'aire nulle).
- ou si tout le grillage est utilisé pour les deux côtés perpendiculaires au mur, soit **x = L/ 2** = 18m. Il n'y a alors pas d'enclos non plus, mais un grillage replié en deux et perpendiculaire au mur.

Ces considérations signifient que *les racines du polynôme* **A(x)** sont :
x = 0 et **x = 18** ; vérifions-le :

Si **x = 0**, alors d'après l'expression trouvée **A(x) = - 2x² + 36x**, nous trouvons immédiatement : **A(0) = 0**, ce qui valide la première racine

Si **x = 18**, en prenant l'expression A(x) sous la forme : **A(x) = - 2x.(x – 18).** Nous voyons de suite que pour **x = 18, A(x) = 0**. Le résultat est valide.

Conclusion : Les racines du polynôme **A(x)** sont bien : **x = 0 m** et **x = 18m**

---

85 Le fait que l'aire maximale soit atteinte quand **x = 9 m = L/4** (le quart du grillage disponible pour chaque côté perpendiculaire) et **y = 18 m = L/2** (la moitié pour le côté parallèle) est une propriété générale de ce type de problème d'optimisation. Ainsi de façon générale nous trouvons un rectangle de côté L/2 pour la longueur et L/4 pour la largeur. L étant la longueur disponible pour le grillage.

Exercice 11 : Jeu à n joueurs et Vitesse de deux cyclistes

Problème 1 : Jeu à n joueurs

n joueurs participent à un jeu. Selon la règle, le joueur gagnant reçoit n euros des joueurs perdants. Le gagnant reçoit *462* euros

1) Montrer que n vérifie la relation $n^2 - n - 462 = 0$
2) Résoudre l'équation et vérifier le résultat

Dans une variante du jeu, le gagnant reçoit cette fois $\frac{n}{2}$ euros de la part de tous les autres joueurs. Le gagnant reçoit cette fois *153* euros

3) Montrer que la nouvelle équation que vérifie n est : $n^2 - n - 306 = 0$
4) Vérifier le résultat trouvé après avoir résolu l'équation

Problème 2 : vitesse de deux cyclistes

Pour se rendre d'une ville *A* à une ville *B* distante de *195 km,* deux cyclistes partent en même temps. L'un d'eux, dont la vitesse moyenne sur le parcours est supérieure de *4 km/h* à celle de l'autre arrive une heure plus tôt. Quelles sont les vitesses moyennes des deux cyclistes ?

Réponses :

Problème 1 : Jeu à n joueurs

1) Montrons que n vérifie la relation $n^2 - n - 462 = 0$

Appelons ***n*** le nombre total de joueurs. Selon la règle, les perdants, c'est-à-dire **(n -1)** joueurs doivent donner chacun une somme d'argent **s = n** et le total donné est 462 euros. Nous avons donc l'équation : **n.(n-1) = 462**

Soit en développant et en ordonnant : $\mathbf{n^2 - n - 462 = 0}$

2) **Résolvons notre équation par la méthode de notre choix. Par exemple la méthode AUBRY.**

Les coordonnées du sommet sont : $x_S = \frac{1}{2}$
et : $y_s = f(x_s) = (\frac{1}{2})^2 - (\frac{1}{2}) - 462 = -\frac{1849}{4}$

Remarque : Sans surprise, le problème ayant des solutions réelles a et y_S doivent être de signes contraires et puisque $a > 0$ il faut $y_S < 0$, ce qui est bien le cas ici.

Les solutions sont données par : $x = \frac{-b}{2a} \pm \sqrt{\frac{|ys|}{|a|}} = \frac{1}{2} \pm \sqrt{\frac{|-1849|}{|4|}}$
Soit : $x_{1,2} = \frac{1}{2} \pm \frac{43}{2}$
En ne gardant que la solution positive, nous trouvons : **n = 22 joueurs**

Vérifions notre résultat si **22 – 1** joueurs, soit **21,** donnent la somme d'argent **s = n = 22 euros**, nous avons pour total (donné au gagnant) la somme : **s = 21.22 = 462 euros**, ce qui valide l'ensemble de nos résultats.

3) **Montrons que dans la variante où chacun donne n/2 la nouvelle équation est : $\mathbf{n^2 - n - 306 = 0}$**

Les raisonnements sont formellement les mêmes, seuls les nombres changent. Cette fois : **(n -1)** joueurs donnent $\mathbf{s = \frac{n}{2}}$ euros et le total donné est **153 euros**. Cette situation correspond mathématiquement à l'équation :

$$(n - 1) . \frac{n}{2} = 153$$

L'équation conduit sans difficulté après une multiplication par 2, un développement et une mise en ordre à l'équation : $\mathbf{n^2 - n - 306 = 0}$

La résolution conduit à **n = 18 joueurs** en tout et une somme donnée de **9 euros par perdant**.

Détails : $x_S = \frac{-b}{2a} = \frac{-(-1)}{2} = \frac{1}{2}$

$y_S = f(\frac{1}{2}) = (\frac{1}{4}) - \frac{1}{2} - 306 = \frac{-1225}{4}$

$d = \sqrt{\frac{\frac{1225}{4}}{1}} \approx 17{,}5$

$n = \frac{1}{2} + 17{,}5 = 18$

4) **Vérifions nos résultats** (c'est une bonne habitude).

La vérification sur le total donne : (n – 1) joueurs donnent 9 euros au gagnant, le total reçu par le gagnant est : **(18 - 1). 9 = 153 euros**, ce qui valide l'ensemble de nos résultats.

Problème 2 : vitesse de deux cyclistes

Déterminons les vitesses moyennes des deux cyclistes
Appelons v la vitesse du cycliste le plus lent en km/h.
Le cycliste le plus rapide roule à **(v + 4)** km/h.

Le temps mis par chacun pour parcourir **195 km** est : $t_1 = \frac{195}{v}$, et $t_2 = \frac{195}{v+4}$
Le cycliste le plus rapide arrive *une heure* plus tôt, donc : $\frac{195}{v} - \frac{195}{v+4} = 1$

En multipliant l'égalité par **v . (v+ 4)**, nous avons :
195.(v + 4) – 195.v = v.(v+ 4) ; Soit en arrangeant : $v^2 + 4v - 780 = 0$

<u>Remarque</u> : nous trouvons ***a*** et ***c*** de signes contraires : les deux racines sont *réelles,* comme attendues (ce sont des vitesses) ; c'est un critère de validité.

Résolution (par exemple par la méthode AUBRY) : $x_S = -b/2a = -2$

$y_S = f(-2) = 4 - 8 - 780 = \mathbf{-784}$ (sans unité pour le polynôme auxiliaire)[86]

$x_1 = \frac{-b}{2a} + d$, avec : $d = \sqrt{\frac{|-784|}{1}} = 28$

D'où : $\mathbf{x_1 = -2 + 28 = 26}$ **km/h** (la solution négative est logiquement rejetée).

Le cycliste le plus rapide roule à **4 km/h** de plus, soit : **30 km/h**

Vérifions : $t_1 = \frac{195}{v} = \frac{195}{26} = 7{,}5$ **h** ; et : $t_2 = \frac{195}{v} = \frac{195}{30} = 6{,}5$ **h**.

Nous avons bien une différence $t_1 - t_2 = 7{,}5 - 6{,}5 = 1$ **heure**. Les résultats sont vérifiés.

Conclusion : les vitesses des cyclistes sont : **26 km/h et 30 km/h**

Exercice 12 : Prix du carburant dans deux stations-services

Un automobiliste de l'année 2021 achète pour 80 euros de carburant à une première station-service. Il s'aperçoit qu'à une autre station-service, le prix du litre est inférieur de dix centimes d'euros par litre. Il aurait pu dans cette seconde station obtenir *5* litres de plus pour le même prix.

On appelle p le prix du carburant et q la quantité de carburant prise en Litre dans la première station.

1) Montrer que le prix du carburant vérifie l'équation : $10\,p^2 - p - 16 = 0$
2) Quel est le prix du carburant à la première station et combien de litres en avait-on pris ?

---

[86] Dans la rédaction, il est préférable de ne pas tenir compte des unités dans les équations mathématiques auxiliaires. Il suffit de le dire : les unités intermédiaires étant omises. Dans le cas où les unités sont demandées, voici le raisonnement : puisque $y = v^2 + 4v - 780$, les deux membres y et v^2 sont de même nature. Or l'unité de v est $km.h^{-1}$, donc celle de v^2 est $(km.h^{-1})^2$ d'où l'unité de y_S en $km^2.s^{-2}$..

Réponses :

1) Montrons que le prix du carburant vérifie : $10\,p^2 - p - 16 = 0$

On appelle p le prix d'un litre de carburant et q la quantité de carburant prise en Litre dans la première station.

L'automobiliste a payé un prix de *80* euros en achetant q litres à p euros par litre. Le prix est égal au volume en litre de carburant multiplié par le prix d'un litre ; d'où nous avons pour première équation : $\mathbf{p . q = 80}$

Si le prix dans la deuxième station était $\mathbf{p' = p - 0{,}1}$, il aurait eu une quantité $\mathbf{q' = q + 5}$ pour le même prix de 80 euros. Nous avons donc comme deuxième équation : $\mathbf{(p - 0{,}1) . (q + 5) = 80}$

En développant la seconde équation, nous avons :

$\mathbf{p.q + 5\,p - 0{,}1\,q - 0{,}5 = 80}$

En remarquant que $\mathbf{p.q = 80}$, l'équation précédente se simplifie en :

$\mathbf{5\,p - 0{,}1\,q - 0{,}5 = 0}$

Pour exprimer l'équation précédente uniquement par rapport à p, remplaçons q par $\mathbf{80/p}$ grâce à la première équation $\mathbf{p . q = 80}$

Nous avons : $\mathbf{5\,p - 0{,}1\,(\frac{80}{p}) - 0{,}5 = 0}$

Multiplions par $2p$ pour éliminer le p au dénominateur et avoir un nombre entier au lieu de 0,5.

Nous obtenons : $\mathbf{10\,p^2 - 16 - p = 0}$

Nous ordonnons en : $\mathbf{10\,p^2 - p - 16 = 0}$, ce qui esl'équation recherchée.

2) **Résolvons l'équation pour trouver le prix d'un litre de carburant et le volume pris dans la première station**

Nous résolvons notre équation par la méthode de notre choix. Par exemple celle du discriminant (nous laissons le lecteur utiliser la méthode AUBRY ou celle de Po-Shen-Loh).

Le discriminant $\boldsymbol{\Delta = b^2 - 4\,ac}$ donne : $\boldsymbol{\Delta} = (-1)^2 - 4\,(10\,.\,(-16))$

$\Delta = 1 + 4\,.10.16 =$ **641** (les unités étant omises).

Ce qui donne : $\sqrt{\Delta} \approx$ **25,318** (au millième)

D'où nous tirons les solutions :

$\mathbf{x_1} = \frac{-b+\sqrt{\Delta}}{2a} = \frac{1+\sqrt{641}}{20} \approx \frac{1+25{,}318}{20} \approx$ **1,3159 euros** (la deuxième racine est négative).[87]

Les prix dans les station-service étant affichés le plus souvent jusqu'au centime d'euros, nous gardons la valeur au centième : **1,32 euros / litre**

Pour déterminer le volume, nous utilisons la relation : **p.q = 80** ou directement $\mathbf{q} = \left(\frac{80}{p}\right)$. Ce qui nous donne $\mathbf{q} \approx \frac{80}{1{,}3159} \approx$ **60,79** Litres

Nous vérifions nos résultats avec la deuxième équation :

(p – 0,1) . (q + 5) = 80. Soit : (1,3159 – 0,1). (60,79 + 5) ≈ **80** ce qui valide l'ensemble de nos résultats.

Nous pouvons conclure avec assurance : le prix du carburant dans la première station était de **1,32 euros** et le volume pris **60,79 Litres**.

---

[87] Le prix exact est p = (1 + √641)/20. Il est intéressant de noter que 641 n'est pas un carré parfait, ce qui signifie que ce problème n'admet pas de solution *exacte* simple — et que l'approximation décimale est ici inévitable. La méthode AUBRY ou le discriminant donnent la même réponse exacte, c'est l'arrondi final qui introduit la légère approximation.

Exercice 13 : Lancer de javelot

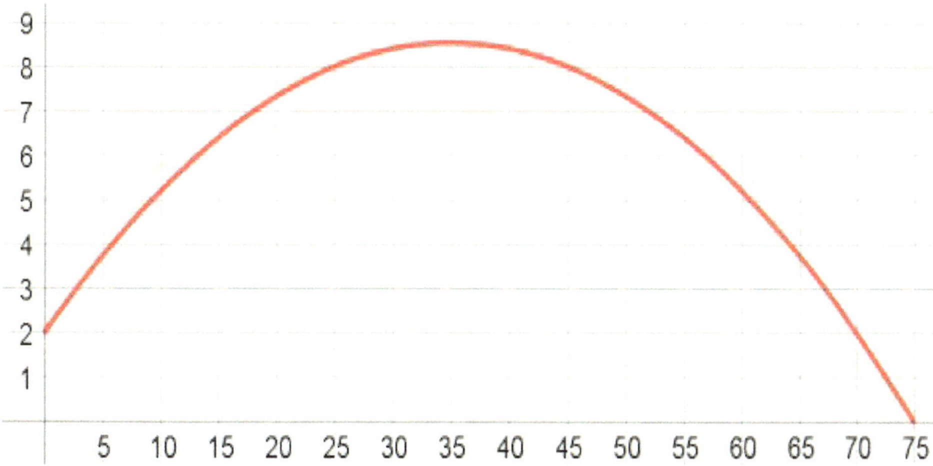

Un athlète lance son javelot d'une hauteur *h*. On néglige les frottements et on obtient la trajectoire ci-dessus. On cherche notamment à déterminer la relation entre la position x et la hauteur *h* par une approche mathématique.

1) Par lecture graphique déterminer la flèche (c'est-à-dire la hauteur maximale) et la portée du tir
2) On souhaite connaître plus exactement la hauteur maximale atteinte, pour cela déterminer $h(x)$ sous la forme $h(x) = ax^2 + bx + c$
3) Donner une estimation de l'angle de tir
4) Déterminer la vitesse initiale. On donne pour un tir dans le champ de pesanteur (les frottements étant négligés) :

$$y(x) = \frac{-g}{2\,v0^2.\cos^2\alpha}\,.\,x^2 + \tan\alpha\,.x + h$$

Avec : $g = 9{,}81\ m/s^2$ intensité du champ de pesanteur terrestre

v_0 vitesse initiale en m/s ; α angle de tir ; h hauteur initiale

5) On donne la relation pour la portée du tir : $x_{Max} = \frac{v0^2.\sin(2\alpha)}{g}$, avec une hauteur initiale de tir nulle et dans le cas où le point d'arrivé est au même niveau que le point de départ.

6) Déterminer la portée dans ce cas. En déduire les meilleures conditions de tir pour une portée maximum.

Réponses :

1) **Déterminons graphiquement la flèche**

Pour **x = 35 m**, nous estimons la hauteur maximale voisine de ***h* = 8,5 m**.

Remarque : La valeur de $\mathbf{x_S = 35m}$ peut être trouvée en considérant deux points symétriques l'un par rapport à l'autre selon la symétrie d'axe (Sy) dont la lecture graphique est facile.

Par exemple : $\mathbf{x_A = 25\ m}$ (= 35 – 10) et $\mathbf{x_B = 45\ m}$ (= 35 +10).

Nous prenons ensuite le milieu soit : **(25 + 45) /2 = 35 m**.

2) **Nous cherchons à exprimer les coefficients de $h(x) = ax^2 + bx + c$**

La valeur de *c* est immédiatement lisible ***c* = 2** (intersection de la parabole avec l'axe vertical).

Il reste à déterminer les coefficients ***a*** et ***b***.

Nous proposons *deux méthodes* pour cela : la méthode AUBRY ou celle de la somme et du produit des racines

Méthode 1 : méthode AUBRY

Nous cherchons premièrement à déterminer ***a*** connaissant une racine et la position du sommet.

Nous savons que vue depuis le sommet la parabole suit une loi[88] :

$Y = a.X^2$ ou encore : **$0 - y_S = a.d^2$**

Nous avons tout ce qu'il nous faut : les coordonnées du sommet **x_S** et y_S et une racine **$x_2 = 75$ m**. Nous pouvons donc tirer la valeur de *d*, écart entre le sommet **$x_S = 35$ m** et chacune des racines (par exemple **$x_2 = 75$ m**).

$d = 75 - 35 = 40$ m.

Puis de la relation : **$0 - y_S = a.d^2$**, nous tirons la valeur de ***a*** : **$a = \frac{-ys}{d^2}$**

soit : $a = \frac{-8{,}5}{40^2} = \frac{-8{,}5}{1600} = \frac{-17}{3200} \approx$ **- 0,00531 m^{-1}**

<u>Remarque</u> : Variante par *la forme canonique* [89]

Pour trouver ***a***, nous aurions pu aussi passer par la forme canonique :

$y = a\,(x - x_S)^2 + y_S$

Ce qui donne en s'appuyant sur la racine de coordonnées **R_2 (75 , 0)** et le sommet **S (35, 8,5)** : **$0 = a\,(75 - 35)^2 + 8{,}5$**

Soit : **$-8{,}5 = a\,.\,40^2$**

D'où nous tirons que : $a = \frac{-8{,}5}{40^2} = \frac{-17}{3200} \approx$ **- 0,00531 m^{-1}**

Nous trouvons ***b*** par la position du sommet **: $x_S = 35 = -b/2a$**

D'où : **$b = -70.a$** $= -70.\,(\frac{-17}{3200}) = \frac{7\,.\,17}{320}$

Il vient : $b = \frac{119}{320} \approx$ **0,372** (*b* n'a pas d'unité)[90]

<u>Conclusion</u> : $h(x) = \frac{-17}{3200}x^2 + \frac{119}{320}x + 2$

---

[88] Plus rigoureusement dans le repère (S, X, Y) l'équation de la parabole est **$Y = aX^2$**

[89] Cette variante nous semble plus rapide ici que la méthode AUBRY

[90] L'équation est $h(x) = ax^2 + bx + c$. Les termes ax^2, bx et c doivent être homogène à une distance, car h(x) est une distance. Il vient ***c*** en mètre et puisque x est en mètre, ***b*** est sans unité. L'unité de ***a*** (m^{-1}) se trouve avec la même logique.

Vérifications :

Nous en proposons deux, l'une sur la position de l'abscisse du sommet, l'autre sur son ordonnée (la hauteur maximale atteinte).

Avec les résultats obtenus pour ***a*** et ***b***, le calcul de la position de l'abscisse du sommet donne : $x_S = -\frac{b}{2a} = \frac{\frac{-119}{320}.}{\frac{-2.17}{3200}} \approx$ **35 m**

Le résultat obtenu par lecture graphique directe de **35 m** est *confirmé* par le calcul, ce qui valide les valeurs trouvées pour ***a*** et ***b***.

Vérifions que la hauteur h_{Max}= **8,5 m** déterminée graphiquement est bien celle atteinte quand **x = 35 m** ; soit avons-nous bien ***h*(35) = 8,5 m**

$h(35) = -\frac{17}{3200} . (35)^2 + \frac{119}{320}. 35 + 2 \approx 8{,}508 \text{ m} \approx 8{,}51 \text{ m}$

Les deux résultats sont parfaitement cohérents.

Conclusion : $h(x) = \frac{-17}{3200}x^2 + \frac{119}{320}x + 2$ est effectivement convenable.

Méthode 2 : Utilisation des relations de Viète sur la somme et le produit des racines.

Cherchons les deux racines pour pouvoir exploiter les relations :

$S = x_1 + x_2 = -b/a$ et : $P = x_1 . x_2 = c/a$

Nous avons déjà une première racine par lecture graphique R_2 **(75 , 0)**, mais il nous manque la première. Pour la trouver, nous pouvons mettre à profit *la symétrie de la parabole*. Cette symétrie impose que si nous passons sur la droite du sommet de **x = 70 m** à **x = 75 m** en descendant de **2 m** - soit une descente de **2 m** pour un parcours horizontal de **5 m** - nous devons aussi monter de **2 m** pour déplacement horizontal symétrique de **5 m**, soit en allant de **x = 0** à **x = - 5 m** passer de **y = 2 m** à **y = 0 m**. D'où nous en déduisons que la racine manquante est située à : $x_1 = -5$ **m**

Nous avons donc nos deux racines : $\mathbf{x_1 = -5\ m}$ et : $\mathbf{x_2 = 75\ m}$

Puisque nous avons la valeur des deux racines et *c*, mais ni ***a***, ni ***b***, commençons par le produit des racines : $\mathbf{x_1 . x_2} = \frac{c}{a}$; soit : $\mathbf{a} = \frac{c}{x1.x2} = \frac{2}{75.(-5)}$

$\mathbf{a = -\frac{2}{375}\ m^{-1}}$ $(\approx \mathbf{-0{,}00533\ m^{-1}})$

De la somme des racines $\mathbf{x_1 + x_2 = 75 - 5 = 70\ m}$, nous tirons ***b*** :

$\mathbf{S} = -\frac{b}{a} = 70$; soit : $b = -70.a = -70 . (-\frac{2}{375})$; d'où : $b = +\frac{28}{75}$ $(\approx \mathbf{0{,}373})$

Remarques :

4) Nous pouvons vérifier la hauteur que nous avions déterminée graphiquement $\mathbf{h(35) = -\frac{2}{375}(35)^2 + \frac{28}{75} . 35 + 2 \approx 8{,}52\ m.}$

   Nous avions trouvé avec la précision permise $\mathbf{h_{Max} = 8{,}5}$; les deux résultats sont parfaitement cohérents.

5) Notre résultat précédent sur le sommet obtenu par lecture graphique directe est confirmé aussi, car : $\mathbf{x_S} = -\frac{b}{2a} = \frac{\frac{-28}{75}}{\frac{-2.2}{375}} = \mathbf{35\ m}$

   Nous avions relevé $\mathbf{x_S = 35\ m}$; les résultats sont identiques

Conclusion :

Nous avons avec cette seconde méthode : $h(\mathbf{x}) = -\frac{2}{375}\mathbf{x}^2 + \frac{28}{75}\mathbf{x} + 2$

Remarques :

Les résultats sont légèrement différents entre la méthode AUBRY qui donne $a \approx \mathbf{-0{,}005313}$; soit $\mathbf{a \approx 5{,}313 .10^{-3}}$ et celle de Viète $\mathbf{a \approx -5{,}333.10^{-3}}$

La légère différence *au cent millième* vient de la lecture graphique sur le sommet $y_S = 8{,}5$ m qui est *moins précise* que la valeur des racines.

En conséquence, nous pensons qu'il est préférable d'utiliser ici la méthode de Viète qui sera légèrement plus précise.

3) **Donnons une estimation de l'angle de tir et de la vitesse initiale**

Nous proposons deux méthodes pour l'angle de tir :

Méthode 1 : Nous utilisons une *méthode graphique*.

L'angle de tir peut être approximé en constatant que la parabole est proche de sa tangente pour les 5 premiers mètres.

En appelant α l'angle mesuré depuis l'horizontale, nous avons :

$\tan \alpha \approx \frac{3{,}8-2}{5} = \frac{1{,}8}{5} \approx 0{,}36$; soit : $\alpha \approx 19{,}8^\circ \approx 20^\circ$

Méthode 2 : Nous utilisons la notion de *nombre dérivé*.

Par définition, la valeur du *nombre dérivé* en x = 0 est égale au *coefficient directeur de la tangente* en **x = 0**. Autrement dit : **tan α = h'(0)**

Nous prenons l'expression $h(x) = -\frac{2}{375}x^2 + \frac{28}{75}x + 2$, car les fractions sont plus simples.

Nous en tirons : $h'(x) = -\frac{4}{375}x + \frac{28}{75}$

D'où il vient que : $\tan \alpha = h'(0) = \frac{28}{75} \approx 0{,}3733$

Soit : $\alpha \approx 20{,}5^\circ$

Remarque : Les résultats sur les angles obtenus par le calcul ou la méthode graphique sont cohérents, car ils sont voisins de 20° chacun.

La différence vient principalement de la précision graphique.

Il est préférable selon nous d'employer *la méthode de la dérivée* qui donne des résultats un peu plus précis.

4) **Déterminons la vitesse initiale**

Exploitons la relation donnée : $y(x) = \frac{-g}{2\,v0^2.\cos^2\alpha} . x^2 + \tan\alpha .x + h$

Nous savons, par exemple, que : $h(\mathbf{x}) = -\frac{2}{375}\mathbf{x}^2 + \frac{28}{75}\mathbf{x} + 2$

Par identification : h **= 2 m**

Et : $\tan\alpha = \frac{28}{75} = 0{,}373$ (ce qui valide nos résultats précédents)

Et par identification aussi : $\frac{-g}{2\,v0^2.\cos^2\alpha} = -\frac{2}{375}$

D'où nous tirons que : $v_0^2 = \frac{375.g}{4.\cos^2\alpha}$

Soit avec $\alpha \approx 20{,}5°$ et $g = 9{,}81$ m.s^{-2} : $v_0^2 = \frac{375\ .\ 9{,}81}{4\ .\ \cos^2(20{,}3)}$

Ce qui donne : $v_0 \approx$ **32,9 m/s**. Cette valeur est élevée, mais encore physiquement possible pour un très bon athlète. Elle est facilitée par une bonne course d'élan.

Conclusion : La vitesse initiale est voisine de $v_0 \approx$ **33 m/s**

Remarque : Selon l'angle retenu (20,3° ou 20,5° selon la méthode), nous obtenons des vitesses différentes, mais du même ordre de grandeur que les 33 m/s environ trouvés précédemment.

5) Conditions les meilleures pour la Portée du tir

En prenant la formule donnée dans l'énoncé, valable dans les conditions suivantes : point de départ h **= 0 m**, absence de frottement, point d'arrivée à la même hauteur que le point de départ (soit 0 m aussi), nous avons comme portée celle donnée par l'énoncé, soit :

$x_{Max} = \frac{v0^2.\sin(2\alpha)}{g} = \frac{32{,}4^2\ .\sin(2\ .\ 20{,}5)}{9{,}81}$; d'où x_{Max} **= 70,2 m**, au lieu de 75m.

La différence est sensible. Elle vient du fait que nous avons utilisé la formule valable pour h **= 0 m**, alors que le tir se fait d'une hauteur initial de 2m. Ce déplacement initial de 2m vers le haut fait donc gagner presque 5 m de portée (75 - 70,2 = 4, 8 ≈ 5m). Il vaut donc mieux tirer le plus haut possible.

Il y a encore un autre paramètre qui entre en jeu : *l'angle de tir.*
Le meilleur angle est celui pour lequel **sin (2α)** est *maximum*
Soit : sin (2α) = 1 qui est obtenu pour un angle **α = 45°**

Au final, **les meilleurs conditions de tir** sont :
Lancer le plus fort possible pour maximiser v_0 (c'est évident !)
Lancer avec un angle de 45° (en réalité voisin pour le cas h ≠ 0)[91]
Lâcher le javelot avec *la main la plus haute possible* pour maximiser ***c = h***

Remarques :

Nous ne pouvons pas en toute rigueur utiliser la relation donnée pour la portée afin de trouver la vitesse initiale v_0, car notre hauteur initiale de tir n'est pas nulle, elle vaut ***h = 2m***. Or il est précisé que la relation est valable pour ***h = 0 m*** (et une absence de frottement).

En supposant malgré tout l'écart négligeable entre h = 2 m et h = 0 m, nous tirons de : $x_{Max} = \frac{v0^2.\sin(2\alpha)}{g}$ que : $v_0^2 = \frac{\boldsymbol{x\ max\ .g}}{\boldsymbol{sin\ (2\ \alpha)}}$

---

[91] Pour une hauteur initiale au-dessus de la hauteur d'arrivée, l'angle optimal est légèrement inférieur à 45° avec l'hypothèse frottements négligeables.

Dans la pratique, les frottements ne sont pas négligeables et la trajectoire n'est plus parabolique, surtout dans sa deuxième moitié (après le sommet). Il faut donc tenir compte de cette réalité physique et surtout de la biomécanique du lancer (les muscles ne développent pas la même puissance selon leur angle d'utilisation : il est plus facile de faire un développé couché qu'un développé militaire). La biomécanique du lancer principalement, ainsi que les forces de frottements et la hauteur de lâcher différente de zéro, expliquent que les hommes tirent avec un angle différent des 45° donné par le modèle simplifié. Cette angle est dans la réalité compris entre 32° et 35°, le plus souvent. Pour les femmes, cet angle est très légèrement plus grand : entre 33 ° et 38°.

Soit en prenant la portée réelle de 75m et l'angle α = 20,5° :

$$v_0^2 = \frac{x\,max\,.g}{sin\,(2\,\alpha)} = \frac{75\,.9,81}{sin\,(2.20,5)} \approx \mathbf{34,6\ m/s}$$

Nous avions trouvé : $\mathbf{v_0 = 33\ m/s}$.

Les vitesses, bien que différentes, sont du même ordre de grandeur, ce qui est et confirme d'une certaine manière notre résultat précédent.

La différence entre 33 m/s et 34,6 m/s provient évidemment du fait que la relation sur la portée n'est pas exactement valable pour ***h* = 2 *m***, et donc que la vitesse de **34,6 m/s** ne peut être qu'une *approximation*, ce qui explique la différence.

Conclusion sous forme de tableaux (essentiellement)

La fonction $f(x) = ax^2 + bx + c$ (avec $a \neq 0$) a pour représentation graphique une parabole de sommet S (x_S, y_S) dont les branches sont ouvertes vers le haut si $a > 0$ et ouvertes vers le bas si $a < 0$.

Les coordonnées du sommet sont : $x_S = \frac{-b}{2a}$ et $y_S = f(x_S) = \frac{-b^2}{4a} + c$

Ou encore avec $\Delta = b^2 - 4ac$:

$$y_S = \frac{-\Delta}{4a}$$

Cette dernière relation fait le lien entre les méthodes AUBRY - Discriminant et Po-Shen-Loh (après utilisation des relations de Viète).

Cette valeur de x_S peut être obtenue :

- **Soit pour $f'(x) = 0$; soit $2ax + b = 0$, sachant que $f''(x) = 2a = cte$**
- **Soit en utilisant *la symétrie* de la parabole et en résolvant $f(x) = c$**
- **Ou encore en prenant la demi-somme des racines, ce qui conduit directement à : $x_S = \frac{-b}{2a}$**

L'axe (Sy) d'équation $x = x_S$ est l'axe de symétrie de la parabole.

A tout point d'une des branches correspond *un point symétrique*.

En particulier, le point C (0, c) qui est un point remarquable de la parabole et son symétrique C' ($2x_S$, c) ; et les racines réelles (quand elles existent) : R_1 (x_1, 0) et R_2 (x_2, 0)

Eléments caractéristiques liés à $f(x) = ax^2 + bx + c$ (avec $a \neq 0$)		
Nom de l'élément de caractérisation	**Formule**	**Commentaires**
Dérivée première	$f'(x) = 2ax + b$	Donne l'évolution de la fonction et définit la position du sommet : $x = x_S = \frac{-b}{2a}$
Dérivée seconde	$f''(x) = 2a = cte$	Donne la concavité et la courbure $a > 0$: parabole ouverte vers le haut - C*onvexe* – le sommet est un *minimum* $a < 0$ parabole ouverte vers la bas - *concave,* le sommet est un *maximum*
Sommet	$x_S = \frac{-b}{2a}$ $y_S = f(x_S) = -\frac{b^2}{4a} + c$ ou $y_S = \frac{-\Delta}{4a}$ avec : $\Delta = b^2 - 4ac$	*L'abscisse* du sommet est la demi-somme des racines *L'ordonnée* est le *maximum* de la fonction si $a < 0$ Et le *minimum* si $a > 0$
Axe de symétrie	Axe (Sy) d'équation $x = x_S$	Tout point de la parabole a son « reflet » par rapport à la droite $x = x_S$, sauf le sommet qui est son propre « reflet »

Point Particuliers C et C′	**C (0, c) ; C′ ($2x_S$, c)**	***C point d'intersection*** **de la parabole avec l'axe vertical C′ symétrique du point C par rapport à (Sy)**
Racines réelles R_1 et R_2, quand elles existent	**R_1 (x_1, 0) ; R(x_2, 0)**	**x_1 et x_2 sont les valeurs des racines réelles**

Dans le repère centré au sommet défini par **$X = x - x_S$** et **$Y = y - y_S$**[92] :

la parabole d'équation *f* (x) = $ax^2 + bx + c$ (ou une de ses expressions équivalentes) **a pour équation épurée : $Y = a.X^2$**

Cette égalité montre que *toutes* les paraboles ne diffèrent que par la position de leur sommet et leur ouverture contrôlée par *a*.

X et Y sont les coordonnées dans le repère centré au sommet.

Le tracé de la parabole s'effectue depuis le sommet en prenant *des points de références* ou en exploitant *la loi des nombres impairs de Galilée* établie pour la chute libre et exploitée ici avantageusement.

Equation dans le repère du Sommet et points supplémentaires à C, C′		
Equation de *f*(x) dans le repère lié au sommet	**$Y = a.X^2$ ou : $y - y_S = a \cdot (x - x_S)^2$ ou pour les racines : $\lvert y_S \rvert = \lvert a \rvert \cdot d^2$**	**Les formules de changement de repère impliquent que : $Y = y - y_S$ et $X = x - x_S$**

---

92 Ces égalités proviennent de : $\overrightarrow{OM} = \overrightarrow{OS} + \overrightarrow{SM}$

Forme canonique	$y = a(x - x_S)^2 + y_S$	La forme canonique est une conséquence directe de la vision au sommet et de son équation épurée associée : $Y = a.X^2$
Le sommet *S*	$X = 0$ et $Y = 0$ ou x_S et y_S	S : centre du nouveau repère
Points particuliers situés par rapport au sommet D et D'	$(x_S \pm 1, y_S + a)$	Déplacement d'une unité horizontalement et de *a* verticalement
E et *E'*	$(x_S \pm 2, y_S + 4a)$	Déplacement de deux unités horizontalement et de $4a$ verticalement
Points (k, ak^2)	$(x_S \pm k, y_S + ak^2)$	Au déplacement horizontale de *k* unités correspond un déplacement vertical ak^2
« Loi des nombres impairs de *Galilée* » appliquée à la construction de la parabole	Depuis le sommet S, nous avançons à chaque pas *d'une unité d'axe* vers la droite et nous montons depuis le point précédent de 1a, 3a, 5a, 7a… c'est-à-dire en suivant la succession des nombres impairs 1, 3, 5, 7…	

Dans le repère du sommet l'équation est : $\mathbf{Y = a.X^2}$

Les racines imposent $\boldsymbol{y = 0}$, donc : $\mathbf{Y} = y - y_S = \mathbf{0} - y_S$

D'où pour la recherche des racines : $\mathbf{0} - y_S = \mathbf{a.X^2}$

Soit en passant en valeur absolue : $| y_S| = |a| \,.\, d^2$; avec $d = |X| \geq 0$

L'avantage de cette équation en valeur absolue est qu'elle s'applique *à tous les cas* :

- **Pour les racines réelles, soit : $a.y_S < 0$**
- **Pour la racine double, soit : $y_S = 0$**
- **Et pour les racines complexes conjuguées, soit : $a.y_S > 0$**

En effet, si $a.y_S < 0$, la parabole est ouverte *vers le haut* pour $a > 0$ et le sommet est alors *sous* l'axe horizontal $y_S < 0$.

Ou si $a < 0$, la parabole est ouverte *vers le bas* et le sommet est *au-dessus* de l'axe horizontal $y_S > 0$. Dans les deux cas de figure, nous avons ***des racines réelles*** **pour $a.y_S < 0$.**

Pour la racine double, soit $y_S = 0$, le sommet est exactement sur l'axe horizontal ; le résultat est indépendant du signe de a.

Pour *les racines complexes conjuguées*, soit $a.y_S > 0$: la parabole est *ouverte vers le haut* si $a > 0$ et le sommet est *au-dessus* de l'axe horizontal $y_S > 0$.

Ou si $a < 0$, la parabole est *ouverte vers le bas* et le sommet est *en dessous* de l'axe horizontal.

Dans les deux cas, il n'y a pas d'intersection entre les branches de la parabole et l'axe horizontal, donc aucune racine réelle, mais *deux racines complexes* d'après *le théorème de D'Alembert-Gauss*.

De $| y_S| = |a| \,.\, d^2$, il vient : $d = \sqrt{\frac{|y_S|}{|a|}}$ C'est la relation clef de la méthode AUBRY.

Cette formule est valable dans tous les cas, grâce au *travail en valeurs absolues* donc en *distances*. Nous ne mesurons que les écarts par conséquent : une montée équivaut à une descente si l'écart est le même.

La notion de *parabole fantôme* (ou *parabole miroir*), introduite comme **outil de visualisation** dans le cas *des racines complexes*, conduit à retrouver la même valeur de ***d*** que celle obtenue par le calcul analytique dans le plan complexe ; en particulier via la coupe (x_S, q) dans le volume complexe, avec $x = p + iq$

Cette parabole a pour équation : $g(x) = -ax^2 - bx - c + 2y_S$

Elle s'obtient par symétrie d'axe (Sx) de la parabole d'origine, soit la droite d'équation $y = y_S$

De *la valeur unique* de *d*, nous en déduisons :

- **Les valeurs *des racines réelles* : $x = x_S \pm d$**
- **Celle *de la racine double*, d = 0 : $x = x_S$**
- **Celles *des racines complexes conjuguées* : $x = x_S \pm i\,d$**

La formule donne une distance. La nature des racines fixe la direction (réelle ou imaginaire). *L'autre racine est prise en compte dans un deuxième temps, ainsi que la nature éventuellement complexe* nécessitant la présence du nombre complexe. Le moins et le *i* sont pris en compte dans la réponse finale.

Par ce procédé, une seule formule $d = \sqrt{\frac{|y_S|}{|a|}}$ et la méthode fonctionne dans tous les cas, c'est exceptionnel de simplicité. *La nature des racines* dépend uniquement du signe relatif de *a* et y_s et conduit à l'ajout de *i* ou pas.

De la nature des racines dépend aussi *le signe de la fonction*, comme indiqués dans le tableau ci-après.

Nature et valeur des Racines et signe de la fonction		
Critère de décision AUBRY	**Expression des racines**	**Commentaires**
a.$y_S < 0$ **Deux racines réelles**	**$x_{1,2} = x_S \pm d$** **Avec $d > 0$** **$x_{1,2} = \frac{-b}{2a} \pm \sqrt{\frac{\lvert y_S \rvert}{\lvert a \rvert}}$**	**La fonction est du signe de *a* partout, sauf entre les racines où f est du signe de −a**
$y_S = 0$ **racine double**	**$d = 0 \rightarrow x_{1,2} = x_S$** **$x_{1,2} = \frac{-b}{2a}$**	**La fonction est toujours du signe de *a*, cependant elle s'annule au sommet en x_S** **Donc, si $a > 0$, $f(x) \geq 0$**
a.$y_S > 0$ **Deux racines complexes conjuguées**	**$x_{1,2} = x_S \pm i\, d$** **avec $d > 0$** **$x_{1,2} = \frac{-b}{2a} \pm i \sqrt{\frac{\lvert y_S \rvert}{\lvert a \rvert}}$**	**La fonction est toujours du signe de *a*, elle ne change donc pas de signe sur** R

La fonction f (x) = $ax^2 + bx + c$ peut s'écrire sous *quatre* formes :

- **La forme *développée* : $f(x) = ax^2 + bx + c$**
- **la forme *factorisée* : $f(x) = a(x - x_1)(x - x_2)$**
- **la forme *normalisée* : $f(x) = x^2 - Sx + P$**
- **et la forme canonique : $f(x) = a(x - x_S)^2 + y_S$**

Chacune de ces formes a des avantages propres.

<u>La forme développée</u> est la forme privilégiée pour l'usage de ***la méthode du discriminant.*** Elle permet aussi d'identifier simplement le point **C (0, c)** et de vérifier facilement les racines évidentes **x = 1** dans le cas où les coefficients **a + b + c = 0** ou **x = -1**, si **a - b + c = 0**

<u>La forme factorisée</u> devient évidente une fois les racines trouvées.

Il suffit d'écrire le polynôme sous la forme **$f(x) = a(x - x_1)(x - x_2)$.**

Si la racine est double, nous obtenons la forme particulière :

$f(x) = a(x - x_1)^2$

Cette forme factorisée permet de connaître *le signe de la fonction* connaissant *la nature des racines*. Elle est surtout utile dans le cas des racines réelles (**$a.y_S < 0$**) : ***f* est du *signe de a* à *l'extérieur* des racines et du signe de *-a* entre les racines**

Si les racines sont complexes, soit ($a.y_S > 0$), la fonction est *toujours du signe de a* et ne s'annule jamais.

Si $y_S = 0$, cas de *la racine double*, la fonction est du signe de *a*, mais elle *s'annule pour* $x = x_S$

<u>Le polynôme normalisé</u> s'obtient en divisant les trois termes de la forme développée par *a*. Nous obtenons : $f(x) = x^2 + \frac{b}{a}x + \frac{c}{a}$

Ou encore : $f(x) = x^2 - Sx + P$

Cette forme est très utile pour utiliser ***les relations de Viète*** sur la somme et le produit des racines, ou trouver rapidement la deuxième racine si *la première racine* est *évidente* ou encore pour *anticiper la nature des racines.*

D'après François Viète, la somme S des racines est : $\mathbf{S = x_1 + x_2 = \frac{-b}{a}}$

Et le produit P produit des racines est : $\mathbf{P = x_1 \cdot x_2 = \frac{c}{a}}$

Dans les cas particuliers *racine double* ou *racines complexes* : $\mathbf{P = \frac{c}{a} \geq 0}$

En effet, pour *une racine double* : $\mathbf{x_1 = x_2 = x_S}$; d'où : $\mathbf{P = (x_S)^2 \geq 0}$

Et dans le cas de *racines complexes conjuguées* :

$\mathbf{P = \frac{c}{a} = (x_S + i\,d) \cdot (x_S - i\,d) = (x_S)^2 + (d)^2 > 0}$; avec $\mathbf{i^2 = -1}$

Ainsi, pour avoir des racines complexes, il nous faut obligatoirement $P > 0$ (sauf cas trivial de $ax^2 = 0$). [93]

La réciproque est fausse, nous pouvons avoir des *racines réelles* et avoir un produit P > 0 ; dans ce cas *les racines réelles* sont de *même signe.*

Si le produit est *négatif,* nous pouvons directement conclure que les *racines sont réelles* et *de signes contraires.*

$P < 0$ permet de conclure directement, pas $P > 0$

$P > 0$ et $P < 0$ ne sont donc pas deux cas symétriques.

Les informations $P > 0$ ou $P < 0$ ne sont pas équivalentes.

La forme canonique est directement accessible par la méthode AUBRY et sa vision au sommet.

Puisque d'après les formules de changements de repère :

$\mathbf{X = x - x_S}$ et $\mathbf{Y = y - y_S}$

---

[93] Sauf le cas trivial de $ax^2 = 0$ où nous pouvons avoir la racine double $x_S = 0$ et avoir : $\mathbf{P = (x_S)^2 = 0}$

L'équation $\mathbf{Y = aX^2}$ peut s'écrire : $y - y_S = a\,(x - x_S)^2$

D'où nous tirons immédiatement la forme canonique :

$$y = a\,(x - x_S)^2 + y_S$$

Cette forme particulière de *f*(x) permet d'identifier immédiatement *les coordonnées du sommet* et de connaître *l'extrémum de la fonction.*

Elle permet aussi de déterminer si l'extrémum est un *maximum* ($a < 0$) ou un *minimum* ($a > 0$) et d'en déduire *les variations de la fonction.*

Les formes *développée, normalisée* et *canonique* ont un lien privilégié avec chacune des méthodes de résolution que nous avons exposées :

- **La *méthode du discriminant* est intimement liée à *la forme développée.***
- **La *méthode de Po-Shen-Loh* privilégie *la forme normalisée.***
  Sa relation maîtresse est ***le produit symétrique des racines*** :
  $\mathbf{P} = \frac{c}{a} = (x_S - d)\,.\,(x_S + d)$
  D'où nous tirons d^2 : $d^2 = (x_S)^2 - \frac{c}{a}$
  Puis les racines selon le signe de d^2 (cf. le tableau)
- ***La méthode AUBRY* est intimement liée *à la forme canonique.***
  Elle peut être vue comme *une expression opérationnelle* applicable à tous les cas de racines.
- ***La forme factorisée* est indifférente à la méthode.**
  Les trois méthodes peuvent atteindre la forme factorisée *en une seule ligne*.

Forme du polynôme et relation avec une des méthodes : Discriminant – Po-Shen-Loh - AUBRY			
forme et lien privilégié	Racines réelles	Racine double	Racines complexes
Forme canonique liée à la méthode *AUBRY*	$y = a(x - x_S)^2 + y_S$ Critère : $a.y_S < 0$ *a* et y_S de signes contraires	$y = a(x - x_S)^2$ Critère : $y_s = 0$ *Carré parfait*	$y = a(x - x_S)^2 + y_S$ Critère : $a.y_S > 0$ a et y_S de mêmes signes
forme développée liée à la *Méthode du discriminant*	$f(x) = ax^2 + bx + c$ *a* et *c* de signes opposés : deux racines réelles obligatoires Critère : $\Delta > 0$	$f(x) = ax^2 + bx + c$ Obligatoirement *a* et *c* de même signe Critère : $\Delta = 0$	$f(x) = ax^2 + bx + c$ Obligatoirement *a* et *c* de même signe Critère $\Delta < 0$
Forme normalisée liée à la méthode de *Po-Shen-Loh*	$f(x) = x^2 - Sx + P$ $P < 0$ *racines réelles* (condition suffisante) $P > 0$ (racines réelles possibles)	$f(x) = x^2 - Sx + P$ avec : $P = x_S^2 \geq 0$	$f(x) = x^2 - Sx + P$ Obligatoirement : $P > 0$ Car : $P = (x_S)^2 + (d)^2$
Forme *factorisée*	$f(x) = a(x - x_1)(x - x_2)$	$f(x) = a(x - x_S)^2$	$f(x) = a(x - x_1)(x - x_2)$

Indifférente à la méthode	***f* est du signe de *a à l'extérieur* des racines et du signe de *-a* entre les racines**	***f* est du signe de *a* partout, mais *s'annule* en x_S**	***f* est du signe de *a* partout**

Les trois méthodes : discriminant – Po-Shen-Loh et AUBRY situent les racines par rapport au sommet. [94]Les structures des solutions sont proches, mais relèvent d'une approche et d'une philosophie différente :

Dans la *méthode du discriminant* la grandeur *d* est algébrique.

De plus son expression est *différente* selon le signe du discriminant Δ qui distingue les cas *racines réelles, racine double et racines complexes* :

- Dans le cas des ***racines réelles* :** $d_R = \frac{\pm\sqrt{\Delta}}{2a}$

  D'où : $x_{1,2} = x_S + d_R \quad \rightarrow \quad x_{1,2} = x_1 = \frac{-b \pm \sqrt{\Delta}}{2a}$

- Dans le cas des ***racines complexes* :** $d_C = \frac{\pm i\sqrt{-\Delta}}{2a}$

  D'où : $x_{1,2} = x_S + d_c \quad \rightarrow \quad x_{1,2} = x_1 = \frac{-b \pm i\sqrt{-\Delta}}{2a}$

- Le cas de ***la racine double*** correspond à **Δ = 0** ; soit ***d* = 0**

  $\rightarrow x_1 = x_2 = x_S = \frac{-b}{2a}$

Pour *la méthode du discriminant,* l'adaptation des cas est donc prise en charge par les différentes expressions de *d* selon les cas.

---

94 Ce n'est pas le point de départ historique du discriminant.
Le discriminant ne « raisonne » pas géométriquement depuis le sommet ; c'est nous qui le réinterprétons sous cette forme unificatrice position du sommet et écart pour mieux comparer les méthodes.

Pour la méthode *Po-Shen-Loh,* ***d est la distance entre le sommet et chacune des racines.*** **Cette distance est déterminée grâce au** ***produit symétrique des racines*****, ce qui conduit à :** $d^2 = \left(\frac{-b}{2a}\right)^2 - \frac{c}{a}$

Selon le signe de d^2 ou équivalemment selon la nature des racines, il existe *deux expressions différentes* de *d*.

Toutefois, *d* reste toujours une grandeur *positive*. Le signe *moins* de la deuxième racine est ajouté dans un second temps, de même que l'éventuelle dimension complexe.

D'où : **si les racines sont *réelles*** : $d_R = \sqrt{(x_S)^2 - \frac{c}{a}} > 0$.

Ce qui conduit à $x_{1,2} = x_s \pm d_R = x_s \pm \sqrt{(x_S)^2 - \frac{c}{a}}$: ou $x_{1,2} = \frac{-b}{2a} \pm \sqrt{\left(\frac{-b}{2a}\right)^2 - \frac{c}{a}}$

Si *les racines sont complexes conjuguées,* alors : $d_C = \sqrt{\frac{c}{a} - (x_S)^2} > 0$.

Ce qui conduit à $x_{1,2} = x_s \pm i\, d_C$ dans le cas complexe, soit :

$x_{1,2} = x_s \pm i \sqrt{\frac{c}{a} - (x_S)^2}$ Ou : $x_{1,2} = \frac{-b}{2a} \pm i \sqrt{\frac{c}{a} - \left(\frac{-b}{2a}\right)^2}$

Dans la méthode AUBRY, il existe ***<u>une seule</u> expression*** **de** ***d*** **quel que soit le cas de figure rencontré :** $d = \sqrt{\frac{|y_S|}{|a|}} > 0$ qui provient de $|y_S| = |a|.d^2$

Cette expression unique de *d* rend la méthode particulièrement sobre et élégante. Les signes $\pm$ sont ajoutés à la fin, ainsi que le i dans le cas de racines complexes conjuguées.

Ce procédé conduit pour ***les racines réelles*** à : $x_{1,2} = x_s \pm d$

Soit : $x_{1,2} = \frac{-b}{2a} \pm \sqrt{\frac{|y_S|}{|a|}}$

Et pour *les racines complexes* à : $x_{1,2} = x_s \pm i\, d$

Soit : $x_{1,2} = \frac{-b}{2a} \pm i \sqrt{\frac{|y_S|}{|a|}}$

Pour naviguer entre les méthodes, il faut principalement utiliser ***la relation de passage*****:** $y_S = \frac{-\Delta}{4a}$ (et tenir compte des différences de philosophies sur la nature de *d*, terme de la solution accompagnant l'abscisse du sommet).

	AUBRY	**Po-Shen-Loh**	**Discriminant**
Philosophie principale	***Loi de croissance*** **depuis le sommet**	***Produit symétrique*** **des racines et signe de d^2**	**Calcul du** ***discriminant*** **et examen de son signe**
Distinction de la nature des racines	**Signe de $a.y_S$**	**Signe de :** $d^2 = x_S^2 - \frac{c}{a}$	**Signe de Δ**
Equation maîtresse	$\lvert y_S\rvert = \lvert a\rvert.d^2$	$\frac{c}{a} = (x_S)^2 - (d)^2$	$\Delta = b^2 - 4ac$
Expression de la distance	$d = \sqrt{\frac{\lvert y_S\rvert}{\lvert a\rvert}} > 0$	$d = \sqrt{(x_S)^2 - \frac{c}{a}}$ **Et si complexe :** $d = \sqrt{\frac{c}{a} - (x_S)^2}$	**Si réelle :** $d = \pm \frac{\sqrt{\Delta}}{2a}$ **(*d* algébrique) Et si complexe :** $d = \pm\, i \frac{\sqrt{-\Delta}}{2a}$

Expression des racines selon les cas : *Réelles - Double* **- ou** *Complexes*	$x_{1,2} = x_S \pm \sqrt{\frac{\lvert y_S \rvert}{\lvert a \rvert}}$ $x = x_S$ $x_{1,2} = x_S \pm i\sqrt{\frac{\lvert y_S \rvert}{\lvert a \rvert}}$	$x_S \pm \sqrt{(x_S)^2 - \frac{c}{a}}$ $x = x_S$ $x_S \pm i\sqrt{\frac{c}{a} - (x_S)^2}$	$x_{1,2} = \frac{-b \pm \sqrt{\Delta}}{2a}$ $x = x_S$ $x_{1,2} = \frac{-b \pm i\sqrt{-\Delta}}{2a}$
Relation de passage entre les méthodes	$y_S = \frac{-\Delta}{4a}$		

<u>En conclusion</u> : La méthode AUBRY est une méthode alternative de résolution des équations du second degré qui offre de plus un accès très efficace à *la représentation graphique de la parabole*, à *la forme canonique, à la forme factorisée*, aux *variations de la fonction, à son signe*… Cette méthode est très complète et polyvalente.

Elle est aussi *une approche conceptuelle* différente de l'approche classique. Dans la méthode habituelle, l'objet central est *le discriminant*. On part de celui-ci, et selon son signe et sa valeur, les racines, sont obtenues par des formules que les élèves connaissent bien.

La méthode AUBRY procède selon une *approche conceptuelle différente*. Elle se base sur **la vision de la situation depuis le sommet** et le lien intime existant entre **la géométrie constatée et l'algèbre** qui décrit cette géométrie.

Elle part de *la structure fondamentale de la parabole* et *des contraintes* : la position du sommet S (x_S, y_s) - la symétrie d'axe (Sy) - et l'ouverture pilotée par *a* - pour arriver naturellement aux racines.

La méthode commence non pas par demander : *Quelles sont les solutions ?*

Mais : *Où se trouve le sommet, le centre géométrique de la parabole ? Et quelles sont les contraintes à respecter en termes de symétrie et d'ouverture des branches ?*

Une fois ces questions résolues, la question change, elle devient alors : *« Quelle distance horizontale faut-il parcourir depuis le sommet, selon l'équation au sommet pour atteindre les racines ? »*

La réponse est simplement donnée par la valeur de d qui respecte la relation : $|y_S| = |a| \cdot d^2$

La structure des solutions apparaît alors immédiatement dans toute leur beauté et leur simplicité :

$$x_{1,2} = x_S \pm \sqrt{\frac{|y_S|}{|a|}}$$ **pour les racines réelles**

$$x_{1,2} = x_S \pm i\sqrt{\frac{|y_S|}{|a|}}$$ **pour les racines complexes**

$$x_{1,2} = x_S$$ **pour la racine double**

La solution dans la méthode AUBRY est particulièrement élégante :

Le sommet est « le cœur de la parabole » ! Ses coordonnées (x_S, y_S) et la valeur de *a* contiennent *toute l'information* nécessaire à la résolution complète du trinôme du second degré.

Conclusion

Dans l'avant-propos nous avions parlé du **génie** et de la **pensée créative**. Nous avions dit qu'ils étaient essentiellement *une capacité à changer notre vision* et qu'ils demandaient *une excellente maîtrise des fondamentaux* dans une première phase et du temps pour se développer pleinement.

Nous avions aussi dit que pour lire ce livre et le comprendre, il n'était pas nécessaire d'avoir de connaissances particulières. Et nous avions évoqué : *l'herbe, le bambou, le Séquoia et le Cèdre*.

Ce livre est lui-même une réponse aux idées que nous avions exposées dans l'avant-propos.

Nous avons pris le temps d'exposer clairement et solidement les bases sur lesquelles nous voulions nous établir : *Qu'est-ce qu'une dérivée (première) ? Qu'est-ce qu'une dérivée seconde ? Que mesurent-elles ? Pourquoi ? Qu'est-ce qu'une fonction polynomiale de degré deux ? Quelles sont les influences des coefficients a, b et c sur la position et la forme de la parabole et sur ses racines ? Quel est l'effet d'une multiplication par i ou par* i^2 *?*

Ce temps consacré aux fondamentaux et à leur sens profond était formateur. *Le bambou* dont nous avions parlé avec une certaine condescendance a aussi quelque chose à nous apprendre de l'élévation. Certaines variétés sont capables de pousser de plusieurs dizaines de mètres en quelques semaines, ce dont aucun arbre ni aucune plante n'est capable à ce jour.

Mais pour accomplir cet exploit visible, il lui faut parfois *plusieurs années* de travail invisible à développer un réseau racinaire qui supportera cette croissance vigoureuse. De même, le Cèdre et le Séquoia développent eux aussi des fondations et des racines solides qui les rendent capables de s'élever majestueusement en toute confiance, sans fragilité. Nos lecteurs auront compris ce que nous voulons leur faire saisir. Nul besoin de développer davantage.

Tout au long de ce livre, nous avons aussi proposé une double vision — à la fois *classique* et, selon les cas, *plus originale*. Pour résumer ce chemin parcouru ensemble, voici ce que nous avons vu ensemble :

- **Trois méthodes pour trouver *le sommet*** : *par la dérivée, par la résolution de $f(x) = c$, par la demi-somme des racines.*

- **Quatre méthodes pour déterminer *la nature des racines* dans les cas favorables** : *par le discriminant, par la comparaison des signes de a et y_S, ou dans les cas favorables par le produit des racines ou la simple lecture du signe de a et de c.*

- **La possibilité d'anticiper *les valeurs approximatives des racines*** : *par l'observation de leur somme et de leur produit via la forme $x^2 - Sx + P$.*

- **Plus de quatre méthodes pour *trouver les racines*** : *la complétion du carré, le discriminant, Po-Shen-Loh, et la méthode AUBRY — auxquelles s'ajoutent, dans les cas favorables, la détection des carrés parfaits (avec astuce de détection), la mise en facteur, et les racines évidentes combinées aux relations de Viète.*

- **Des outils de vérification systématiques** : *le calcul de $f(x)$ pour les racines trouvées, le contrôle par la somme et le produit des racines, le tracé rapide.*

- **La forme canonique par trois voies** : *la complétion du carré classique, sa version améliorée par l'astuce, et la méthode AUBRY.*

- **La représentation rapide de la courbe de deux manières :** *à partir des points de référence naturellement fournis par la méthode AUBRY, et à partir de la loi des nombre impairs de Galilée.*

Nous avions aussi indiqué que **le discriminant est aveugle**. Il ne dit rien de la position exacte de la parabole. Il n'a pas été prévu pour cela, il calcule simplement les racines.

Nous avions promis **une méthode simple** dans laquelle les racines viendraient naturellement à nous par ***un changement de vision***. Nous pensons avoir tenu cette promesse.

La méthode AUBRY permet, en effet, cette *visualisation de la parabole* en calculant la position du sommet : $\mathbf{x_S} = \frac{-b}{2a}$ et $y_S = f(\mathbf{x_S}) = \frac{-b^2}{4a} + \mathbf{c} = \frac{-\Delta}{4a}$

Et en se plaçant depuis ce point hautement remarquable, nous avons montré que la parabole peut s'exprimer sous la forme très simple : $\mathbf{Y = a.X^2}$

$\mathbf{X = x - x_S}$ et $\mathbf{Y = y} - y_S$ représentent les coordonnées dans le repère centré au sommet (S, X, Y).

$\mathbf{Y = a.X^2}$ s'exprime encore sous la forme : $\mathbf{y} - y_S = \mathbf{a.\ (x - x_S)^2}$

Soit pour les racines **:** $0 - y_S = a.d^2$, en appelant d la distance entre l'abscisse du sommet et celles des racines : $d = |\mathbf{X}| = |(\mathbf{x} - x_S)|$

Toutes les observations que nous avions faites au commencement sur *le changement de nature des racines* quand nous déplaçons *verticalement* le sommet ou encore *le changement de valeurs des racines* pour *un déplacement horizontalement* sont explicables par cette relation : $0 - y_S = a.d^2$

- **Si $d^2 = \frac{-y_S}{a} \geq 0$, alors obligatoirement a et y_S sont de signe opposé et les *racines sont réelles*.** [95]
- **Si $d^2 = \frac{-y_S}{a} < 0$, a et y_S sont nécessairement de *même signe*. Les racines appartiennent alors au plan *complexe*.** [96]

Dans le cas des *racines réelles*, soit $d^2 = \frac{-y_S}{a} \geq 0$, la distance $d = \sqrt{\frac{-y_S}{a}}$ est réelle. De cette distance ***d***, qui est *le cœur de la méthode*, nous tirons pour les racines *réelles* [97] : $x_{1,2} = x_S \pm d$ soit : $x_{1,2} = x_S \pm \sqrt{\frac{|y_S|}{|a|}}$

---

[95] Par exemple pour $a > 0$ et $y_S < 0$: la parabole est *ouverte vers le haut*. Les branches de la parabole s'élèvent vers *plus l'infini* (donc au-dessus de l'axe horizontal) et plongent *sous* le même axe pour rejoindre $y_S < 0$ (le sommet). Il y a donc obligatoirement « une traversée » de l'axe horizontal (une intersection entre la parabole et l'axe horizontal) et donc *une racine réelle*. La symétrie en impose une seconde.

pour $a < 0$ et $y_S > 0$: la parabole est *ouverte vers le bas*. Les branches de la parabole plongent vers *moins l'infini* et vont rejoindre le sommet situé en $y_S > 0$. Il y a donc obligatoirement une traversée de l'axe horizontal et *une racine réelle*. La symétrie impose la seconde.

Dans tous les cas a et y_S de signe contraire imposent bien la configuration de *deux racines réelles*.

[96] Pour avoir des *racines complexes*, il faut que a et y_S soient de *même signe*.

Si a et c sont de même signe, cela ne suffit pas pour garantir deux racines complexes, c'est simplement *un indice* de la présence éventuelle de racines complexes, car tous les cas sont possibles.

Par contre, si a et c sont de signes opposé, les racines sont obligatoirement réelles (et de signes opposés). Il est impossible d'avoir des racines complexes dans ce cas.

[97] Si a et c sont de signe opposés, nous pouvons immédiatement conclure que les racines sont obligatoirement simples, réelles et *symétriques* par rapport au sommet.

Si nous préférons travailler avec *les signes* : $\mathbf{x_{1,2} = x_S} \pm \sqrt{\frac{-y_S}{a}}$

Les observations faites au cours du livre sur l'influence de *a*, *b* et *c* trouvent leur révélation totale si nous explicitons $\mathbf{x_S} = \frac{-b}{2a}$ et $y_S = \frac{-b^2}{4a} + \mathbf{c}$

Dans *la forme explicite* avec les coefficients ***a*, *b*, *c*,** l'expression de la racine $\mathbf{x_{1,2}}$ devient :

$$\mathbf{x_{1,2}} = \frac{-b}{2a} \pm \sqrt{\frac{-\left(\frac{-b^2}{4a} + c\right)}{a}} = \frac{-b}{2a} \pm \sqrt{\frac{\frac{b^2}{4a} - c}{a}}$$

Ou encore en poursuivant les calculs: $\mathbf{x_{1,2}} = \frac{-b \pm \sqrt{b^2 - 4ac}}{2a} = \frac{-b \pm \sqrt{\Delta}}{2a}$
qui est la formule classique que les élèves connaissent.

Ce résultat mettant en jeu le discriminant apparaît alors comme *une conséquence naturelle de la géométrie de la parabole* et non plus comme un résultat artificiel. Le lien entre les deux méthodes est ainsi démontré pour le cas réel, la racine double en étant un cas particulier.

Les racines sont dans le plan complexe si $d^2 = \frac{-y_S}{a} < 0$, ***a*** et y_S sont obligatoirement de *même signe*.[98] Aucune distance réelle ***d*** ne permet de relier le sommet aux racines, *d* devient imaginaire. Nous pouvons éventuellement écrire $\underline{d} = \mathbf{i}.\sqrt{\frac{y_S}{a}}$

---

[98] Pour avoir assurément des racines complexes., le véritable critère est que **a** et y_S soient de même signe Le fait que ***a*** et ***c*** soient de même signe est un indice de la présence éventuelle de racines complexes. Par contre, si ***a*** et ***c*** sont de signe opposé, il est impossible d'avoir des racines complexes, les racines sont obligatoirement simples et réelles.

Cependant, nous avons fait le choix d'appeler $\boldsymbol{d}$ le module de la distance imaginaire, de sorte que dans la méthode AUBRY, même pour les racines complexes, nous avons : $\boldsymbol{d} = \sqrt{\frac{ys}{a}}$

La multiplication par $\boldsymbol{i}$ pour tenir compte de la direction de cette distance sur l'axe imaginaire est faite dans un deuxième temps, de sorte que nous avons : $\mathbf{x}_{1,2} = \mathbf{x}_S \pm \boldsymbol{i.d}$; soit : $\mathbf{x}_{1,2} = \frac{-b}{2a} \pm \mathbf{i}\sqrt{\frac{ys}{a}}$ [99]

Selon une vision simplificatrice de la méthode, nous pouvons travailler uniquement *en valeur absolue.*

Nous trouvons la distance *d* qui sépare le sommet des racines en nous plaçant depuis le sommet, et en utilisant dans le cas des *racines complexes* la notion de « *parabole fantôme* » ou « *parabole miroir* ».Via *la parabole fantôme,* symétrique de la parabole d'origine selon la droite $\boldsymbol{y = y_S}$, la distance $\boldsymbol{d}$ est déterminée de nouveau par l'égalité :

$|\mathbf{y_S}| = |\boldsymbol{a}|.\mathbf{d}^2$. Ce qui conduit encore à : $\boldsymbol{d} = \sqrt{\frac{|ys|}{|a|}}$ [100]

---

[99] Par exemple pour $\boldsymbol{a > 0}$, la parabole est *ouverte vers le haut* : Les branches de la parabole pointent vers *plus l'infini* et ne passent jamais sous l'axe horizontal, puisque par hypothèse $y_S > \mathbf{0}$. La parabole *de forme convexe* reste donc constamment au-dessus de l'axe horizontal et son point le plus bas est le sommet.

Inversement, si $\boldsymbol{a < 0}$, la parabole est *ouverte vers le bas* et de *forme concave.* Puisque y_S est du signe de $\boldsymbol{a}$ et que $\mathbf{a < 0}$, donc $\mathbf{y_S < 0}$. Le sommet est *sous l'axe horizontal* et c'est le point le plus haut de la parabole, donc la parabole ne coupe pas l'axe des réels : les racines sont *complexes* et uniquement visibles dans le plan complexe.

[100] En réalité pour le cas complexe $\boldsymbol{a}$ et $\boldsymbol{y_s}$ étant de même signe la valeur absolue est superflue. Elle est laissée par souci de simplification et d'uniformisation.

Pour le cas des *racines complexes* (***a*** et y_S de même signe) cette grandeur ***d*** représente la norme de la partie imaginaire, c'est pourquoi avec cette astuce : $d = \sqrt{\frac{|ys|}{|a|}}$

Ainsi, dans tous les cas, *réelles* ou *complexes*, nous pouvons calculer ***d*** avec **la même expression**, ce qui facilite une éventuelle mémorisation.

Cette approche de la « *parabole fantôme* », bien qu'elle ne constitue pas une interprétation rigoureuse dans le plan complexe,[101] conduit cependant à des résultats exacts après adaptation.[102]

Nous tenons compte dans un deuxième temps de la nature *réelle* ou *complexe* des racines et donc de la distance. Il vient : $\mathbf{x_{1,2} = x_S} \pm d$ pour les racines *réelles* et à $\mathbf{x_{1,2} = x_S} \pm \mathbf{i}\, d$ pour les racines *complexes conjuguées*.

Ainsi, la méthode AUBRY conduit aux bons résultats même pour *les racines complexes.* **La seule différence typographique dans la réponse est l'apparition de *i* dans l'expression des racines complexes.** Il suffit de multiplier la distance réelle par ***i*** pour tenir compte de la nature véritablement complexe des solutions.

L'imaginaire avec la méthode AUBRY est une extension du réel.

Le passage aux nombres complexes, loin d'être une abstraction, devient pour la visualisation une *rotation* de 180° autour du sommet ou une symétrie

---

101 L'interprétation n'est pas rigoureuse, car un nombre réel ne peut pas être équivalent à un nombre complexe dans le cas général. Nous renvoyons le lecteur à l'interprétation exacte des racines complexes traitée avec de nombreux détails dans la partie visualisation des racines complexes.

102 Il arrive parfois que des concepts fondamentalement faux conduisent toutefois à des résultats exacts. Nous pensons par exemple à la vision mécanistique de Niels Bohr pour l'atome d'Hydrogène qui bien que fausse expliquait les raies d'émissions de l'atome. Notre méthode peut être classée dans cette catégorie.

d'axe $y = y_S$ qui met en jeu « *une parabole fantôme* » ou « *parabole miroir* ». Cette parabole, bien que demeurant dans *le monde réel,* informe de la distance qui sépare les racines qui se trouvent dans l'univers complexe.

« L'invisible des complexes » est ainsi « rendu visible ».

Le cas de *la racine double* correspond au cas particulier $y_S = 0$.[103]
Dans ce cas la distance qui sépare les deux racines réelles est nulle.
Les racines sont confondues avec le sommet, d'où : $x_1 = x_2 = x_S = - b/2a$.
Géométriquement, le sommet de la parabole effleure l'axe horizontal,

Dans la méthode AUBRY, pour trouver une racine, pas besoin de discriminant. Il n'est plus nécessaire de traiter séparément trois "cas" qui semblaient artificiellement isolés selon la valeur de delta : Les cas *racines réelles, double* et *complexes* cessent d'apparaître comme trois recettes différentes.

Ils deviennent dans la méthode AUBRY les différentes expressions possibles d'une même géométrie : celle d'une parabole qui traverse l'axe réel ou qui appelle le monde des nombres complexes, selon la position de son sommet et de ses branches.

Le pont entre **la méthode AUBRY** et la **méthode du discriminant Δ** se fait via la relation : $y_S = \frac{-\Delta}{4a}$

Cette relation montre que pour **a > 0 :**

---

[103] Le véritable critère de la présence d'une racine double est $y_S = 0$. Ce cas est associé à une factorisation de la forme $f(x) = a\,(x - x_S)^2$. (Il est impossible d'avoir une racine double si a et c sont de signe contraire).

Dans les deux autres cas – racines simples réelles ou complexes, la factorisation est de la forme : $f(x) = a\,(x - x_1)\,.\,(x - x_2)$

- **La** ***condition analytique,*** **$\Delta > 0$, donnant** ***deux racines réelles distinctes*** **dans** ***le système du discriminant*** **correspond à la** ***condition géométrique*** **y_S de signe contraire à a du système AUBRY, soit ici : $y_S < 0$**

- **La condition $\Delta = 0$, correspondant à** ***une racine réelle double*** **correspond à la condition géométrique $y_S = 0$ du système AUBRY, qui assure directement que le sommet est sur l'axe horizontal.**

- Enfin, **la condition $\Delta < 0$, correspondant à** ***deux racines complexes conjuguées*** **dans** ***le système du discriminant*** **correspond à la** ***condition géométrique*** **y_S et a de même signe dans le système AUBRY, soit ici $y_S > 0$**

La correspondances entre les deux systèmes est donc totalement établie, non seulement du point de vue des formules obtenues pour les racines, mais encore pour la distinction des différents cas de figures. Ceux-ci sont simplement abordés sous des angles différents.

La relation finale de la méthode AUBRY : $\mathbf{x_{1,2} = x_S} \pm \sqrt{\frac{|y_S|}{|a|}}$ éclaire d'un seul coup toutes les observations faites pour des racines réelles. Dans cette méthode, il apparait clairement que **La nature des racines et leur valeur sont u*ne conséquence naturelle* de deux choses : la position du sommet via x_S et y_S et du coefficient *a* qui fixe l'ouverture de la parabole.**

Plus le sommet est éloigné de l'axe horizontal [104] plus les racines s'écartent du sommet. [105]

---

[104] Toutes choses égales par ailleurs.

[105] Car, si $|y_S|$ augmente : $\mathbf{x_{1,2} - x_S}$ augmente du fait de la *croissance* de la fonction $\sqrt{X}$

Inversement à sommet fixé, *plus la valeur absolue de* ***a*** *: |a| est grande*, et plus les racines se *resserrent* autour du sommet.[106]

Pour *une translation horizontale* uniquement, l'écartement entre les racines reste *constant* puisque les termes sous la racine de : $\mathbf{x_{1,2} - x_S = \pm \sqrt{\frac{|y_S|}{|a|}}}$ demeurent constants.

Pour ce qui est de la pleine visualisation, la courbe apparaît facilement en se plaçant au sommet.

Nous pouvons tracer la parabole avec les points de référence naturellement fournis par la méthode AUBRY :

S (x_S , y_S) ; R_1 (x_1 , 0) ; R_2 (x_2 , 0) ; C (0 , c) et son symétrique par rapport à (Sy) situé sur la même horizontale **C' (2 x_S, c)**. Ces points suffisent en général pour un tracé rapide.

La représentation peut être affinée rapidement avec les points D_1 situé à une unité à droite de *S* et écarté verticalement de ***a***, soit D_1 **(x_S + 1, y_S + a)** et son symétrique D_1' **(x_S - 1, y_S + a)**. Nous pouvons éventuellement ajouter les points ***E*** **(x_S + 2 , y_S + 4a)** et son symétrique **E'(x_S - 2 , y_S + 4a)**.

Avec la méthode AUBRY et ses points facilement accessibles, Nous sommes passés du calcul « aveugle »[107] et mécanique du discriminant à *la vision parabolique*. **La géométrie éclaire l'algèbre et réciproquement**.

Pour obtenir *une représentation rapide* de la parabole, nous pouvons aussi mettre à profit la loi des nombres impairs de Galilée.

---

106 Puisque la fonction $\frac{1}{x}$ est *décroissante*.

107 Le discriminant renseigne directement sur les racines mais ne décrit pas explicitement la géométrie de la parabole. En ce sens, il est moins descriptif géométriquement.

Pour cela il faut que nous nous placions au sommet et avancions par pas successifs d'une unité horizontalement.

Pour chaque pas horizontaux, nous nous déplaçons selon ***des écarts verticaux successifs*** **de : 1a, 3a, 5a, 7a... soit en suivant les nombres impairs**

Nous avons aussi voulu montrer dans ce livre une autre alternative à la méthode **AUBRY** et **la méthode du discriminant**, celle de **Po-Shen-Loh** qui utilise astucieusement *la symétrie* et *les relations de Viète*, et qui permet de trouver les racines à la main dans les cas favorables. Cette méthode exploite le fait que les racines sont à égales distances du sommet et que leur produit d'après les relations de Viète est c/a, ce qui conduit à l'égalité clef de cette méthode : $(x_S - d) . (x_S + d) = \frac{c}{a}$ équivalente à : $(x_S)^2 - (d)^2 = \frac{c}{a}$

Avec x_S demi-somme des racines, soit : $x_S = \frac{1}{2}(x_1 + x_2) = \frac{-b}{2a}$

Car la somme vaut : $S = (x_1 + x_2) = \frac{-b}{a}$

De ces égalités, nous trouvons $d^2 = (x_S)^2 - \frac{c}{a}$

Ce qui conduit à trois cas :

- $d^2 > 0$: ***racines réelles*** ; $d = \sqrt{(x_S)^2 - \frac{c}{a}}$ → $x_{1,2} = x_S \pm \sqrt{(x_S)^2 - \frac{c}{a}}$
- $d = 0$: ***racine double*** → $x_{1,2} = x_S \frac{-b}{2a}$
- $d^2 < 0$: ***racines complexes conjuguées*** : $d = \sqrt{(x_S)^2 - \frac{c}{a}}$

  → $x_{1,2} = x_S \pm i\sqrt{(x_S)^2 - \frac{c}{a}}$

Les principaux résultats sont reportés dans les tableaux ci-après :

	Discriminant	Po-Shen-Loh	AUBRY
Equation directrice	$ax^2 + bx + c$	$(x_S - d)\,(x_S + d) = \frac{c}{a}$	$y - y_S = a\,(x - x_S)^2$ ou pour les racines : $\lvert y_S\rvert = \lvert a\rvert . d^2$
Elément clef	$\Delta = b^2 - 4ac$ Abscisse sommet	Produit symétrique des racines Abscisse sommet	Coordonnées sommet Equation au sommet $Y = aX^2$
d^2	$\frac{\Delta}{4\,a^2}$	$d^2 = (x_S)^2 - \frac{c}{a}$ $d^2 = \left(\frac{-b}{2a}\right)^2 - \frac{c}{a}$	$d^2 = \frac{-y_S}{a}$ ou $d^2 = \left\lvert\frac{y_S}{a}\right\rvert$
Racines réelles	$\Delta > 0$ $x_{1,2} = \frac{-b \pm \sqrt{\lvert\Delta\rvert}}{2a}$	$x_S^2 > \frac{c}{a}$ $x_{1,2} = x_S \pm \sqrt{(x_S)^2 - \frac{c}{a}}$	$a.y < 0$ $x_{1,2} = x_S \pm \sqrt{\frac{\lvert y_S\rvert}{\lvert a\rvert}}$
Racine double	$\Delta = 0$ $x_{1,2} = \frac{-b}{2a}$	$x_S^2 = \frac{c}{a}$ $x_{1,2} = \frac{-b}{2a}$	$d = 0\,;\ y_S = 0$ $x_{1,2} = \frac{-b}{2a}$
Racines complexes conjuguées	$\Delta < 0$ $x_{1,2} = \frac{-b \pm i\sqrt{\lvert\Delta\rvert}}{2a}$	$x_S^2 < \frac{c}{a}$ $x_{1,2} = x_S \pm i\sqrt{(x_S)^2 - \frac{c}{a}}$	$a.y_S > 0$ $x_{1,2} = x_S \pm i\sqrt{\frac{\lvert y_S\rvert}{\lvert a\rvert}}$

	Discriminant	Po-Shen-Loh	AUBRY
Racines	👍	👍	👍
factorisation	👍	👍	👍
Forme canonique			👍
Tracé rapide			👍
Sans calculatrice		👍	👍
Visualisation	faible	partielle	👍

Après ce panorama de conclusion que nous avons voulu le plus complet possible, <u>*l'heure est venue*</u>.

Nous voulons dire que ce n'est *pas* une guerre de méthodes.

Un mathématicien qui possède *plusieurs méthodes* est comme un archer qui possède *plusieurs flèches différentes* dans son carquois. Il est mieux armé pour faire face à la diversité des situations qu'il rencontre.

La méthode AUBRY n'a pas vocation à remplacer la méthode du discriminant en Europe ou celle de Po-Shen-Loh aux Etats-Unis.

S'il s'agit uniquement de trouver les racines, très honnêtement, les trois méthodes se valent. S'il faut de plus trouver *la forme canonique* ou *tracer la fonction*, la méthode AUBRY possède alors un avantage conséquent sur les deux autres.

La question n'est pas de savoir quelle méthode est la "meilleure" dans l'absolu, mais quelle méthode est *la plus adaptée* pour votre besoin du moment. Chacune possède son charme et ses avantages.

Celle du discriminant est facile à enseigner, simple et répétitive.

Celle de Po-Shen-Loh est souvent très rapide et met en évidence *le rôle central de la symétrie* dans la recherche des racines.

La méthode AUBRY, *très rapide* elle aussi, se concentre sur *le sommet* et *la visualisation* de la parabole.[108]

Elle n'abolit pas le calcul, parce qu'elle l'utilise. Elle révèle simplement la géométrie cachée derrière lui. Elle permet un passage fluide de $ax^2 + b x + c$ vers *sa représentation graphique* et *sa forme canonique*. **C'est selon nous la plus complète des méthodes de résolution des équations du second degré.**

Au final, la méthode AUBRY et celle du produit symétrique de Po-Shen-Loh portent un message philosophique : celui de ne pas se contenter de certitudes, mais de garder l'esprit ouvert ; de regarder d'un œil nouveau ce qui nous semble ancien et habituel.

C'est, au fond, *une invitation à l'émerveillement* et à *chercher la simplicité* derrière la complexité apparente.

Le monde est magnifique… Votre regard est désormais transformé. Il ne sera plus jamais le même pour les équations du second degré.

Nous voulons terminer par une confidence qui va au-delà de ce livre et des mathématiques :

« ***Pour arriver au sommet, il faut passer par le cœur*** » [109]

---

[108] Cette visualisation inclue la concavité et la courbure.

[109] En commençant par le nôtre.

Défi et Carnet d'exploration

Vous avez désormais les clés pour lire les paraboles comme un vrai mathématicien. Mais la recherche ne s'arrête pas ici. Nous encourageons nos lecteurs à toujours garder un esprit de découverte, un esprit souple et ouvert. Celui qui se dit : « *Je sais* » ou « *Je connais* » perd parfois une belle occasion de découvrir de nouvelles approches et de se transformer.

Car, contrairement à ce qu'on croit souvent, le but final de l'apprentissage n'est pas d'obtenir de bonnes notes ni même un métier — bien que ce soient de belles choses — ni d'accumuler des connaissances, ni même de les mettre en œuvre — bien que ce soit déjà mieux qu'une simple accumulation.

Le but véritable de l'apprentissage est l'acquisition d'une seconde nature : la transformation.

Le vrai musicien entend le monde avec une oreille différente de celle du profane et perçoit des mélodies que les autres ignorent. À force de travail éclairé, il a transformé ses oreilles, ses doigts et son corps tout entier. Ses doigts sont devenus souples et agiles, et son cerveau est capable de lire simultanément une partition et de guider ses mains.

Et nous pourrions en dire autant du peintre qui voit des perspectives partout, des jeux d'ombres, de lumières et de couleurs auxquels les autres restent insensibles ; du combattant qui a transformé son esprit et son corps en les sculptant au feu de sa volonté ; ou encore de tout autre sportif de haut niveau.

La découverte et la transformation ne s'arrêtent donc pas avec cette conclusion. C'est pourquoi nous vous invitons à sept défis pour poursuivre la transformation de votre regard et de votre esprit et aiguiser votre réflexion.

Nous souhaitons un plein succès à tous nos lecteurs dans leurs projets et espérons un jour les croiser pour un échange fructueux. Car dans le monde matériel, 1 + 1 = 2 ; mais dans celui des idées, 1 + 1 donne parfois davantage que 2. De deux couleurs naît une multitude de nuances, selon leur équilibre et leur intensité ; et de trois, une infinité…

Sept défis pour prolonger la transformation

Défi 1 – Quand la parabole se déforme à l'extrême

Ce défi vous invite à pousser la méthode AUBRY jusqu'à ses limites géométriques.

La méthode AUBRY repose sur la relation fondamentale :

$$\mathbf{0 - y_S = a\ .\ d^2}$$

où d est la distance entre l'abscisse du sommet et celle des racines.

1. Que se passe-t-il quand le coefficient a tend vers zéro, avec b et c fixés ? Que devient la parabole ? Que devient la méthode AUBRY ? La formule des racines vous donnera-t-elle encore un résultat interprétable ?

2. Que se passe-t-il quand a tend vers l'infini ? Que devient géométriquement la parabole ? Que deviennent les racines et la distance d ?

★ **Pour aller plus loin :** *Dans le cas $a \to 0$, montrez que la formule de la méthode AUBRY converge vers la solution de l'équation affine $bx + c = 0$. La méthode AUBRY contient-elle donc comme cas limite la résolution du premier degré ?*

Défi 2 — La danse des paraboles

Ce défi vous invite à faire des mathématiques avec un objectif artistique. Il n'y a pas une seule bonne réponse : la créativité fait partie du travail.

Première œuvre — Le carré de paraboles

On souhaite créer une œuvre avec quatre paraboles de même courbure dont chaque sommet est situé à l'un des quatre sommets d'un carré de côté 8, centré à l'origine du repère. Le choix de la valeur de la courbure est libre.

1. Déterminer les coordonnées des quatre sommets du carré, en plaçant ses diagonales le long des axes du repère.

2. Pour chaque sommet, choisir une orientation pour la parabole (vers le haut, le bas, la gauche ou la droite) de façon à obtenir une figure harmonieuse et symétrique.

→ *Attention : des paraboles orientées à gauche ou à droite s'écrivent :* $x = ay^2 + by + c$ *et non* $y = ax^2 + bx + c$.

3. Écrire l'équation de chacune des quatre paraboles et les représenter sur un même repère.

Deuxième œuvre — La fleur sur le lac

On veut donner l'illusion d'une fleur qui s'ouvre à la surface d'un lac. Pour cela, on envisage trois paraboles de courbures différentes, de même sommet placé à l'origine, ouvertes vers le haut — ainsi que leurs symétriques par rapport à l'axe des abscisses (Ox), qui représentent le reflet dans l'eau.

1. Choisir trois valeurs de a distinctes et écrire les équations des six paraboles.

2. Les représenter sur un même repère. Que remarquez-vous sur la forme d'ensemble obtenue ?

★ **Pour aller plus loin :** *Peut-on choisir les valeurs de a pour que la figure rappelle davantage une fleur à pétales bien distincts ? Expliquer votre choix.*

Défi 3 – Le mystère du puits

Un classique de la physique qui cache une équation du second degré.

Lorsqu'on laisse tomber une pierre sans vitesse initiale dans un puits, on entend le bruit de l'impact au bout d'un temps total T. Les équations de la mécanique donnent, en négligeant les frottements, la relation entre la profondeur h et le temps de chute t_{ch} :

$$\mathbf{h = \frac{1}{2} \cdot g \cdot t_{ch}^2} \quad \textbf{avec } g = 9{,}81\ m/s^2$$

La vitesse du son dans l'air est $v = 340\ m/s$. On mesure $T = 1{,}8\ s$.

1. En confondant t_{ch} et T, donnez *une première estimation* de la profondeur h. Ce résultat est-il par excès ou par défaut ? Pourquoi ?

2. Appelez t_1 le temps de chute de la pierre et t_2 le temps que met le son à remonter. Écrire deux relations : l'une entre t_1, t_2 et T, l'autre entre t_2, h et v.

3. Montrer que la résolution exacte du problème conduit à une équation du second degré. Laquelle ?

4. Résoudre cette équation et en déduire la profondeur h du puits. Comparer avec l'estimation du 1.

Défi 4 — Une question électrique

Ce défi montre que les racines complexes d'un polynôme du second degré ne sont pas une abstraction : elles décrivent physiquement le comportement d'un circuit électrique.

Un circuit électrique série composé d'une résistance *R*, d'une inductance *L* et d'un condensateur *C* est soumis à une tension initiale, puis laissé libre d'évoluer. La charge *q(t)* du condensateur vérifie l'équation différentielle :

$$\mathbf{L \cdot q''(t) + R \cdot q'(t) + (1/C) \cdot q(t) = 0}$$

On cherche des solutions de la forme $q(t) = A\ e^{rt}$, où *r* est un nombre à déterminer et *t* représente le temps.

1. Substituer $q(t) = A\ e^{(r \cdot t)}$ dans l'équation différentielle et montrer que *r* doit être racine du **polynôme caractéristique** :

$$\mathbf{L \cdot r^2 + R \cdot r + (1/C) = 0}$$

2. Calculer le discriminant $\Delta = R^2 - 4L/C$. Identifier les trois régimes physiques selon le signe de Δ :

→ *$\Delta > 0$ → régime apériodique (retour lent à l'équilibre, sans oscillation)*

→ *$\Delta = 0$ → régime critique (retour le plus rapide possible sans oscillation)*

→ *$\Delta < 0$ → régime pseudo-périodique (oscillations amorties)*

3. Dans le cas $\Delta < 0$, les racines sont complexes conjuguées $r = \alpha \pm \omega \cdot i$. Exprimer α et ω en fonction de *R*, *L* et *C*. Que représente physiquement α (partie réelle) ? Et ω (partie imaginaire) ?

4. Application numérique : prendre $L = 1\ H$, $R = 2\ \Omega$, $C = 0{,}1\ F$.

Calculer Δ, déterminer le régime, calculer les racines, puis tracer l'allure de $q(t) = A\ e^{(\alpha \cdot t)} \cdot \cos(\omega \cdot t + \varphi)$.

★ **Pour aller plus loin :** *Que se passe-t-il si on enlève R ? Et si R est très grand ? Interpréter physiquement et relier à la géométrie des racines dans le plan complexe.*

Défi 5 — Le pas de Newton

La méthode de Newton permet de trouver numériquement les racines d'une fonction par approximations successives. Ce défi vous invite à comprendre pourquoi le choix du point de départ est crucial.

La méthode de Newton construit une suite de points par la relation :

$$x_{(n+1)} = x_n - f(x_n) / f'(x_n)$$

Chaque terme est l'abscisse du point où la tangente à la courbe en x_n coupe l'axe des abscisses.

1. Appliquer cette formule à $f(x) = ax^2 + bx + c$. Calculer la dérivée $f'(x)$ et écrire explicitement la formule de récurrence pour ce cas.

2. Justifier pourquoi le sommet $x_S = \frac{-b}{2a}$ n'est pas un bon point de départ pour cette itération.

→ *Indication : que vaut $f'(x_S)$?*

3. Pourquoi démarrer très loin du sommet rend-il la convergence lente, voire instable ?

4. Quel point de départ conseilleriez-vous pour une convergence rapide ? Proposer une stratégie et la tester sur un exemple numérique de votre choix.

★ **Pour aller plus loin :**

La méthode de Newton s'applique-t-elle si les racines sont complexes ?

Que se passe-t-il si on part d'un point de départ complexe $x0 = a + b \cdot i$?

Défi 6 — Au-delà du carré : le cube

Ce défi ouvre la porte du degré 3. Certaines des idées du livre s'y retrouvent – d'autres s'y transforment.

Partie A — Le point d'inflexion

La courbe d'une fonction cubique $f(x) = ax^3 + bx^2 + cx + d$ possède un point d'inflexion, analogue au sommet de la parabole, où la courbure change de sens.

1. Calculer la dérivée $f'(x)$ et la dérivée seconde $f''(x)$. Le point d'inflexion est là où $f''(x) = 0$. Trouver ses coordonnées en fonction de a et b.

2. En partant de $f(x) = (x + 1).(x - 2).(x - 4)$, développer et écrire f sous la forme $f(x) = ax^3 + bx^2 + cx + d$, puis sous la forme normalisée :

$$f(x) = x^3 + \frac{b}{a}x^2 + \frac{c}{a}x + \frac{d}{a}$$

Que remarquez-vous pour la somme et le produit des racines ? Et pour la somme des racines prises deux à deux ?

Partie B — Géométrie et racines

3. Considérer la cubique simplifiée $f(x) = x^3 + px + q$. Combien de racines réelles peut-elle avoir ? La géométrie de la courbe peut-elle aider à le visualiser sans calculer le discriminant ?

Indication : Chercher quatre points "évidents" donnés par :

$x = 0$; $x = 1$; $x = -1$ et $x = x_{point\ d'inflexion}$

4. Le fait d'avoir une racine réelle garantit-il que les deux autres soient complexes ? Construire un exemple qui répond à cette question.

Défi 7 — Le tutoiement du degré quatre

Pour les plus aventureux. Ce défi montre que la méthode AUBRY peut servir de tremplin vers des équations d'un degré plus élevé.

Une équation bi-carrée est de la forme :

$$ax^4 + bx^2 + c = 0$$

En posant $X = x^2$, cette équation se ramène à une équation du second degré en X :

$$aX^2 + bX + c = 0$$

1. Appliquer la méthode AUBRY pour trouver les racines X_1 et X_2 (réelles ou complexes selon le signe de $a.y_S$ ou encore celui du discriminant).

2. Pour chaque valeur de X trouvée, extraire les valeurs de x correspondantes. Combien de racines x peut-on obtenir au total ?

3. Dresser un tableau de tous les cas possibles selon la nature de X_1 et X_2 (réels positifs, réels négatifs, complexes) et le nombre de racines réelles de x dans chaque cas.

★ **Pour aller plus loin :** *Que se passe-t-il si X est lui-même complexe ? Comment extraire les racines carrées d'un nombre complexe ?*

4. Inventer deux exemples numériques :

– *Un exemple donnant quatre racines réelles*

– *Un exemple donnant deux racines réelles et deux racines complexes*

Les résoudre complètement en détaillant chaque étape.

Les mathématiques ne sont pas un livre que l'on a fini de lire et qu’on referme, mais un territoire que l'on explore perpétuellement.

Et si vous trouviez votre chemin pour les degrés supérieurs ou les modélisations des phénomènes qui vous entourent ?

17^2